もっといっぱい、使いこなしたい！

Premiere Pro
よくばり活用事典

for
Windows
&Mac

GIV（宮本 裕也）著

インプレス

本書について

ご利用の前に必ずお読みください

　本書は、2022年5月現在の情報をもとに「Adobe® Premiere® Pro 2022」の操作方法について解説しています。本書の発行後に「Adobe® Premiere® Pro 2022」や各アプリケーションの機能や操作方法、画面などが変更された場合、本書の掲載内容通りに操作できなくなる可能性があります。本書発行後の情報については、弊社のWebページ（https://book.impress.co.jp/）などで可能な限りお知らせいたしますが、すべての情報の即時掲載および確実な解決をお約束することはできかねます。また本書の運用により生じる、直接的、または間接的な損害について、著者および弊社では一切の責任を負いかねます。あらかじめご理解、ご了承ください。

特典「お試し素材」について

　購入者特典として、本書で使用している動画素材の一部（拡張子「.mp4」の映像データ）をダウンロードいただけます。Premiere Proの練習にお使いください。ダウンロードするには以下にアクセスし、画面の指示に従って操作してください。

https://book.impress.co.jp/books/1120101148

※本書で使用している素材の一部のみを特典として配布します。
※特典はzipファイル形式です。ダウンロード後必ず解凍してご利用ください。
※ダウンロードには、無料の読者会員サービス「CLUB Impress」への登録が必要となります。
※本特典の利用は、書籍をご購入いただいた方に限ります。
※本特典に含まれる動画素材は、本書を利用してPremiere Proの操作を学習する目的においてのみ使用することができます。

● 用語の使い方
本文中では、「Adobe® Premiere® Pro 2022」のことを「Premiere Pro」記述しています。また、本文中で使用している用語は、原則として実際の画面に表示される名称に則しています。

● 本書の前提
本書では、「Windows 11」に「Premiere Pro 2022」がインストールされているパソコンで、インターネットに常時接続されている環境を前提に画面を再現しています。Windows 10やmacOSの環境の場合、一部画面や操作が異なることがあります。

はじめに

ここ数年、スマートフォンや、手頃な価格のカメラでもクオリティの高い動画を撮影できるようになり、動画を見るだけでなく作る人も大きく増えています。YouTubeやTikTokなど動画投稿に特化したSNSも普及し、これまではテレビや映画といった大きな媒体でしかなかった動画コンテンツもかなり身近なものとなりました。個人の趣味としてはもちろん、企業においてもプロモーション活動として動画を作るのが当たり前となってきており、私のようにその制作を請け負う仕事をする人もたくさんいます。

約10年前私が動画を始めた頃はまだまだ動画制作に関する情報が少なく、海外のYouTube動画や数少ない本を見て勉強していました。しかし今では国内だけでも私も含め多くの人がブログやSNSで動画の撮影や編集方法を紹介しており気軽に調べて勉強できる時代になりました。

動画編集アプリはさまざまなものがありますが、本書で解説するAdobe社の「Premiere Pro」は世界でもユーザーが多く、動画編集の定番アプリといえるでしょう。撮影した動画をつなげるといった簡単な編集から、字幕を入れたり同社のほかのアプリと連携させたりしてクオリティの高い作品づくりまで幅広く活用できます。

前述したとおり今ではインターネット上ですぐに情報を探すことができますが、その情報が多すぎることもまたデメリットでもあると考えており、私はインターネットと本をうまく使い分けて学ぶことをおすすめしています。本書はPremiere Proの操作方法を11の章＋αに分けて網羅的に解説しており、これから動画編集を始める人や、経験者だけどより深い知識や機能の使い方を身につけたい人にぴったりな1冊です。

「〇〇のやり方を忘れてしまった」「〇〇の方法が知りたい」という場合に求める情報を簡単に探すことができる構成なので、手元に置いておくと事典のように活用できます。本書があなたの「困った」の解決や、動画編集スキル向上のお役に立てばとても嬉しく思います。

2022年5月　　GIV（宮本 裕也）

本書の構成

本書は、Premiere Proの機能を11の章＋MOREに分類して解説しています。各章でどういった内容を解説しているかをここで確認してください。タイトル横の数字は各章の開始ページです。

動画制作の基礎知識
p015

Premiere Proはどのようなツールでどのようなことができるのかを知っておきましょう。また動画編集における基礎知識も解説します。

テキストと図形の挿入
p241

テロップや字幕、図形の基本的な作り方や自動音声入力の機能について解説します。

プロジェクト管理と環境設定
p025

プロジェクトの作り方や素材の読み込み、Premiere Proの環境設定など編集作業前の準備について解説します。

オーディオ機能
p293

動画に挿入する音声データの調整方法やPremiere Pro上で映像に合わせて録音する方法などを解説します。

カット編集
p075

動画素材をトリミングしたりつなげたりといった基本的な編集作業について学びます。

データの書き出し
p325

作成した動画をパソコンで視聴したり、SNSへのアップロード用に書き出す方法がわかります。

エフェクト
p121

効果を付けたりキーフレームを作成してアニメーションさせたりして動画を演出する方法を解説します。

VR動画の作成
p339

Premiere Proでは360度を見渡して動画を楽しめるVR動画が作成できます。VR動画作成の基本操作を解説します。

カラー調整
p185

実際の見た目に近づける基本的な補正や、部分的に色を強調したり演出として色を変えたりするカラーグレーディングの方法がわかります。

他アプリとの連携
p349

After EffectsやDaVinci Resolveなど、Premiere Proと併用することのあるアプリと連携させる方法を解説します。

合成処理
p221

グリーンバックの合成方法、重ねる素材の切り抜き方法、描画モードの変更による合成などを解説します。

ステップアップに役立つ知識
p363

動画編集に役立つサービスの紹介、トラブルシューティングなど困ったときに便利な情報を掲載しています。

CONTENTS

CHAPTER 4
エフェクト ·· 121

CHAPTER 8
オーディオ機能 ·· 293

Chapter 9
データの書き出し ⋯⋯⋯⋯⋯⋯⋯⋯⋯⋯⋯⋯⋯⋯⋯⋯⋯⋯⋯⋯ 325

CHAPTER
1

動画制作の基礎知識

Premiere Pro とはどんなアプリでどんなことができるのかを
理解しておきましょう。
また、企画や公開を含めた動画制作の基本の流れや
基礎知識などもここで解説します。

Premiere Proとは

Premiere Proは動画を編集するアプリです。映画やテレビ、ネット動画など、さまざまな映像作品の制作現場で使われています。

高機能なだけでなく、ほかのAdobeアプリとの連携もできるのが強力です！

Premiere Proの概要

Premiere Proとは

Premiere Pro（プレミアプロ）は、アドビ株式会社が開発した動画編集アプリです。プロ向けのアプリですが、現在では趣味で動画編集をする人の利用も増えています。TVCMや映画などの編集からYouTubeをはじめとしたSNS用の動画編集にも使用されるアプリです。ユーザーが多いことから、ほかの動画編集アプリに比べ操作方法やテクニックなどの情報収集がしやすいというメリットがあります。

Premiere Proでできること

基本的なカット編集から、カラー調整、エフェクト追加、テロップ作成、オーディオ調整まで、動画編集に必要な機能が一通りそろっています。
目立つテロップや効果を入れたバラエティ番組のような動画、色味や演出にこだわった映画やクリエイティブなPR動画など、Premiere Proだけで幅広い動画制作ができます。
After Effects、Illustrator、PhotoshopなどのAdobeアプリとスムーズに連携できるので、より高度なアニメーションや、デザイン性の高い動画の制作も可能です。

Premiere Proの編集画面

Premiere Proと連携できるAdobeアプリの例。
左上からIllustrator、Photoshop、After Effects、Audition、Media Encoderのアイコン

もっと
知りたい！

● **Premiere ProとAfter Effectsの違い**

動画編集でよく使われるアプリの1つにAfter Effectsがあります。はじめて動画編集をする人には、Premiere ProとAfter Effectsの違いがわかりにくいかもしれません（筆者も10年前、はじめて動画編集に挑んだときはよくわかりませんでした）。
Premiere Proは映像素材ありきで編集するアプリで、素材を時間軸に並べていき、1つの作品に仕上げるのに適しています。一方After Effectsは素材そのものをゼロから作ったり、モーショングラフィックスを制作したりするのに適したアプリです。たとえば映像素材に対して、あとから炎や煙といったCGを作って上に重ねたり、Premiere Proではできないようなアニメーションを制作することが可能です。
筆者は、映像素材を使ってPremiere Proで編集したあと、After Effectsと連携させてオープニングやエンディングのロゴやテロップに複雑なアニメーションを作るという流れで編集することが多いです。

After Effectsとの連携 ➡ 350ページ

CHAPTER 1

1 動画制作の基礎知識

2 プロジェクト管理と環境設定

3 カット編集

4 エフェクト

5 カラー調整

6 合成処理

7 テキストと図形の挿入

8 オーディオ機能

9 データの書き出し

10 VR動画の作成

11 他アプリとの連携

MORE

SECTION 2

Premiere Proをインストールする

Premiere Proを使用するにはアドビ株式会社のCreative CloudコンプリートプランかPremiere Pro単体プランを契約する必要があります。

Premiere Proと連携できるすべてのアプリが使用できるコンプリートプランがオススメです！

Adobe Creative Cloud   # Premiere Proの準備

Adobe Creative Cloudをダウンロードする

Adobe Creative CloudとはCreative Cloudアプリの管理ソフトです。Premiere Proのインストールやアップデートを行うために必要です。まずはAdobe公式サイトからプランを選択し[購入する]ボタンをクリックし、会員登録後Adobe Creative Cloudをダウンロードしましょう。

Adobe Creative Cloud購入ページ
https://www.adobe.com/jp/creativecloud/plans.html

Adobe Creative CloudからPremiere Proをインストールする

Adobe Creative Cloudを起動すると以下のような画面が表示されるので、[ビデオ]をクリックし❶、[Premiere Pro]の[インストール]ボタンをクリックします❷。するとインストールが開始されます。本書ではほかにも「After Effects」「Media Encoder」「Photoshop」「Illustrator」との連携についても解説しているので、必要に応じてインストールしましょう。

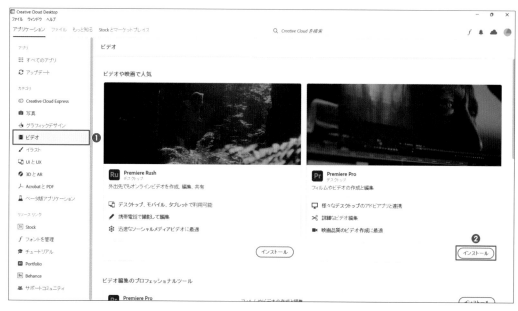

SECTION 3　Premiere Proでの動画編集のフローを知る

ここではPremiere Proを使った動画編集の基本的なフロー(流れ)について説明します。

本書の構成は一般的なPremiere Proでの動画編集のフローに合わせてあります。

＃ 編集の流れ

● Premiere Proを使った動画編集の基本フロー

STEP 1	STEP 2	STEP 3	STEP 4	STEP 5	STEP 6	STEP 7
プロジェクトファイルの作成	各素材ファイルの読み込み	カット編集	エフェクトの適用、カラー調整、合成処理	テキスト、図形の挿入	オーディオ調整	動画の書き出し

STEP 1　プロジェクトファイルの作成

Premiere Proで動画編集を行うには、まず「プロジェクト」と呼ばれるファイルを作成します。編集した内容はこのプロジェクトファイルに保存されていきます。

プロジェクトの作成 ➡ 27ページ

プロジェクトファイル

STEP 2　素材ファイルの読み込み

編集に使用する素材(動画や画像、音楽ファイルなど)をプロジェクトに読み込みます。プロジェクトファイル作成時にも素材を読めますが、プロジェクトを作成したあとに追加で読み込むこともできます。

素材の読み込み ➡ 50ページ

STEP 3　カット編集

シーケンスを作成し、読み込んだ素材を並べていき、必要な部分だけをトリミングしたり入れ替えたりしながら動画全体の流れを作っていきます。

カット編集 ➡ 第3章

STEP 4　エフェクトの適用、カラー調整、合成処理

カット編集した動画にエフェクト（特殊効果）を付けたり、カラーを調整したりして最終的なイメージに近づくように演出を加えます。

エフェクト ➡ 第4章
カラー調整 ➡ 第5章
合成処理 ➡ 第6章

STEP 5　テキスト、図形の挿入

テロップや字幕、図形などを必要に応じて挿入していきます。

テキストや図形の挿入 ➡ 第7章

STEP 6　オーディオ調整

動画の音声を聞きとりやすくするために音量を調整したり、音楽や効果音を付けたり演出を行ったりします。

オーディオの調整 ➡ 第8章

STEP 7　動画の書き出し

編集した内容は1つの動画ファイルとして書き出すことで、PCやスマートフォンで視聴したり、YouTubeなどのプラットフォームで公開したりできるようになります。

書き出し ➡ 第9章

POINT

このセクションで紹介したフローはあくまで基本的な流れであって、必ずこの順番どおりに行わなければならない、ということではありません。特にSTEP 4、5、6は順番が前後することもあり、編集する動画の内容、または編集者によっては同時進行する場合もあります。

1 動画制作の基礎知識

2 プロジェクト管理と環境設定

3 カット編集

4 エフェクト

5 カラー調整

6 合成処理

7 テキストと図形の挿入

8 オーディオ機能

9 データの書き出し

10 VR動画の作成

11 他アプリとの連携

MORE

動画制作の基本の流れ

Premiere Proで行う動画編集は、動画制作におけるワークフローの一部分です。動画制作全体の流れについても知っておきましょう。

企画や撮影なども動画制作における重要な作業です。

\# 企画　\# 撮影　\# 編集　\# 配信

①動画の企画をする

どんな動画でも必ず作る目的があります。たとえば企業が動画を作る際は「自社の認知度を上げたい」「採用応募者を増やしたい」「問い合わせを増やしたい」などの目的があります。

そのためにどういった動画を制作すればよいのかを考えて、構成案や絵コンテを作成するなど、動画のイメージを作っていく作業が「企画」です。この目的やイメージがなければ撮影や編集をするときに何をどう見せたいかが曖昧になってしまいます。企画は動画制作をするうえで一番重要なフローといってもよいでしょう。

②撮影する

企画した内容に基づいて撮影をします。撮影に使う主な機材は367ページで紹介しますが、最近は一眼レフカメラやミラーレスカメラを使用して撮影をするケースが多いです。事前に撮影する場所を見学（ロケハン）することも重要で、どの位置に何があるかを把握しておくことでスムーズに撮影に臨むことができます。

③編集する

撮影した素材を、動画編集アプリで編集します。一口に動画編集といっても「カット編集」「エフェクトを付ける」「色彩調整」「テロップ挿入」「音声調整」「レンダリング」などさまざまな工程があります（18ページで解説しています）。Premiere Proはこういった動画編集の各工程に対応しており、Premiere Proだけで動画編集を完結できます。より専門性の高い編集を行う場合はほかのアプリと連携するのもよいでしょう。

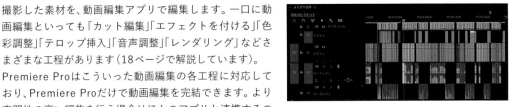

他アプリとの連携 ➡ 第11章

④配信・公開する

編集した動画を配信・公開します。最近ではYouTubeで動画を公開するケースが多いです。今は個人が動画を上げるだけでなく、企業や学校でもYouTubeを使用してプロモーション活動をすることがあります。動画をクライアントへ納品する場合は、クライアントの使用用途、指定する形式に合わせて納品データを作成しましょう。

筆者のYouTubeチャンネルトップページ
https://www.youtube.com/c/giv-movie

1 動画制作の基礎知識

2 プロジェクト管理と環境設定

3 カット編集

4 エフェクト

5 カラー調整

6 合成処理

7 テキストと図形の挿入

8 オーディオ機能

9 データの書き出し

10 VR動画の作成

11 他アプリとの連携

MORE

CHAPTER 1

SECTION 5

動画制作の基礎知識

フレームレートや解像度など、動画制作でよく使われる用語を学びましょう。

フレームレート # フレームサイズ # ビットレート # レンダリング
エンコード # コーデック # タイムコード

基礎をしっかり理解しておくと、動画制作もより効率的に行えます。

フレームレートとは？

動画はパラパラ漫画のように静止画がコマ送りで表示されています。このコマのことを「フレーム」と呼び、1秒間にいくつのフレームが使用されているかを表した数値が「フレームレート」です。単位はfps（frames per second）で表され、たとえば24fps（23.97）であれば1秒間に24フレーム、30fps（29.97）であれば30フレームが使用されています。その数値が大きければ大きいほど滑らかな動きになります。滑らかなスローモーションにするめ、120fpsなどの高いフレームレートで撮影し、編集時に30fpsに変換することもよくあります。

POINT

23.97や29.97といった歯切れの悪い数値があるのはテレビ放映の歴史が関わっています。その詳細については割愛しますが、カメラの設定で30fpsとなっていても、実際に撮影した素材は29.97fpsとなるケースが多いです。Premiere Proで編集する際に、撮影した素材が29.97であれば29.97fps、30fpsであれば30fpsでシーケンスの設定を行えばよいでしょう。

シーケンスのカスタム設定 ➡ 47ページ

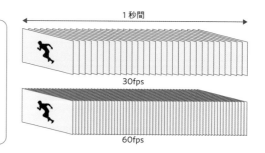

1秒間

30fps

60fps

POINT

一般的に映画は24（23.97）fps、テレビは30（29.97）fpsと、フレームレートは動画の用途によって使い分けられることが多いです。個人でYouTubeなどにアップする場合は、通常は24fpsまたは30fps、スポーツなどの動きが激しい動画であれば60fpsで作成するとよいでしょう。

フレームサイズ（解像度）とは？

動画は静止画像と同じく「ピクセル」と呼ばれる点の集まりでできていて、1フレーム内にあるピクセルの数を表したものがフレームサイズ（解像度）です。たとえばフルHDと呼ばれる動画のフレームサイズは1,920（横）×1,080（縦）です。4Kの動画は3,840（横）×2,160（縦）で、フルHDと比べるとフレームサイズが大きい分高精細です。

フルHD

ビットレート

ビットレートは動画1秒間あたりのデータ量で、単位はbps（bits per second）で表します。この値によって動画のデータ量や劣化の具合などが決まるので、動画編集を行う際は適切な設定方法を知っておく必要があります。ビットレートは動画を書き出すときに設定できます。

ビットレートの設定 ➡ 328ページ

4K

レンダリング

動画編集は撮影素材やテキスト、図形、BGMなどさまざまな要素を組み合わせて行いますが、それらを1つにまとめる作業をレンダリングといいます。編集した動画を最終的に書き出すときにレンダリングが行われています。また編集途中でパソコンの負荷を減らすために行う場合もあります。

書き出し ➡ 第9章
パソコンの負荷を減らすためのレンダリング ➡ 73ページ

次のページへ続く ➡

エンコードとコーデック

エンコードとはもとの大きなサイズの動画データを圧縮し、再生しやすいデータに変換する作業のことです。その圧縮・変換する方式は「コーデック」と呼ばれ、Apple ProResなどの高画質でデータ容量が大きなもの、高い圧縮率によりデータ容量を抑えたH.264やH.265などさまざまなものがあります。エンコードによって圧縮されたデータをもとの形式に戻すことをデコードといいます。

POINT

レンダリングとエンコードの違いがわかりづらいかもしれませんが、レンダリングという1つの動画ファイルにする過程の最後でエンコードが行われているとイメージするとよいでしょう。

POINT

圧縮率が高い（容量が小さい）H.264やH.265などの方式は圧縮率の低い（容量が大きい）Apple ProResなどと比べて編集負担が少ないと思われがちですが、実は低圧縮のApple ProResのほうが編集負担は少ないのです。
これは圧縮率が高いほど編集時にデコード（再生できるようにする作業）するのに負担がかかるためです。
データ容量が小さいと、データ送信やストレージ圧迫などのストレスが軽減されますが、編集するには低い圧縮率のApple ProResなどの方式のデータが向いています。

タイムコード

Premiere Proでは時間軸に沿ってクリップを並べて編集を行います。その時間軸（経過時間と経過フレーム）を表したものが「タイムコード」です。Premiere Proの編集画面では[ソース]パネル、[プログラムモニター]、[タイムライン]パネルそれぞれに表示されています。

POINT

[プログラムモニター]と[タイムライン]パネルのタイムコードはシーケンス上のタイムコードです。[ソース]パネルのタイムコードは、そのソース（素材クリップ単体）上のタイムコードです。

[ソース]パネルのタイムコードは素材そのもののタイムコードが表示される

[プログラムモニター]と[タイムライン]パネルのタイムコードは連動している

タイムコードは「時間;分;秒;フレーム数」で表されます。
たとえば、タイムコードが00;02;30;10であれば2分30秒10フレーム目を表していることになります。最後のフレーム数はフレームレートによって最大の数が変わります。たとえば24fpsの場合は1秒が24フレームなので、00;02;30;23の次のフレームは00;02;31;00で表されます。

00;02;30;10

時間;分;秒;フレーム数

POINT

[シーケンス設定]でビデオの[表示形式]をノンドロップフレームを使用している場合はタイムコードに「:」（コロン）が、ドロップフレームを使用している場合は「;」（セミコロン）が使用されます。Web用の動画を編集する場合はあまり意識しなくてよいですが、テレビ番組などを編集する場合はドロップフレームを使用します。

1 動画制作の基礎知識

2 プロジェクト管理と環境設定

3 カット編集

4 エフェクト

5 カラー調整

6 合成処理

7 テキストと図形の挿入

8 オーディオ機能

9 データの書き出し

10 VR動画の作成

11 他アプリとの連携

MORE

CHAPTER 1

SECTION 6

データ管理について

多くの素材を使用する動画編集では、データを適切に管理することが重要です。

> データ管理は疎かになりがちですが、動画編集においてとても大事な作業です。

フォルダ構成

データ管理の必要性

動画編集ではさまざまなデータを使用します。Premiere Proのプロジェクトファイル、編集に使用する動画や静止画、音声データ、ほかにも編集する動画に関わる参考資料などがあります。それらを一定のルールに基づいて管理することで、あとで見直したり、素材を追加、削除したりといった作業がしやすくなります。

また、素材のリンク切れを防ぐという意味でもデータ管理は大切な作業です。Premiere Proの動画編集では、プロジェクトファイルに動画や静止画など使用する素材を読み込みますが、実際にはその素材のある場所（ファイルパス）へのリンクを行って編集しています。編集途中で素材を別の場所に移動させてしまうとリンクが切れてしまい、Premiere Pro上でも表示されなくなってしまいます。あらかじめ管理用のフォルダを作成してデータを格納する場所を定め、あとから変更しないようにしましょう。

ドキュメントフォルダ内にプロジェクト用のフォルダを作成した例

フォルダ構成の例

ここでは例として筆者のフォルダ構成について紹介します。

○○○○（フォルダ）　　　　　※○○○○にはプロジェクト名を入れます。

── **01_Project**（フォルダ）：Premiere Proのプロジェクトデータや、連携したAfter EffectsやPhotoshopなどのデータを格納します。

── **02_Footage**（フォルダ）：編集で使用する各素材をフォルダで分けて格納します。
　　　── **Audio**（フォルダ）：音声素材
　　　── **Image**（フォルダ）：静止画素材
　　　── **Movie**（フォルダ）：動画素材

── **03_Document**（フォルダ）：プロジェクトに関わる資料などを格納します。

── **04_Export**（フォルダ）：書き出した動画データを格納します。
　　　── **Check**（フォルダ）：編集途中でチェック用に書き出した動画データを格納します。
　　　── **Final**（フォルダ）：最終的に納品する動画データを格納します。
　　　── **Thumbnail**（フォルダ）：YouTubeなどにアップロードする際のサムネイル画像を格納します。

（関連） リンク切れが発生した場合は、素材を再リンクして対応しましょう。 ➡ 61ページ

データのバックアップについて

編集に関わるデータは万が一の場合に備え必ずバックアップをとる習慣
を付けておきましょう。

まさかパソコンが壊
れるなんて……とい
うことになってから
では遅いです。

データの保存先　# 外部ストレージ

バックアップの必要性

パソコンの故障など物理的トラブルや、誤って必要なデータを削除してしまうなどの人為的ミスはいつ起こる
かわかりません。そんなときにデータが1つしかなければもとに戻すことはできません。データ復旧アプリや、
復旧サービスもありますが、お金がかかる場合も多く、それらを利用しても必ずもとに戻る保証はありません。
特に仕事で使用するデータがなくなると、クライアントにも大きな迷惑をかけることになります。このような
不測の事態に備えて、プロジェクトファイルやリンクされた素材データは、複製して別のストレージに保存し
ておきましょう。これをバックアップといいます。

バックアップするデータについて

Premiere Proで動画編集をする際にバックアップしておくべきデータ
は以下のようなものがあります。
①Premiere Proのプロジェクトデータ
②プロジェクト内で使用しているデータ（撮影素材、音楽データなど）
③プロジェクトに関わる各種データ（Photoshopなどほかのアプリの
　データ、クライアントとのやりとりで使用する資料のデータなど）

POINT

撮影したデータはパソコンに
移したからといってすぐにSD
カードから消すのではなく、編
集作業が終わるまでは消さない
ようにしておきましょう。

外部ストレージを利用してバックアップする

バックアップは、編集に使用しているパソコンとは別のストレージに行
うのが原則です。動画はファイル容量が大きいため、できるだけ容量の
大きなストレージを用意するのが望ましいです。ただし故障した場合
のことも考え、いくつか用意して使い分けるのがよいでしょう。筆者は
500GB〜6TBのストレージをいくつか所持し、使用年度などによって
分けてバックアップをとっています。ストレージごとの特徴を理解して
バックアップを行いましょう。

筆者所持のポータブルHDD、SSD

HDDの特徴

内部で回転するディスク上でデータを読み書きする装置です。比較的安価で大容量のものが手に入りやすいで
すが、SSDに比べて大きく重さもあります。またデータの転送速度もSSDに比べて遅いのが欠点です。衝撃に
も弱いので外に持ち出す運用はしないほうがよいでしょう。

SSDの特徴

メモリー上でデータを読み書きする装置です。HDDと比べて金額が高く、容量が大きいものだと数倍の価格に
なります。その分転送が非常に速く、外部SSDにデータを入れてPCにつないだまま編集を行うこともできます。
衝撃にも強いので持ち運びにも適しています。

オンラインストレージの特徴

インターネット上に用意されたストレージにデータを保持するもので、サブスクリプション（月額制）として利
用するものが多く、代表的なものとして「Google Workspace」「Dropbox」などのサービスがあります。インター
ネットにつながる環境であればどこにいても必要なときにデータにアクセスできます。バックアップで使用す
る頻度としては少ないですが、外部とデータを共有する場合にはとても便利です。

（関連）　フォルダを作成してデータ管理を行い、プロジェクトのフォルダごとバックアップをとっておきま
しょう。　➡ 23ページ

CHAPTER 2

プロジェクト管理と環境設定

Premiere Proでは「プロジェクト」というファイルを作成して
編集内容を管理します。
この章ではPremiere Proの起動後、プロジェクトファイルの作成や
素材を読み込む方法など、編集作業前の準備について解説します。
また、作業画面の各部名称や、より快適に作業するための
環境設定についても学びます。

CHAPTER 2 SECTION 1

Premiere Proの起動と終了

起動と終了の方法を覚えましょう。終了時は、プロジェクトの保存を忘れずに行いましょう。

起動　# 終了

保存せずに終了すると編集時間が無駄になってしまいますよ!

Premiere Proの起動方法

① デスクトップの[スタートボタン]をクリックします❶。表示された画面右上の[すべてのアプリ]をクリックし❷、[Adobe Premiere Pro 2022]をクリックします❸。

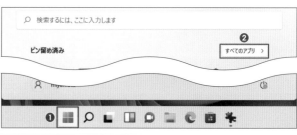

POINT

Macの場合はFinderを表示し、[アプリケーション] → [Adobe Premiere Pro 2022] → [Adobe Premiere Pro 2022]をダブルクリックします。

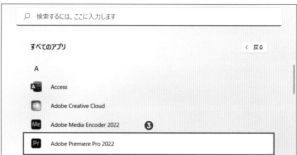

② Premiere Proが起動し、[ホーム]画面が表示されます。

POINT

[ホーム]画面はPremiere Proを起動すると最初に表示される画面です。ここから新しいプロジェクトを作成したり、既存のプロジェクトを開いたり、チュートリアルを確認したりできます。

Premiere Proの終了方法

① [Adobe Premiere Pro 2022]ウィンドウ右上の[閉じる]ボタンをクリックします❶。

POINT

Macの場合はウィンドウ左上の[×]ボタンをクリックして終了しましょう。

ショートカット　**Premiere Proの終了**
Ctrl (⌘) + Q

② [Adobe Premiere Pro 2022]ウィンドウが閉じ、Premiere Proが終了します。

POINT

前回プロジェクトを保存してからプロジェクトの内容を変更した場合は、保存を確認するメッセージが表示されます。保存する場合は[はい]ボタンをクリックします。

プロジェクトを保存する ➡ 30ページ

左側サイドバー
CHAPTER 2
プロジェクト管理と環境設定

関連　プロジェクトファイルのダブルクリックでも起動できます。➡ 32ページ

[ホーム]画面

プロジェクトを作る

Premiere Proで動画を編集するにはプロジェクトを作る必要があります。
ここでは新規プロジェクトの作成方法を解説します。

新規プロジェクト　# 拡張子　# prproj

「Premiere Pro
のファイル=プロ
ジェクト」と覚え
ておきましょう！

プロジェクトとは？

プロジェクトとは、文字通り「動画制作プロジェクト」をファイル単位にまとめたものと考えるとよいでしょう。Premiere Proで作業を始めるときは、必ずこのプロジェクトファイルを開きます。プロジェクトファイルには、動画や音声などの素材ファイルへの参照情報や編集内容などが含まれていて、編集して保存するごとにファイルが更新されます。Premiere Proをいったん終了したあとでも、プロジェクトファイルを開けば保存した続きから動画編集を行えます。なお、Premiere Proのプロジェクトファイルの拡張子は「.prproj」です。

start.prproj

プロジェクト
ファイルのア
イコン

プロジェクト名と保存先を設定する

(1) Premiere Proを起動し、[新規プロジェクト]ボタンをクリックします❶。

(2) [読み込み]画面に切り替わるので、[プロジェクト名]を設定します❷。

(3) [プロジェクトの保存先]から[場所を選択]をクリックします❸。

(4) [プロジェクトの保存先]ダイアログボックスが表示されるので保存先を指定し❹、[フォルダーの選択]ボタンをクリックします❺。

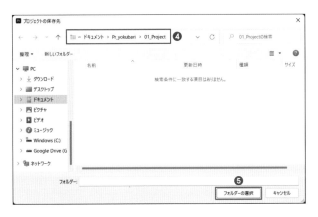

1 動画制作の基礎知識
2 プロジェクト管理と環境設定
3 カット編集
4 エフェクト
5 カラー調整
6 合成処理
7 テキストと図形の挿入
8 オーディオ機能
9 データの書き出し
10 VR動画の作成
11 他アプリとの連携
MORE

027

次のページへ続く ➡

素材を読み込む

プロジェクトに読み込む素材を選択します。

① 素材が格納されている場所に移動し**❶**、読み込む素材にチェックを付けます**❷**。

② [設定を読み込み]を必要に応じて設定し**❸**、[作成]ボタンをクリックします**❹**。

POINT

[設定を読み込み]ではプロジェクトを作るときの設定を行います。
メディアをコピー
素材をバックアップ用としてコピーします。
新規ビン
ビンを作成し、その中に素材が格納されます。
シーケンスを新規作成する
シーケンスを作成し、タイムラインに素材が配置されます。

Windowsのエクスプローラー（MacはFinder）と同じように左の列からおおまかな場所を選択することもできる

素材の上をマウスポインターでなぞるとプレビューされる

CHAPTER
2

プロジェクト管理と環境設定

③ 新規プロジェクトが作成され、編集画面が表示されます。[プロジェクト]パネルには選択した素材が表示されます。この素材のことを「クリップ」といいます。

POINT

素材はあとからでも追加できます。プロジェクト作成時に素材を読み込まない場合は、素材を選択しない状態で[作成]ボタンをクリックします。

素材をあとから追加する ➡ 50ページ

クリップ

POINT

フォルダごと素材をまとめて読み込むこともできます。上の手順1の画面でフォルダを選択して[作成]ボタンをクリックします。[読み込み]画面の左下にそのフォルダに格納されている素材の数が表示されます。

(関連) 編集画面のパネル構成も確認しましょう。➡ 37ページ

［プロジェクト設定］ダイアログボックス

プロジェクトの設定を変更する

レンダリングの設定や自動で保存されるデータの保存先などプロジェクトに関する詳細設定は［プロジェクト設定］ダイアログボックスで行います。

> 知っておくと役に立つので基本的な項目は覚えておきましょう。

レンダラー　# プロジェクトの自動保存　# インジェスト設定　# スクラッチディスク

［プロジェクト設定］ダイアログボックスを開く

［プロジェクト設定］ダイアログボックスは、［ファイル］メニュー→［プロジェクト設定］→［一般］をクリックして開きます。

一般

［一般］❶ではプロジェクトのレンダラー（レンダリングを行う仕組み）、ビデオ、オーディオの表示形式、キャプチャの形式の設定ができます。

レンダリングについて ➡ 73ページ

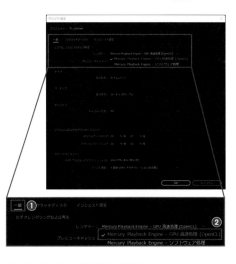

［レンダラー］の選択肢の中に［GPU高速処理］があれば選択することをおすすめします❷。GPUとはグラフィック処理専用のハードウェアのことで、ソフトウェア処理よりもPCへの負荷を減らせるため、動作が軽くなります。ただし、まれにGPUがエラーを起こすこともあるので、その場合は［ソフトウェア処理］を使用してみましょう。処理速度は低下しますが、動作が安定します。

スクラッチディスク

［スクラッチディスク］❸では、プロジェクトで編集をしていく中で作成される各種データの保存場所を設定することができます。
［ビデオプレビュー］［オーディオプレビュー］は編集中にレンダリングを行って作成されるデータの保存場所を指定します❹。
［プロジェクトの自動保存］で作成されるデータの保存先もここから指定できます❺。

自動保存について ➡ 33ページ

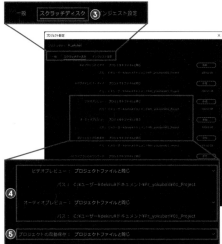

インジェスト設定

インジェストとは、素材をプロジェクトに読み込むときにデータのコピーや変換などの素材管理を行うことです。［インジェスト設定］❻では、素材データをバックアップ用としてコピーしたり、別のコーデックに変換したりといった設定ができます。また、編集作業の負荷を下げるために作成するプロキシファイルの設定もここでできます。

プロキシファイルの作成 ➡ 71ページ

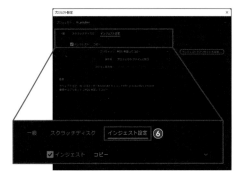

関連　あとから自動保存の場所や保存の間隔などを変更することも可能です。➡ 33ページ

1 動画制作の基礎知識
2 プロジェクト管理と環境設定
3 カット編集
4 エフェクト
5 カラー調整
6 合成処理
7 テキストと図形の挿入
8 オーディオ機能
9 データの書き出し
10 VR動画の作成
11 他アプリとの連携
MORE

CHAPTER 2

SECTION 4

［ファイル］メニュー＞［保存］

プロジェクトを保存する

ここではプロジェクトを保存する方法を解説します。保存することで次にそのプロジェクトを開いたときに続きから編集できます。

> 強制終了することもあるので、小まめにプロジェクトを保存するようにしましょう。

\# 上書き保存　　\# 別名で保存　　\# コピーを保存

プロジェクトを上書き保存する

現在のプロジェクトをその時点の状態で保存したい場合は、上書き保存します。

① ［ファイル］メニューの［保存］をクリックします❶。現在のファイルが上書き保存されます。

ショートカット　　**保存**
Ctrl（⌘）＋ S

POINT

プロジェクトを保存すると再生ヘッドの位置、イン点やアウト点の設定なども保存されます。ただし、ワークスペースの種類やレイアウトは保存されず、次回開いたときはPremiere Proを終了した時点のワークスペースが表示されます。

ワークスペースの状態を維持したまま保存する ➡ 31ページ

CHAPTER
2

プロジェクト管理と環境設定

プロジェクトを別名で保存する

現在のプロジェクトとは別ファイルとして保存したい場合は、ファイル名を変えて保存します。現在のプロジェクトは、前回保存した状態で残ります。

① ［ファイル］メニューの［別名で保存］をクリックします❶。

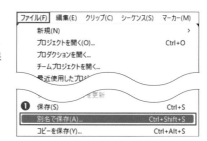

② ［プロジェクトを保存］ダイアログボックスが表示されるので、新しいプロジェクトの名前を入力して❷、［保存］ボタンをクリックします❸。もとのプロジェクトとは別のプロジェクトファイルが作成されます。

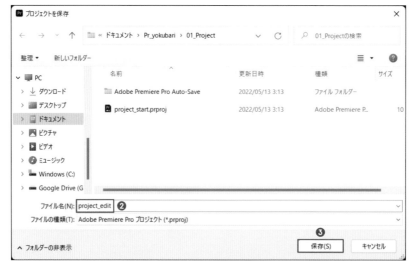

プロジェクトのコピーを保存する

[コピーを保存]機能を使うと、現在のプロジェクトのコピーを保存できます。[別名で保存]と同じように[プロジェクトを保存]ダイアログボックスが表示され、ファイル名の末尾に「コピー」の文字列が追加されます。ファイル名を入力する手間がかからないというメリットがあります。

(1) [ファイル]メニューの[コピーを保存]をクリックします❶。

(2) [プロジェクトを保存]ダイアログボックスが表示されるので、[保存]ボタンをクリックします❷。必要に応じて名前を変更してもよいです。

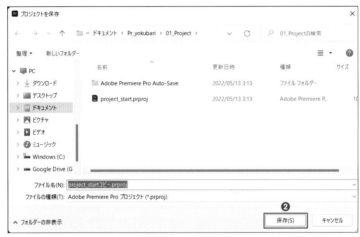

POINT

[別名で保存]と[コピーを保存]は保存後に開かれているファイルが違います。たとえばAというファイルを開いていて、Bというファイルを保存したとします。
[別名で保存]で保存すると、保存後開かれているファイルはBです。[コピーを保存]で保存すると、保存後開かれているファイルはAです。現在の作業状態を別ファイルとしてとっておきたい場合は[コピーを保存]を使うとよいでしょう。

もっと
知りたい!

●ワークスペースの状態を維持したまま
プロジェクトを保存するには?

選択しているワークスペースの種類や、カスタマイズしたパネルの状態を維持したまま保存するには設定が必要です。

[ウィンドウ]メニューの[ワークスペース]→[プロジェクトからワークスペースを読み込み]にチェックを付けると、次回プロジェクトを開いた際はそのプロジェクトを保存したときのレイアウト、ワークスペースで作業できます。

関連 Premiere Proには自動で保存する機能もあります。 ➡ 33ページ

動画制作の基礎知識 1
プロジェクト管理と環境設定 2
カット編集 3
エフェクト 4
カラー調整 5
合成処理 6
テキストと図形の挿入 7
オーディオ機能 8
データの書き出し 9
VR動画の作成 10
他アプリとの連携 11
MORE

CHAPTER 2

SECTION
5

プロジェクトを開く

一度保存して閉じたプロジェクトを開き、編集を再開する方法を解説します。

ファイルを開く

プロジェクトファイルは誤って削除しないように気をつけましょう！

［ファイル］メニューから開く

① ［ファイル］メニュー→［プロジェクトを開く］をクリックします❶。［プロジェクトを開く］ダイアログボックスが表示されるので、ファイルを選択し❷、［開く］ボタンをクリックします❸。

② Premiere Proが起動し、プロジェクトファイルが開きました。

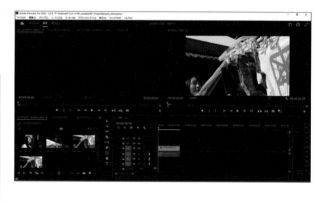

POINT

パソコン上に保存されているプロジェクトファイルをダブルクリックしてもファイルを開けます。

ショートカット

ファイルを開く
ファイルを選択した状態で
Enter（⌘ + ↓）

もっと
知りたい！

●直近で開いたファイル履歴からプロジェクトファイルを開こう

起動後に表示される［ホーム］画面の［最近使用したもの］には直近で開いたプロジェクトファイル名が表示されています。そこから任意のファイルをダブルクリックするとプロジェクトが開きます。

1 動画制作の基礎知識

2 プロジェクト管理と環境設定

3 カット編集

4 エフェクト

5 カラー調整

6 合成処理

7 テキストと図形の挿入

8 オーディオ機能

9 データの書き出し

10 VR動画の作成

11 他アプリとの連携

MORE

CHAPTER 2

SECTION 6

プロジェクトの自動保存機能を活用する

Premiere Proにはプロジェクトを一定間隔で自動保存してくれる機能が
あります。ここではその設定方法を解説します。

プロジェクトの自動保存　# スクラッチディスク　# 自動保存の間隔
プロジェクトバージョンの最大数

> 強制終了した際などに役立ちます。

プロジェクトの自動保存機能とは？

動画編集をしている途中、パソコンの電源が落ちる、Premiere Proが強制終了するといったトラブルが発生することがあるため、小まめにプロジェクトを保存しておく必要があります。しかし編集に没頭し保存を忘れることもあるでしょう。それに備えてPremiere Proには指定した間隔でプロジェクトを別ファイル（以下自動保存プロジェクトファイル）として自動的に保存をしてくれる機能があります。それがプロジェクトの自動保存機能です（初期設定ではONになっています）。自動保存プロジェクトファイルは、指定した場所に作成される「Adobe Premiere Pro Auto-Save」というフォルダに保存されます。

「Adobe Premiere Pro Auto-Save」フォルダに、設定したバージョンの数だけ自動保存プロジェクトファイルが保存される

自動保存プロジェクトファイルの保存先を指定する

初期設定ではプロジェクトファイルと同じ場所に保存されるように設定されていますが、これを任意の保存先に設定しなおすことができます。

① ［ファイル］メニュー→［プロジェクト設定］
→［スクラッチディスク］を選択します❶。

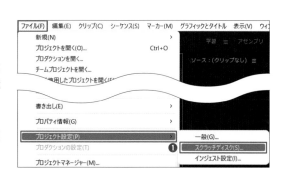

② ［プロジェクト設定］ダイアログボックスが開くので、［プロジェクトの自動保存］の［参照］ボタンをクリックし❷、自動保存プロジェクトファイルを保存する場所を指定します❸。最後に［OK］ボタンをクリックすると❹、設定が保存されます。

次のページへ続く➡

保存間隔と保存するバージョンの数を設定する

どれくらいの間隔で自動保存するか、また最大いくつのバージョンを保存するかも設定できます。

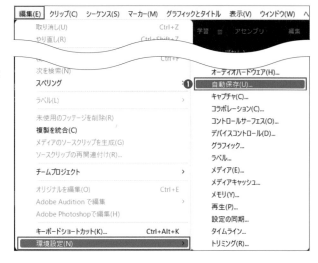

① [編集]メニュー→[環境設定]→[自動保存]を選択します❶。

② [環境設定]ダイアログボックスが表示されるので、[自動保存の間隔]、[プロジェクトバージョンの最大数]を必要に応じて変更しましょう❷。設定が終わったら[OK]ボタンをクリックします❸。

POINT

[プロジェクトバージョンの最大数]とは、過去何回分までの状態を保存するかを設定するもので、たとえば20の場合は20バージョン分のファイルが保存されます。21回目以降の自動保存がされるごとに最も古い自動保存プロジェクトファイルが削除されていきます。

POINT

前に保存された自動保存ファイルの状態から変更がない場合は次の自動保存は実行されません。

もっと
知りたい！

● おすすめの保存間隔とバージョンの数は？

[自動保存の間隔]は作業する内容によって変えるのがおすすめですが、一般的には5分程度にするとよいでしょう。ただし、たとえば結婚式の式場で流すエンドロールムービーのように、その場で撮影してすぐに編集していくものなどは、少ない時間で編集をしなければならないのでもっと短くしたほうが安全です。
また、[プロジェクトバージョンの最大数]も一般的には10あれば十分でしょう。
ファイルが増えることでストレージの容量も圧迫されるので、そのあたりも考慮して決めましょう。

（関連）バックアップのための知識も身に付けましょう。➡ 24ページ

エクスプローラー／Finder

CHAPTER 2

SECTION 7

素材をパソコンに取り込む

デジタルカメラやスマートフォンで撮影した動画をパソコンに取り込む
方法を知っておきましょう。

SDカードから取り込む　　# スマートフォンから取り込む

素材の取り込み方の中
でもよく使う方法をい
くつか紹介します。

SDカードから取り込む

① パソコンにSDカードを接続すると、
エクスプローラー（Finder）の画面に
外部ストレージのアイコンが表示さ
れます。そのアイコンをクリックして
開き❶、保存されている内容を確認し
ます❷。

② 取り込みたいファイルを選択し、パ
ソコン内の任意の場所にドラッグ＆
ドロップして取り込みます❸。

POINT

取り込み先に決まりはありませんが、あ
とでプロジェクトファイルに読み込み
やすいように素材フォルダなどを作成
しておくとよいでしょう。
データ管理について ➡ 23ページ

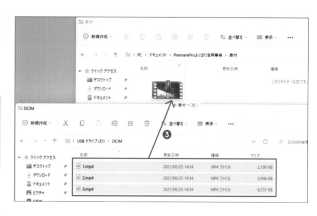

POINT

SDカードをパソコンから抜くときは必ず
取り外す操作を行って接続を解除してか
ら抜きましょう。解除せずに抜くとファ
イルが破損する可能性があります。解除
されたらエクスプローラー（Finder）から
外部ストレージの表示が消えます。

スマートフォンから取り込む①

スマホから取り込む場合は、クラウドストレージを経由するのが便利
です。たとえばGoogleアカウントを持っていれば、Googleドライブ
のアプリを使用してファイルをアップロード後、パソコンでGoogle
ドライブにアクセスしてダウンロードすることができます。

① スマートフォンで［ドライブ］アプリをタップします❶。

② [ドライブ]アプリが起動するので、画面右下の[＋]アイコン
をタップします❷。

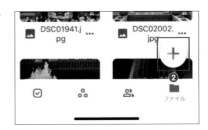

③ [新規作成]画面が表示されるので、[アップロード]アイコンを
タップします❸。表示された画面でアップロードしたいファ
イルを選択し、アップロードします。パソコンのウェブブラウ
ザーでGoogleドライブにアクセスすることで、アップロード
したファイルをダウンロードできます。

POINT

Androidの場合、アップロードしたファイルはマイドライブに表
示されます。

スマートフォンから取り込む②

① スマートフォンとパソコンを接続し
ます。エクスプローラーを開き、[PC]
→[iPhone（iPhoneの名前）] →
[Internal Storage]を開きます❶。

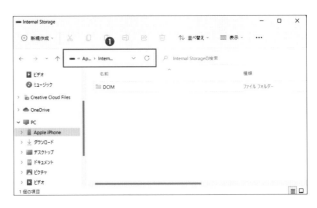

POINT

Androidの場合もエクスプローラーで
Android名のフォルダを開きましょう。

② 該当フォルダから取り込みたい素材
を探し、パソコン内の任意の場所に
コピーします❷。

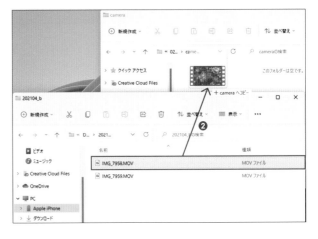

POINT

Macの場合はiPhoneとMacを接続し、Macのアプリケーション[写真]もしくは[イメージキャプチャ]を開き、
iPhoneのファイルを読み込むことができます。またAirDrop機能を使い、無線でファイルを送ることができま
す（iPhone側とMac側両方でWi-FiとBluetoothの設定をONにしておく必要があります）。iPhoneで画像を選
択し、AirDropアイコンをタップします。Macの名前が表示されるのでタップすると、Macのダウンロードフォ
ルダに選択した映像（画像）ファイルが転送されます。転送先を間違えないように注意しましょう。

パネルの機能と名称を知る

CHAPTER 2
SECTION 8

Premiere Proでは編集用途に合わせてさまざまなパネルが用意されています。ここでは主なパネルの名称と機能を解説します。

ワークスペース   # 主なパネル

> ［編集］ワークスペースを例に各パネルを見てみましょう。

Premiere Proの編集画面

Premiere Proの編集画面ではさまざまなパネルが1つのワークスペースとして表示されます。初期設定の［編集］ワークスペースには、［タイムライン］パネルや［プログラムモニター］が大きく表示されています。ワークスペースを［エフェクト］や［カラー］に切り替えると、表示されるパネルの種類や数も変わります。

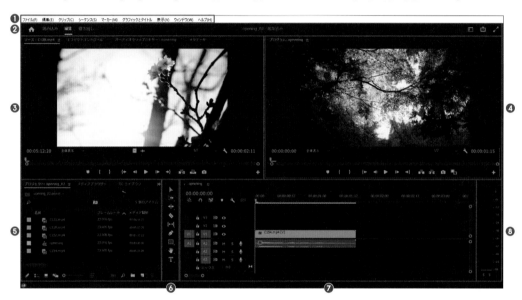

❶ メニューバー
Premiere Proを操作するためのさまざまな機能がメニューとしてまとめられています。

❷ ヘッダーバー
ホーム、読み込み、編集、書き出しの画面を切り替えたり、ワークスペースを切り替えたりできます。

❸ ［ソースモニター］
［プロジェクト］パネルで選択したクリップの内容をプレビューします。

詳細 ➡ 96ページ

❹ ［プログラムモニター］
［タイムライン］パネルで編集中のシーケンスの内容をプレビューします。

詳細 ➡ 79ページ

❺ ［プロジェクト］パネル
プロジェクトに読み込んだ素材（クリップ）を管理します。

❻ ［ツール］パネル
クリップのトリミングや文字の挿入など編集に使用するさまざまなツールが用意されています。

詳細 ➡ 81ページ

❼ ［タイムライン］パネル
編集時に最もよく使うパネルです。ここに時系列でクリップを並べて動画を編集します。

詳細 ➡ 76ページ

❽ ［オーディオメーター］パネル
プレビュー中のオーディオのレベル（音量）を確認できます。

詳細 ➡ 300ページ

POINT

ここでは例として［編集］ワークスペースを構成するパネルを紹介しましたが、［カラー］ワークスペースや［エフェクト］ワークスペースに切り替えると［Lumetriカラー］パネルや［エフェクト］パネルといった別のパネルが表示されます。

動画制作の基礎知識 1
プロジェクト管理と環境設定 2
カット編集 3
エフェクト 4
カラー調整 5
合成処理 6
テキストと図形の挿入 7
オーディオ機能 8
データの書き出し 9
VR動画の作成 10
他アプリとの連携 11
MORE

ワークスペースを切り替える

Premiere Proには編集の工程ごとに必要なパネルが配置されたワークスペースが用意されており、作業に合わせて切り替えることができます。

作業工程を把握しながらうまく切り替えていきましょう。

\# ワークスペースの種類　\# ワークスペースタブを表示

ワークスペースとは？

動画編集には「カット編集」「エフェクトの追加」「テロップの作成」「カラー調整」のようにいくつかの作業工程があります。ワークスペースとはその工程ごとに必要となるパネルの組み合わせや配置が前もって設定された画面のことであり、工程ごとに切り替えることで効率よく作業できます。

ワークスペースを切り替える

画面右上にある［ワークスペース］メニューからワークスペースを切り替えます。ここでは［学習］ワークスペースから［編集］ワークスペースに切り替えてみましょう。

① ［ワークスペース］ボタンをクリックし❶、［編集］を選択します❷。

② ［編集］ワークスペースに切り替わります。［学習］ワークスペースにあった［学習］パネルがなくなり、ほかのパネルの大きさも変わったことがわかります。

POINT

ワークスペースは自身で使いやすいレイアウトに変更することも可能です。
たとえば［編集］ワークスペースの初期状態では表示されていないパネルを［ウィンドウ］メニューから選択して追加したり、パネルの位置を変更したりできます。変更したワークスペースは新しいワークスペースとして保存できます。

パネルの移動 ➡ 41ページ
ワークスペースの保存
➡ 44ページ

POINT

［ワークスペース］メニューの［ワークスペースラベルを表示］をクリックすると、現在選択しているワークスペース名が表示されます。
［ワークスペースタブを表示］をクリックすると、ワークスペースがタブで表示されます。

関連 各パネルの機能についても理解しておきましょう。 ➡ 374ページ

ワークスペース一覧

ワークスペースは複数の種類あり、それぞれ作業に
適したパネルで構成されています。

［学習］ワークスペース
Premiere Proを初めて使用する人に向けたチュートリアル用のパ
ネルが用意されている

［アセンブリ］ワークスペース
［プロジェクト］パネルが大きく表示されるので、素材を探したり管理し
やすい

［編集］ワークスペース
カット編集をするのに適したパネルが配置されている

［カラー］ワークスペース
［Lumetriカラー］［Lumetriスコープ］といったカラー調整に適した
パネルが配置されている

［エフェクト］ワークスペース
動画に特殊効果を与えるエフェクトを適用したり、調整したりしやすい

［オーディオ］ワークスペース
動画の音声やBGMなどの音の調整に適したパネルが配置されてい
る

［キャプションとグラフィック］ワークスペース
キャプション（字幕）やテキスト、図形の挿入や調整に適したパネル
が配置されている

［ライブラリ］ワークスペース
Creative Cloudライブラリが表示される
Creative Cloud（CC）ライブラリについて ➡ 365ページ

［レビュー］ワークスペース
外部と作品を共有できるサービス「Frame.io」が利用できる

1 動画制作の基礎知識

2 プロジェクト管理と環境設定

3 カット編集

4 エフェクト

5 カラー調整

6 合成処理

7 テキストと図形の挿入

8 オーディオ機能

9 データの書き出し

10 VR動画の作成

11 他アプリとの連携

MORE

ワークスペース

CHAPTER 2

SECTION 10

パネルのサイズを変更する

パネルのサイズは変更できます。編集しやすいサイズに変更して作業効率を上げましょう。

パネルサイズの変更 　# パネルの最大化

パネルが小さすぎて見えづらいときなど、サイズを調整して作業しましょう。

パネルとパネルの境界線をドラッグする

パネルのサイズを変えるには、パネルの枠の部分をドラッグします。

① パネルの枠の部分にマウスポインターを合わせます❶。マウスポインターの形が➕になったタイミングで左右にドラッグします❷。

② サイズが変わります。隣り合ったパネルのサイズは片方の大きさに合わせて変わります。

POINT

パネルのサイズに応じて、そのパネルのメニューやボタンの配置も変わります。

POINT

マウスポインターの形は、マウスポインターを合わせる位置によって変わります。パネルの横幅を変えるパターン❶、高さを変えるパターン❷、横幅と高さ両方を変えるパターン❸の3種類あります。

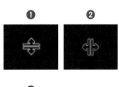

もっと
知りたい！

●パネルを最大化しよう

各パネルはパネルが有効（パネルに青枠が付いている）状態でパネル名をダブルクリック、もしくは@キーを押すと最大化できます。再度パネル名をダブルクリック、もしくは@キーを押すともとのサイズに戻せます。一時的にパネルを大きくして確認したい場合に利用しましょう。

［プロジェクト］パネルを最大化した状態

CHAPTER
2

プロジェクト管理と環境設定

関連　パネルの移動 ➡ 41ページ
パネルのウィンドウ化 ➡ 43ページ

動画制作の
基礎知識 1

プロジェクト管理
と環境設定 2

カット編集 3

エフェクト 4

カラー調整 5

合成処理 6

テキストと
図形の挿入 7

オーディオ
機能 8

データの
書き出し 9

VR動画の
作成 10

他アプリとの
連携 11

MORE

CHAPTER 2

SECTION 11

パネルを移動する

パネルは自由に位置を調整することができます。作業内容や扱う素材に
よって使いやすい位置に移動しましょう。

> パネルの使いやすさに
> よって編集作業時間が変
> わってくるのでいろいろ
> 試してみましょう！

\# パネルの移動　\# パネルグループの変更　\# パネルを大きく表示

パネルの移動

パネルはタブをドラッグすることで移動できます。
移動によって、ほかのパネルグループとまとめたり、パネルグループから独立した単体のパネルにしたりできます。タブを移動先のパネルにドラッグして、色が変わった位置でドロップすると移動できます。作業効率を考えて使いやすい位置に移動しましょう。

別のパネルグループに移動する

パネルグループの真ん中にドラッグ＆ドロップすると別のパネルグループに移動できます。

① パネルのタブを、移動したいパネルグループの中央あたりにドラッグし、紫色に変わったところでドロップします❶。

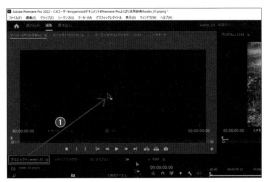

［プロジェクト］パネルのタブを［ソース］
パネルの中央にドラッグ＆ドロップ

② パネルが移動先のパネルグループ結合され、パネル名が追加されます❷。

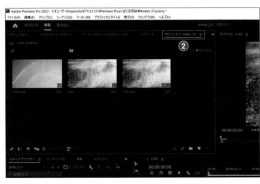

［ソース］パネルのグループに［プロ
ジェクト］パネルが追加された状態

別のパネルの上下左右に移動する

別のパネルの上下左右にドラッグ＆ドロップするとドロップ先のパネルの上下左右それぞれに単体のパネルとして移動できます。

① パネルのタブを別のパネルの上下左右にドラッグし、紫色に変わったところでドロップします❶。

［プロジェクト］パネルのタブを［ソース］
パネルの左にドラッグ＆ドロップ

次のページへ続く ➡

②ドロップした位置にパネルが配置されます
②。

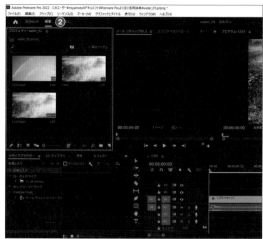

［プロジェクト］パネルが［ソース］
パネルの左に移動した状態

特定のパネルを大きく表示する

パネルのタブをPremiere Proのウィンドウの左右
の端にドラッグすると、その位置に移動し、ウィン
ドウの半分を使って大きく表示できます。

① 広く使いたいパネルのタブを画面の上下左右
の端にドラッグし、緑色の線が表示されたと
ころでドロップします❶。

［プロジェクト］パネルのタブを
画面の左端にドラッグ＆ドロップ

② ［プロジェクト］パネルが編集画面の左側半
分に表示されます。

POINT

ワークスペースをもと
のレイアウトに戻し
たい場合は［ワークス
ペース］メニューの［保
存したレイアウトにリ
セット］をクリックし
ます。

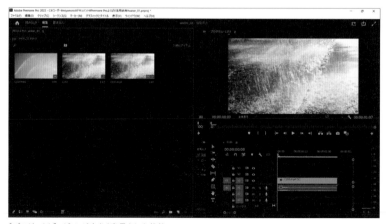

［プロジェクト］パネルが大きく表示された状態

CHAPTER
2

プロジェクト管理と環境設定

CHAPTER 2

SECTION
12

パネルをウィンドウで表示する

パネルは別のウィンドウとして切り離して表示できます。モニターを複数使用している場合にも役立ちます。

> よく使用したり、横長で表示したいパネルはウィンドウ表示すると作業しやすくなりますよ！

パネルのドッキングを解除

パネルをウィンドウ表示する

パネルのドッキングを解除すると、ワークスペースから切り離されてウィンドウ表示にできます。

(1) ウィンドウ表示したいパネルタブの ☰ をクリックします❶。

POINT

パネルタブを右クリックしてもパネルメニューが表示されます。

(2) ［パネルのドッキングを解除］をクリックします❷。

(3) パネルグループから離れ、ウィンドウとして表示されます❸。

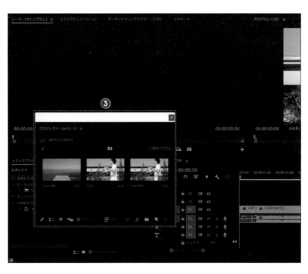

動画制作の基礎知識 1

プロジェクト管理と環境設定 2

カット編集 3

エフェクト 4

カラー調整 5

合成処理 6

テキストと図形の挿入 7

オーディオ機能 8

データの書き出し 9

VR動画の作成 10

他アプリとの連携 11

MORE

CHAPTER 2
SECTION
13

ワークスペースを作成（保存）する

自分がよく使うパネルを配置した自分専用のワークスペースを作成する
ことが可能です。ここではその方法について解説します。

> 使いやすいパネル構
> 成ができたら保存し
> ておきましょう。

新規ワークスペースとして保存

ワークスペースをカスタマイズする

① 初めに［ワークスペース］パネルからワーク
スペースを選択します❶。ここでは［エフェ
クト］ワークスペースを選択します。

② 41ページを参考に、使いやすいようにパネル
を追加、移動、サイズの変更、グループ化しま
す。

カスタマイズした
ワークスペース

CHAPTER 2

プロジェクト管理と環境設定

ワークスペースを保存する

① ［ウィンドウ］メニュー→［ワークスペース］
→［新規ワークスペースとして保存］をクリッ
クします❶。

POINT

各ワークスペース横の3本線のアイコン▤ をク
リックし、表示されるメニューの［新規ワーク
スペースとして保存］をクリックして、ワーク
スペースを保存できます。

② ［新規ワークスペース］ダイアログボックス
が表示されます。ワークスペースの名前を入
力し❷、［OK］ボタンをクリックします❸。

③ 作成したワークスペースが［ワークスペース］
に追加されます❹。

（関連） パネルのサイズは自由に変更できます。 → 40ページ
パネルはドラッグして移動できます。 → 41ページ

[ワークスペースを編集]ダイアログボックス

ワークスペースを削除する

カスタマイズして保存したワークスペースは削除できます。

間違えて作成してしまった、または使用しなくなったワークスペースがあれば削除しましょう。

ワークスペースの削除　　# ワークスペースの表示順を変更

ワークスペースを削除する

① [ワークスペース]パネルの ☰ をクリックして❶[ワークスペースを編集]をクリックします❷。

POINT

[ワークスペースを編集]ダイアログボックスは[ウィンドウ]メニュー→[ワークスペース]→[ワークスペースを編集]からも開けます。

② [ワークスペースを編集]ダイアログボックスが表示されます。ここで削除したいワークスペースを選択し❸、[削除]ボタンをクリックします❹。

POINT

削除できるのはカスタマイズして保存したワークスペースのみです。[学習]や[編集]などもともとあるワークスペースは削除できません。

もっと知りたい!

● [ワークスペース]パネルの各ワークスペースの表示順を変更しよう

[ワークスペースを編集]ダイアログボックスでは[ワークスペース]パネルの各ワークスペースの表示順を変更できます。

① [ワークスペースを編集]ダイアログボックスで、ワークスペース名をドラッグして順番を変えます❶。

② [OK]ボタンをクリックします❷。

③ 表示順が変わったことがわかります❸。

[キャプションとグラフィック]ワークスペースを[学習]ワークスペースのあとに表示されるように変更

1 動画制作の基礎知識

2 プロジェクト管理と環境設定

3 カット編集

4 エフェクト

5 カラー調整

6 合成処理

7 テキストと図形の挿入

8 オーディオの機能

9 データの書き出し

10 VR動画の作成

11 他アプリとの連携

MORE

CHAPTER 2

SECTION
15

シーケンスを作る

プロジェクト作成後、動画編集を始めるには枠組みとなるシーケンスを
作成します。ここではシーケンスの作成方法を説明します。

シーケンスの作成
は動画編集の下準
備です。

クリップに最適なシーケンス　# 新規シーケンス　# シーケンスクリップ

シーケンスとは？

動画クリップや音声クリップ、解像度など、1本の動画を構成する素材や設定を含む枠組みを「シーケンス」と
いいます。1つのプロジェクト内に複数のシーケンスを作成することも可能です。シーケンスは［新規シーケン
ス］ダイアログボックスから設定したり、タイムラインにクリップを並べたりして作成します。

シーケンスを作る

① ［ファイル］メニュー→［新規］→
［シーケンス］をクリックします❶。

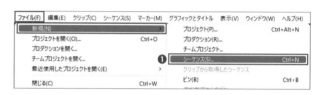

② ［新規シーケンス］ダイアログボッ
クスが表示されるので、［シーケンス
プリセット］の中からこれから作る
動画に合わせてシーケンスを選択し
❷、必要に応じて名前を変更して❸
［OK］ボタンをクリックします❹。
ここではYouTubeに動画をアップ
ロードする際に比較的よく使用され
るフルHD（1,920×1,080）のフレー
ムレート29.97の動画を作る想定で
プリセットを選んでいます。

POINT

正方形の動画を作りたいときなど、必要
なシーケンスプリセットがない場合は
自分で各設定を変更してシーケンスを
作成することも可能です。
フレームサイズを変更する
➡ 48ページ

③ 作成したシーケンスのタイムラインが表示され❺、［プロジェクト］パネルにも「シーケンスクリップ」が
作成されたことが確認できます❻。

シーケンスクリップのアイコン

CHAPTER
2

プロジェクト管理と環境設定

1 動画制作の基礎知識

2 プロジェクト管理と環境設定

3 カット編集

4 エフェクト

5 カラー調整

6 合成処理

7 テキストと図形の挿入

8 オーディオ機能

9 データの書き出し

10 VR動画の作成

11 他アプリとの連携

MORE

POINT

[プロジェクト] パネルからクリップを [タイムライン] パネルにドラッグすると、
そのクリップに合わせたシーケンスが自動的に作成されます。
ただし、解像度やフレームレートが異なるクリップが混在する場合は、あらかじめ
シーケンス設定を決めておくようにしましょう。

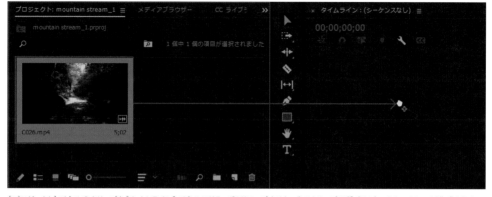

[プロジェクト] パネルのクリップを [タイムライン] パネルにドラッグ＆ドロップすると、そのクリップの設定に合ったシーケンスが作成される

もっと
知りたい！

●シーケンスのカスタム設定

プリセットを使ってシーケンスを作成する以外にも、より自由な設定でシーケンスを作成できます。

[新規シーケンス] ダイアログボックスで [設定] タブを開きます❶。[編集モード] を [カスタム] に設定すると❷、[タイムベース]（フレームレート）や❸ [フレームサイズ] ❹を目的に合わせてカスタマイズできます。

POINT

ドロップフレームとノンドロップフレームもここで切り替えられます。

ドロップフレーム、ノンドロップフレームについて
➡ 22ページ

表示形式：	29.97 fps ドロップフレームタイムコード∨
作業カラースペース：	✓ 29.97 fps ドロップフレームタイムコード
	29.97 fps ノンドロップフレームタイムコード

関連　一度作ったシーケンスの設定を編集途中で変更することもできます。➡ 48ページ

CHAPTER 2

SECTION
16

フレームサイズを変更する

正方形や縦長動画などの動画を作成する際はシーケンスのフレームサイズを変更しましょう。

\# SNS投稿　\# フレームサイズ　\# 正方形動画　\# 縦長動画

> SNSのプラットフォームに合わせてサイズを変えることもありますね。

フレームサイズはあとから変更できます。一度作った動画の縦横比を変更したりInstagramやFacebookといったSNS用にサイズを調整したりする場合は、フレームサイズを変更しましょう。

CHAPTER
2

プロジェクト管理と環境設定

フレームサイズを変更する

シーケンス作成後のフレームサイズの変更は、[シーケンス設定］ダイアログボックスで行います。

① [シーケンス]メニューの[シーケンス設定]をクリックします❶。

② [シーケンス設定]ダイアログボックスが表示されるので、[編集モード]を[カスタム]にし❷、[フレームサイズ]を入力します。ここでは例として縦横1080ピクセルの正方形にしています❸。設定できたら[OK]ボタンをクリックします❹。

③ レンダリングファイルの削除を警告する[このシーケンスのすべてのプレビューを削除]画面が表示されるので、そのまま[OK]ボタンをクリックしましょう❺。

④ フレームサイズを変更できました。

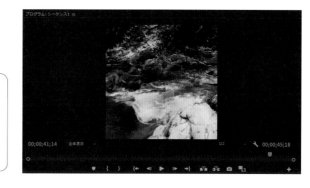

POINT

フレームサイズを変更したことで、動画の
表示範囲も変わっています。表示したいも
のが画面から切れてしまっている場合は手
動で位置を移動するか、[オートリフレー
ム]の機能を使いましょう。

オートリフレーム機能 ➡ 181ページ

もっと
知りたい！

● 縦長動画を作る場合

正方形ではなくスマホ用に縦長の動画も作成できます。ここではシーケンスを作成する段階でフレームサ
イズを設定してみましょう。

① [ファイル]メニュー→[新規]→[シー
ケンス]をクリックします❶。

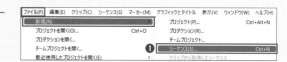

② [新規シーケンス]ダイアログボック
スが表示されるので、[設定]タブを選
択し❷、[編集モード]を[カスタム]に
します❸。[フレームサイズ]を「1080」
横、「1920」縦に変更し❹、[OK]ボタ
ンをクリックします❺。

POINT

4K対応した動画にする場合は、「2180」横、
「3840」縦に設定します。

③ フレームサイズが縦長のシーケンスが
作成されます。

1 動画制作の基礎知識

2 プロジェクト管理と環境設定

3 カット編集

4 エフェクト

5 カラー調整

6 合成処理

7 テキストと図形の挿入

8 オーディオ機能

9 データの書き出し

10 VR動画の作成

11 他アプリとの連携

MORE

CHAPTER 2

SECTION
17

素材を追加する

プロジェクトを作成したあとも追加で映像（画像）や音楽ファイルなどの
素材を読み込めます。

> 読み込む素材は
> パソコン上で
> しっかり管理し
> ておきましょう。

素材の読み込み

素材を読み込む

28ページではプロジェクト作成時に素材
を読み込む方法を解説していますが、編集
途中で素材を追加することもできます。

① ヘッダーバーの［読み込み］タブをク
リックします❶。

② ［読み込み］画面に切り替わるので、
素材を選択し❷、［読み込み］ボタン
をクリックします❸。

POINT

［ファイル］メニューの［読み込み］をク
リックし、素材を選択して、［開く］ボタ
ンをクリックしても素材を読み込めま
す。

③ ［プロジェクト］パネル上に読み込ん
だ素材が表示されます。

POINT

［プロジェクト］パネルに読み込まれた
素材を「クリップ」と呼びます。

クリップ

POINT

［プロジェクト］パネル上に直接素材をドラッグ＆ドロップする、または
［プロジェクト］パネルをダブルクリックして、［読み込み］ダイアログ
ボックスから素材を選択しても読み込めます。

素材を［プロジェクト］パネルにドラッグ＆ドロップ

［プロジェクト］パネルをダブルクリックして
ダイアログボックスから素材を選択

CHAPTER 2

SECTION
18

ビンを作成して素材を管理する

［プロジェクト］パネルでは「ビン」を作成して素材を管理できます。ここではビンの作成、ビンへの素材の読み込みについて解説します。

クリップが増えた場合もビンを作って管理すると便利です。

新規ビン　# フォルダからビンを作成

ビンとは？

プロジェクト内では「ビン」という入れ物（フォルダ）で素材を管理できます。クリップを種類ごとに分けたい場合は、種類ごとにビンを作ってクリップを読み込みましょう。

ビンを作成する

① ［プロジェクト］パネル下部の［新規ビン］ボタンをクリックします❶。

② 「ビン」という名前のビンが作成されるので、名前を変更します❷。ここでは「撮影素材」としました。

POINT

ビンの中にビンを作るなど、パソコンでフォルダごとにファイル管理をするときと同様に素材を管理できます。

作成したビンに素材を読み込む

作成したビンに素材を読み込んでみましょう。

① 作成したビンを選択した状態で❶、素材を読み込みます。

素材の読み込み ➡ 50ページ

1 動画制作の基礎知識
2 プロジェクト管理と環境設定
3 カット編集
4 エフェクト
5 カラー調整
6 合成処理
7 テキストと図形の挿入
8 オーディオ機能
9 データの書き出し
10 VR動画の作成
11 他アプリとの連携
MORE

次のページへ続く ➡

ビンを開く

① ビンに素材が読み込まれたかを確認するには、ビンをダブルクリックします❶。

② ビンの中身が表示されます。

POINT

素材の読み込み時にビンを作成することもできます。[読み込み]画面で[新規ビン]をオンにして読み込みましょう。

POINT

ビンを作成してから素材を読み込むのではなく、素材を読み込んだあとでビンに移動させることも可能です。その場合は移動させたい素材を移動先のビンへドラッグします。

もっと 知りたい！

●フォルダごと読み込んで効率アップ！

あらかじめパソコン上で素材をフォルダに分けて管理している場合、そのフォルダごと[プロジェクト]パネルに読み込むことにより、そのフォルダがビンとして読み込まれます。

たとえば「camera」(映像素材)フォルダ、「bgm」(BGM用)フォルダ、「se」(効果音用)フォルダなどに素材を分けておき、それぞれのフォルダごと読み込めばPremiere Pro上でビンを新規で作成したり素材を移動させたりといった作業が必要なくなります。

ただし、フォルダの中身がない場合や、まとめて複数のフォルダを読み込む際に同じ名前のファイルがある場合、片方が読み込まれないので注意しましょう。

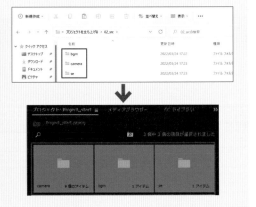

CHAPTER 2
SECTION 19

ほかのプロジェクトのアイテムを使用する

Premiere Proでは別のプロジェクトで使用したシーケンスやクリップを
現在編集中のプロジェクトに読み込んで使用できます。

> YouTubeチャンネル
> のオープニングのクリップなど、同じシーンを再利用したいときにも便利です。

プロジェクト全体を読み込み　# 選択したシーケンスを読み込み
プロジェクトのショートカットを読み込む

プロジェクトを読み込む

ほかのプロジェクトのシーケンスやクリップを編集中のプロジェクトで使用するには、通常の素材読み込みと同じようにプロジェクトファイルを読み込みます。

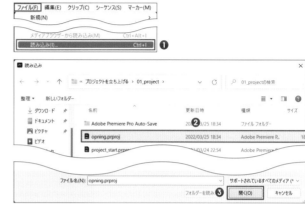

① ［ファイル］メニューの［読み込み］をクリックします❶。［読み込み］ダイアログボックスが表示されるので、該当のプロジェクトファイルを選択し❷、［開く］ボタンをクリックします❸。

② ［プロジェクト読み込み］ダイアログボックスが表示されるので、［プロジェクトの読み込みタイプ］を選びます❹。［OK］ボタンをクリックすると❺、プロジェクトが読み込まれます。

［プロジェクトの読み込みタイプ］の違い

●プロジェクト全体を読み込み

［プロジェクト読み込み］ダイアログボックスで［プロジェクト全体を読み込み］を選択すると、読み込んだプロジェクトにあるすべてのクリップが編集中のプロジェクトの［プロジェクト］パネルに読み込まれます。このとき［プロジェクト読み込み］ダイアログボックスの［読み込まれたアイテム用のフォルダーを作成］にチェックを付けていると、読み込んだプロジェクトの名前のビンが自動的に作成され、その中にクリップが読み込まれます。

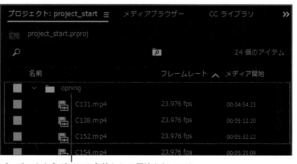

プロジェクト名がビンの名前として反映されている

POINT

> ［重複しているメディアの読み込みを許可］にチェックを付けていない場合、同じ名前のクリップが編集中のプロジェクトに存在する場合は読み込まれません。

関連 ［プロジェクト］パネルに素材を読み込む方法 ➡ 50ページ

動画制作の基礎知識 1
プロジェクト管理と環境設定 2
カット編集 3
エフェクト 4
カラー調整 5
合成処理 6
テキストと図形の挿入 7
オーディオ機能 8
データの書き出し 9
VR動画の作成 10
他アプリとの連携 11
MORE

●選択したシーケンスを読み込み

[選択したシーケンスを読み込み] を選択すると、プロジェクトファイルの中の特定のシーケンスを読み込みます。[Premiere Proシーケンスを読み込み]ダイアログボックスが表示され、読み込むプロジェクトにあるシーケンス一覧が表示されます。読み込みたいクリップのあるシーケンスを選択して❶、[OK]ボタンをクリックします❷。すると、選んだシーケンスに使用されているクリップのみが編集中のプロジェクトに読み込まれます❸。

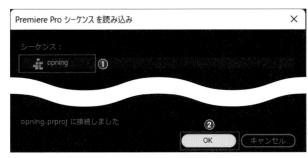

●プロジェクトのショートカットを読み込む

[プロジェクトのショートカットを読み込む]を選択すると、現在編集中の[プロジェクト]パネルに読み込んだプロジェクトへのショートカットアイコンが表示されます❶。これをダブルクリックすると、もう1つ[プロジェクト]パネルが表示されます❷。そこから現在編集中のプロジェクトのシーケンスにクリップをドラッグ&ドロップで貼り付けたり、コピーペーストで編集中の[プロジェクト]パネルに貼り付けたりできます。

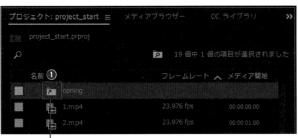

ショートカットのアイコン

読み込んだプロジェクトのシーケンスも自動的に表示される

編集中のシーケンスに別のプロジェクトのクリップを使用

もっと 知りたい！

●複数のプロジェクトを同時に開いてクリップを共有しよう

複数のプロジェクトを同時に開くと、一方の[プロジェクト]パネルから、もう一方のシーケンスのタイムラインにクリップを並べることができます。

[trip_01]プロジェクトのタイムラインに[trip_02]プロジェクトのクリップを配置できる

[プロパティ]パネル

クリップのプロパティを確認する

Premiere Proに読み込んだ素材（クリップ）のファイルパスやフレームレートなどの情報（プロパティ）を確認する方法を解説します。

> プロパティにはクリップの情報がまとまっています。

クリップの情報

プロパティを確認する

クリップのファイルサイズやフレームレートといった情報は、[プロパティ]パネルで確認できます。[プロジェクト]パネルから[プロパティ]パネルを表示します。

① [プロジェクト]パネルのクリップを右クリックし❶、[プロパティ]を選択します❷。

② [プロパティ]パネルが別ウィンドウで表示され、各種情報を確認することができます。

POINT

[プロパティ]パネルに表示されている情報はテキストとしてコピーできます。ファイルの詳細情報をリスト化する場合や、パスに直接アクセスしたい場合などに活用できます。

もっと
知りたい！

● **プロパティを活用しよう**

[プロパティ]で確認できる主な情報は右表の通りです。
実際の現場では、クライアントから提供された動画の素材など、自分が撮っていないものに関しては画像のサイズやフレームレートなどがわからないので、このプロパティで確認することがあります。

ファイルパス	パソコン上のどこにクリップのファイルがあるかを示します。
種類	クリップのファイル形式を示します。
ファイルサイズ	クリップのファイル容量を示します。
画像のサイズ	クリップのフレームサイズを示します。
フレームレート	クリップのフレームレートを示します。
ソースのオーディオ形式	クリップのオーディオ形式を示します。
プロジェクトのオーディオ形式	プロジェクトのオーディオ形式を示します。
トータルデュレーション	クリップの尺（長さ）を示します。
ピクセル縦横比	ピクセルの縦横比を示します。
アルファ	クリップにアルファチャンネルが含まれているかを示します。
ビデオコーデックタイプ	クリップのコーデックタイプを示します。

1 動画制作の基礎知識

2 プロジェクト管理と環境設定

3 カット編集

4 エフェクト

5 カラー調整

6 合成処理

7 テキストと図形の挿入

8 オーディオ機能

9 データの書き出し

10 VR動画の作成

11 他アプリとの連携

MORE

CHAPTER 2

SECTION
21

［プロジェクト］パネルの表示形式を変更する

［プロジェクト］パネル上のクリップは、パネル下部にあるボタンより表
示形式を変更できます。

作業にあった表示形
式を選びましょう。

リスト表示 　# アイコン表示 　# フリーフォーム表示

表示形式を変更する

表示形式は［リスト表示］［アイコン表示］［フリーフォーム表示］の3つがあります。それぞれのアイコンをク
リックすることで表示を切り替えられます。

❶ ［リスト表示］
クリップが一覧で表示される。上部の［名前］や［メディア開始］などの
各項目をクリックすると、その項目順にクリップを並べ替えられる

❷ ［アイコン表示］
クリップがサムネール（画像）で表示され、中身が確認しやすい

❸ ［フリーフォーム表示］
［プロジェクト］パネル内で素材をドラッグして自由に配置できる。似たよ
うなカットをまとめる場合などに便利

❹ ［プロジェクトの読み込み専用と読み取り／書き込みを切り替え］
プロジェクトをロックできる。ロックすると、クリップの削除や読み込み、
タイムラインの操作などすべての操作が無効となる（再生のみ可能）

❺ ［アイコンとサムネールのサイズを調整］
スライダーをドラッグすると、パネル内のサムネールの表示サイズを変更
できる（表示形式が［リスト形式］の場合はテキストの大きさが変わる）

❻ ［アイコンの並べ替え］
クリップの表示形式が［アイコン表示］または［フリーフォーム表示］の
際にサムネールの表示の順番を変えられる

関連 ［アイコン表示］、［フリーフォーム表示］にすると、クリップをタイムラインに並べる前に
トリミングできます。 ➡ 98ページ

動画制作の
基礎知識

1

プロジェクト管理
と環境設定

2

カット編集

3

エフェクト

4

カラー調整

5

合成処理

6

テキストと
図形の挿入

7

オーディオ
機能

8

データの
書き出し

9

VR動画の
作成

10

他アプリとの
連携

11

MORE

[プロジェクト]パネル

CHAPTER 2

SECTION
22

クリップのラベル（色）を変更する

ラベルとはクリップに付ける色のことです。ラベルを変更して、編集しやすくしましょう。

> ラベルは[プロジェクト]パネル上のクリップやタイムライン上のクリップから変更できます！

ラベル　# クリップの色替え　# ラベルグループ　# ソースクリップ名とラベルを表示

クリップのラベル（色）を変更する

クリップにはラベル（色）を付けることができます。たとえば映像クリップは初期設定では薄い青色（アイリス）が付いています。このラベルは自分の好きな色に変更でき、複数のクリップを扱う際に種類ごとにラベル分けしておくと編集の効率化につながります。初期設定のラベルを別の色に変更してみましょう。

① ラベルを変えたいクリップを右クリックし❶、[ラベル]から好きな色を選択します❷。ここでは[ローズ]を選択しました。

POINT

タイムライン上のクリップのラベルも同じように変更できます。

② ラベルの色が変わります❸。そのクリップをタイムラインに配置すると、変更した色で表示されます❹。

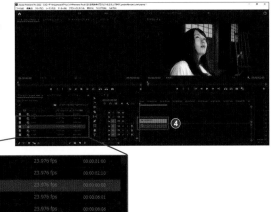

POINT

[プロジェクト]パネル上の同じラベルのクリップをまとめて選択することができます。1つのクリップを右クリックし、[ラベル]→[ラベルグループ]を選択します。すると現在同じラベルが設定されているすべてのクリップが選択できます。一括で変更したい場合は、まとめて選択した状態で手順1のとおりにしましょう。

関連　ラベルの名前や色を好きなように変更することも可能です。➡ 59ページ

もっと
知りたい！

● [プロジェクト] パネルでラベルを変更する前にタイムラインに並べたクリップの ラベルを変更するには？

[プロジェクト] パネルでラベルの変
更をしても、すでに [タイムライン]
パネルに並べてあるクリップのラベ
ルは変更されません。その場合は以
下の方法で変更しましょう。

タイムラインに配置済みのクリップのラベルは変わらない

① [タイムライン] パネルの [タ
イムライン表示設定] をク
リックし❶、[ソースクリップ
名とラベルを表示] の項目に
チェックを付けます❷。

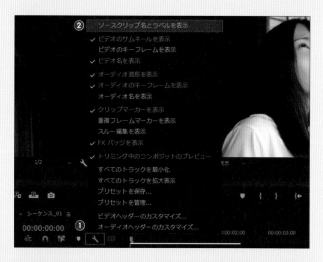

② すると、[プロジェクト] パネ
ルのラベルとタイムライン上
のラベルが同期され、ラベル
が変更されます。

POINT

[ソースクリップ名とラベルを表示] にチェック
を付けると、[プロジェクト] パネルのラベル、タ
イムライン上のラベルどちらかのラベルを変更
すると、自動的にもう片方のラベルも変更されま
す。ラベルだけでなくクリップの名前も同期され
ます。

POINT

タイムライン上でクリップを分割していた場
合、分割した片方のラベルを変更すると、強制
的にもう片方のラベルも変更されるので、注
意しましょう。

ラベルの設定を変更する

ラベルは初期状態のままでも使用できますが、名前と色を自分で好きな
ように変更できます。

\# ラベル名の変更　　\# 初期設定のラベルを変更

> ラベルをカスタマイズし
> てみましょう。

ラベルの名前、色を変更する

ラベルは16種類あり、ピンク色のラベルは
[ローズ]、黄緑色のラベルは[森林]という
ように名前が付いています。この色と名前
は変更できます。また、クリップごとに初
期設定で割り当てられるラベルを変更す
ることもできます。まずは名前と色を変え
てオリジナルのラベルを設定してみましょ
う。

①
[編集]メニュー→[環境設定]→[ラ
ベル]をクリックします❶。

②
[環境設定]ダイアログボックスが開
きます。初期設定では、一番上のラベ
ルは[バイオレット]という名前の薄
い紫色のラベルです。このラベルの
名前を変更してみましょう❷。

③
色を変更したいラベルの右にある
[クリックしてカラーを編集]をク
リックすると❸、[カラーピッカー]
ダイアログボックスが表示されるの
で、好きな色を選択し❹、[OK]ボタ
ンをクリックします❺。

POINT

> 変更した内容はPremiere Proを再起動
> しても適用されます。

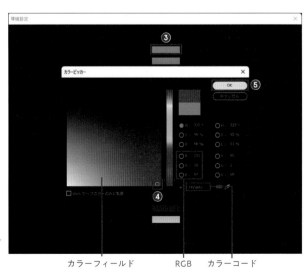

カラーフィールドで好きな色を選択、
またはRGBやカラーコードを入力し
て色を設定できる

カラーフィールド　　RGB　　カラーコード

1 動画制作の基礎知識

2 プロジェクト管理と環境設定

3 カット編集

4 エフェクト

5 カラー調整

6 合成処理

7 テキストと図形の挿入

8 オーディオ機能

9 データの書き出し

10 VR動画の作成

11 他アプリとの連携

MORE

次のページへ続く ➡

④ ラベルの名前と色が変更されたこと
を確認し⑥、[OK]ボタンをクリック
します❼。

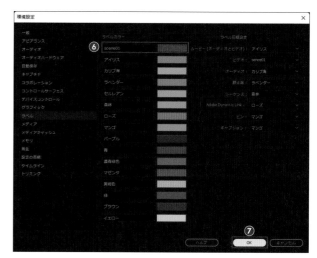

変更したラベルを適用する

新しく設定したラベルをクリッ
プに適用してみましょう。

① [プロジェクト]パネルの
クリップを右クリックし
❶、[ラベル]→新しく設
定したラベル名を選択し
ます❷。

② 新しく設定したラベルが
適用されます。

●ラベルの初期設定を
変更しよう

[プロジェクト]パネルに素
材を読み込む前に[環境設定]
の[ラベル]で[ラベル初期設
定]を変更すると、初期設定
のラベルを変更できます。

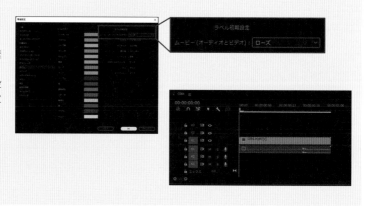

CHAPTER **2**

SECTION
24

クリップのリンクを再設定する

リンク切れが起きたクリップのリンクを再設定する方法を解説します。

よく起こるトラブルなので覚えておきましょう。

リンク切れ　# メディアをリンク

リンク切れとは？

Premiere Proに読み込んだクリップはもとの素材（ファイル）の名前や保存場所とリンクして参照しています。このリンクが切れ、参照できなくなった状態を「リンク切れ」と言います。素材をプロジェクトに読み込んだあとに、その素材の名前や場所を変更するとリンクが切れてエラーが発生します。

Premiere Pro起動時にリンクを再設定する

リンクが切れた状態でPremiere Proを起動すると、[メディアをリンク]ダイアログボックスが表示されます。

① リンクが切れているクリップ一覧が表示されるので、そのクリップを選択し❶、[検索]ボタンをクリックします❷。

② 検索のダイアログボックスが表示されます。該当クリップがあるフォルダを開き❸、クリップを選択して❹、[OK]ボタンをクリックします❺。これでリンクが再設定されます。

POINT

素材を探すとき、[名前が完全に一致するものだけを表示]にチェックを付けると目的のファイルが検索しやすくなります。ただし、同じ名前の別ファイルがパソコン上にある可能性もあるため、アイコンなどで確認して間違えないようにしましょう。

POINT

複数のクリップのリンクが切れている場合もあります。複数のクリップが同じフォルダ、またはそのフォルダの下の階層フォルダにあれば1つのクリップを検索するだけで残りのクリップも自動的に再リンクをしてくれます。

サイドバー:
1　動画制作の基礎知識
2　プロジェクト管理と環境設定
3　カット編集
4　エフェクト
5　カラー調整
6　合成処理
7　テキストと図形の挿入
8　オーディオ機能
9　データの書き出し
10　VR動画の作成
11　他アプリとの連携
MORE

次のページへ続く ➡

編集中にリンクを再設定する

編集している途中に何らかの原因でリンク切れが発生すると［プログラム］モニター上に「メディアオフライン」と表示され❶、［プロジェクト］パネルの該当クリップが「？」アイコンになります❷。同時に［メディアをリンク］ダイアログボックスも表示されるので❸、61ページを参考にリンクを再設定しましょう。

POINT

クリップのリンクが切れている場合、Premiere Proは自動的に感知して［メディアをリンク］ダイアログボックスを表示します。そこで［検索］ボタンをクリックせず、［オフライン］ボタンや［キャンセル］ボタンをクリックするとリンクが切れたまま編集を続けることになります。あとからリンクを再設定する場合はリンクが切れているクリップを右クリックし、［メディアをリンク］をクリックすると手動で［メディアをリンク］ダイアログボックスを表示できます。

もっと
知りたい！

●リンク切れを防ぐためにしっかりと素材を管理しよう

1つのプロジェクトで使うファイル（プロジェクト、素材）はデスクトップ、ダウンロードフォルダ、外部HDDなどバラバラの状態ではなく、1つのフォルダにまとめておきましょう。そうすることで自分自身が一度動画を完成させてからあとで再編集する際や、外部にデータを渡すときにリンク切れのリスクを軽減できます。筆者の場合、1つのプロジェクトごとに「プロジェクトファイル用」「素材用」「プロジェクトに関わる資料用」「書き出しファイル用」のフォルダを作って管理しています。

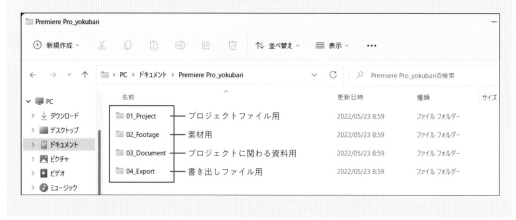

関連 フォルダの管理をしっかりとしましょう。 ➡23ページ

CHAPTER 2

SECTION
25

クリップの名前を変える

クリップの名前は、初期状態では読み込んだファイル名になっています。
このクリップ名はあとから変更できます。

> クリップの内容に合わ
> せて名前を付けておく
> とサムネールを見なく
> ても中身がわかりやす
> くなりますよ！

クリップ名の変更

クリップの名前を変更する

クリップの名前は［プロジェクト］パネルで変更で
きます。

(1) ［プロジェクト］パネル上で名前を変更したい
クリップを右クリックし❶、［名前を変更］を
クリックします❷。

POINT

タイムライン上のクリップの名前も同じように
右クリックメニューから 変更できます。

POINT

［プロジェクト］パネルのクリップ名を変更する
場合は、名前を変更したいクリップを選択したあ
とにもう一度名前をクリック、または Enter キー
を押すと、すぐに名前を入力できます。

(2) 名前を入力できるようになるので、好きな名
前を入力して❸、 Enter キーを押します。

(3) 次のクリップ名が入力状態になるので、続け
て変更できます。名前が変更されます❹。

POINT

［プロジェクト］パネル上で名前を変更しても、
すでに［タイムライン］パネルのタイムライン上
に並べてあるクリップの名前は変更されません。
名前を同期させる場合は、［タイムライン］パネル
の［タイムライン表示設定］をクリックし、［ソー
スクリップ名とラベルを表示］の項目にチェック
を付けましょう。また名前を変更しても、もとの
ファイルには影響はありません。

動画制作の基礎知識 1
プロジェクト管理と環境設定 2
カット編集 3
エフェクト 4
カラー調整 5
合成処理 6
テキストと図形の挿入 7
オーディオ機能 8
データの書き出し 9
VR動画の作成 10
他アプリとの連携 11
MORE

CHAPTER 2

SECTION
26

マーカーを付ける

シーケンスやクリップには任意の位置にマーカーを付けられます。マーカーは目印として使えるほかメモを入力することもできます。

「ここから音を変える」といったメモを入れるのにも便利です。

\# マーカーを追加 　\# メモ

マーカーを追加する

マーカーは再生ヘッドの位置に追加できます。複数のマーカーを追加することもできます。ここでは例としてシーケンスにマーカーを付けます。

① シーケンスのマーカーを付けたい位置まで再生ヘッドを移動し①、［マーカーを追加］ボタンをクリックします②。

ショートカット　マーカーを追加
M

② タイムライン上にマーカーが付きました③。

POINT

シーケンスに付けたマーカーは［プログラムモニター］にも反映されます。

マーカーにメモを付ける

マーカーには「この位置から音を入れる」「ここにクリップを挿入する」など、メモを付けることができます。

① メモを付けたいマーカーをダブルクリックします①。

ショートカット　［マーカー］ダイアログボックスを開く
M

② ［マーカー］ダイアログボックスが表示されるので、わかりやすいマーカー名とコメントを入力し②、［OK］ボタンをクリックします③。

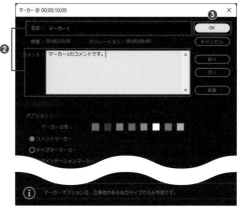

［次へ］や［前へ］をクリックするとほかのマーカーの設定ができる

③ マーカーにメモが付き、マーカーにマウスポインターを合わせると入力した内容が数秒表示されます④。

マーカーの範囲を広げる

マーカーは範囲を広げることができます。範囲を広げるには、[Alt]([option])キーを押しながらマーカーをドラッグします❶。

POINT

> マーカーの範囲を広げることで、ここからここまでを〇〇するといった範囲を示すメモとして利用できます。

マーカーの位置へ移動する

マーカーの位置に再生ヘッドを移動できます。[Shift]+[M]キーを押すと次のマーカーの位置へ、[Shift]+[Ctrl]([⌘])+[M]キーで前のマーカーの位置へ移動します。また[マーカー]パネル上のマーカーを選択すると、再生ヘッドも移動します。

POINT

> マーカーの一覧を確認する場合は[ウィンドウ]メニュー→[マーカー]を選択して[マーカー]パネルを表示しましょう。ここでマーカーを選択することもできます。

ここで [Shift] + [M] キーを押す

次のマーカーの位置へ移動した

マーカーを削除する

マーカーを削除する場合は、マーカーを右クリックし❶、[選択したマーカーを消去]をクリックします❷。なお[マーカーを消去]をクリックすると、シーケンス上のすべてのマーカーを一度に削除できます。

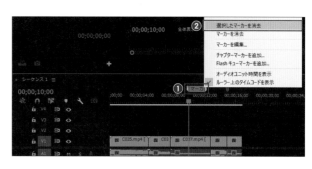

もっと
知りたい！

マーカーはクリップ単位でも付けられます。クリップ単位で付けたい場合は、マーカーを付けたい位置に再生ヘッドを移動し、クリップを選択してから[マーカーを追加]ボタンをクリックします。クリップにマーカーを付けた場合も、マーカーの位置へ移動する機能の対象となります。クリップに付けたマーカーをダブルクリックすると[ソースモニター]に表示されます。

1 動画制作の基礎知識

2 プロジェクト管理と環境設定

3 カット編集

4 エフェクト

5 カラー調整

6 合成処理

7 テキストと図形の挿入

8 オーディオ機能

9 データの書き出し

10 VR動画の作成

11 他アプリとの連携

MORE

CHAPTER 2

SECTION
27

［プログラムモニター］をカスタマイズする

プログラムモニターにはプレビュー再生用のボタンなどがありますが、
ほかの機能のボタンを追加したり削除したりすることができます。

［プログラムモニター］の機能追加　# ボタンエディター

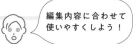
編集内容に合わせて
使いやすくしよう！

［プログラムモニター］にボタンを追加する

［プログラムモニター］は編集中の動画をプレビュー（再生）するためのパネルです。繰り返し再生して細かな
部分をチェックしたり、その場でクリップを挿入したりと、使用頻度の高いパネルです。ここに表示するボタン
はカスタマイズできるので、よく使う機能をクリックしやすい位置に移動したり、あまり使わないボタンは非
表示にしたり、自分好みに変更しましょう。

(1) ［プログラムモニター］の右下にある
［＋］ボタンをクリックします❶。

(2) ［ボタンエディター］が開くので、追加
したいボタンを青い枠内にドラッグ
＆ドロップします❷。このときすでに
あるボタンとボタンの間にドラッグ
したり、位置を入れ替えたりすること
もできます。追加したら［OK］ボタン
をクリックします❸。

(3) 新しくボタンが追加されます❹。

プログラムモニターからボタンを削除する

① プログラムモニターの右下にある
[+]ボタンをクリックして ❶、[ボタンエディター]を開きます。

② 削除したいボタンを青枠の内側から
外側へドラッグ&ドロップします❷。
ボタンが消えるので[OK]ボタンをクリックします❸。

③ ボタンが削除されます❹。

POINT

削除したボタンは、ボタンエディターから再度追加できます。

POINT

ボタンを初期設定の状態に戻したい
場合は[ボタンエディター]の[レイアウトをリセット]ボタンをクリックします。

1 動画制作の基礎知識

2 プロジェクト管理と環境設定

3 カット編集

4 エフェクト

5 カラー調整

6 合成処理

7 テキストと図形の挿入

8 オーディオ機能

9 データの書き出し

10 VR動画の作成

11 他アプリとの連携

MORE

次のページへ続く ➡

●ボタンの種類

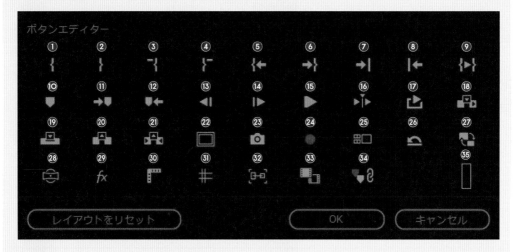

① インをマーク……イン点をマークします。

② アウトをマーク……アウト点をマークします。

③ インを消去……イン点を削除します。

④ アウトを消去……アウト点を削除します。

⑤ インへ移動……イン点に再生ヘッドを移動します。

⑥ アウトへ移動……アウト点に再生ヘッドを移動します。

⑦ 次の編集点へ移動……トラックターゲットがONになっているトラックの中の次の編集点に再生ヘッドを移動します。

⑧ 前の編集点へ移動……トラックターゲットがONになっているトラックの中の前の編集点に再生ヘッドを移動します。

⑨ ビデオをインからアウトへ再生……イン点からアウト点までを再生します。

⑩ マーカーを追加……マーカーを追加します。

関連 ➡ 64ページ

⑪ 次のマーカーへ移動……次のマーカーに再生ヘッドを移動します。

⑫ 前のマーカーへ移動……前のマーカーに再生ヘッドを移動します。

⑬ 1フレーム前へ戻る……再生ヘッドを1フレーム前に戻します。

⑭ 1フレーム先へ進む……再生ヘッドを1フレーム先に進めます。

⑮ 再生／停止……シーケンスの内容を再生／停止します。

⑯ 前後を再生……再生ヘッドの前後を再生します。

⑰ ループ再生……ONにして再生すると再生を繰り返します。

⑱ インサート……［プロジェクト］パネルで選択しているクリップを挿入します。

⑲ 上書き……［プロジェクト］パネルで選択しているクリップを上書き挿入します。

⑳ リフト……イン点とアウト点の範囲を切り取ります。

㉑ 抽出……イン点とアウト点の範囲をリップルを削除して切り取ります。

㉒ セーフマージン……プログラムモニターにセーフマージンを表示します。

㉓ フレームを書き出し……現在のフレームを画像として書き出します。

詳細 ➡ 338ページ

㉔ マルチカメラ記録開始／停止……マルチカメラの切り替えの記録を開始/停止します。

㉕ マルチカメラ表示を切り替え……プログラムモニターをマルチカメラ表示にします。

関連 ➡ 118ページ

㉖ トリミングセッションに復帰……トリムモードで移動した編集点をもとの位置に戻せます。

㉗ プロキシの切り替え……ONにするとプロキシファイルを使用します。

詳細 ➡ 72ページ

㉘ VRビデオ表示を切り替え……ONにするとプログラムモニターがVRビューに切り替わります。

詳細 ➡ 343ページ

㉙ グローバルFXミュート……ONにするとすべてのエフェクトの効果をOFFにします。

㉚ 定規を表示……プログラムモニターに定規を表示します。

㉛ ガイドを表示……プログラムモニターにガイドを表示します。

㉜ プログラムモニターをスナップイン……クリップの位置を動かすときにフレームに吸着するように移動ができます。

㉝ 比較表示……別のフレームを並べて表示することによって色の比較等ができます。

詳細 ➡ 210ページ

㉞ ソースとプログラムモニターの連動……［ソースモニター］と［プログラムモニター］のプレビューが連動します。

㉟ スペースキー……プログラムモニター下のボタンとボタンの間にスペースを付けることができます。

CHAPTER 2

SECTION
28

プレビュー表示のサイズを変更する

［プログラムモニター］のプレビューは拡大・縮小できます。細かい部分を確認する場合や、全体を俯瞰したいときに表示倍率を変えましょう。

> 映像全体を確認する、映像の一部を拡大して表示する、といった使い方ができます。

\# モニターの拡大／縮小

プレビュー表示の大きさを変更する

［プログラムモニター］の画面左下の［ズームレベルを選択］をクリックして❶、必要に応じて表示倍率を選択します。ズームレベルの各倍率は、［シーケンス設定］作成時に設定した［フレームサイズ］に対しての倍率となります。

全体表示

25％表示

100％表示

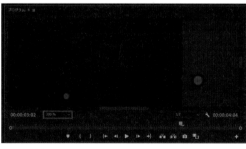

200％表示

POINT

［全体表示］と［100％］表示は混同しがちですが、［全体表示］は［プログラムモニター］の大きさに合わせて、縦横がすべて表示され、［100％］は［フレームサイズ］の100％のサイズで表示されます。

POINT

プレビューを拡大すると、プログラムモニターからはみ出る場合があります。その場合はプログラムモニターの右端や下側のスクロールバーをドラッグして表示位置を調整しましょう。

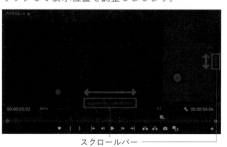

スクロールバー

1 動画制作の基礎知識

2 プロジェクト管理と環境設定

3 カット編集

4 エフェクト

5 カラー調整

6 合成処理

7 テキストと図形の挿入

8 オーディオ機能

9 データの書き出し

10 VR動画の作成

11 他アプリとの連携

MORE

CHAPTER 2

SECTION
29

[プログラムモニター]の解像度を変更する

[プログラムモニター]でのプレビューがカクカクする場合は、解像度を
下げることでスムーズになることがあります。

プレビューがスムーズに再生されない場合にも、この解像度の変更が役立ちます。

\# 再生時の解像度

[再生時の解像度]を変更する

映像が高解像度になるほどパソコンに負荷がかかり、Premiere Proでのプレビューが重くなります。もしプレビュー時に再生がカクカクする場合は、[再生時の解像度]を下げてみましょう。
プロジェクトのシーケンスの解像度の設定がFHD（1,920×1,080）の場合は1/4まで、4K（3,840×2,160）以上の場合は1/8まで下げられます。解像度を下げるとプレビューがスムーズになる反面、画質は粗くなります。

① [プログラムモニター]右下にある[再生時の解像度]をクリックして❶、解像度を変更します。ここでは[1/4]に変更しました。

② 解像度が変更されます。高解像度から低解像度に下げたことでプレビューは粗くなりますが、パソコンへの負荷が減り、スムーズに再生されやすくなります。

POINT

> プレビュー解像度はあくまで編集中の確認時の解像度なので、最終的に動画を書き出すときの画質には影響しません。

もっと
知りたい！

●[再生時の解像度]を下げても改善しないときは？

[再生時の解像度]を下げてもスムーズに再生できない場合は、次の方法も試してみましょう。それでも再生がスムーズにならない場合はパソコンのスペックが十分でない可能性もあります。動画編集に対応できるスペックのパソコンを用意しましょう。

①ほかのアプリケーションを閉じる
②キャッシュを削除する
　[編集（Premiere Pro）]メニュー→[環境設定]→[メディアキャッシュ]をクリックして[環境設定]ダイアログボックスを開きます。[メディアキャッシュファイルを削除]ボタンをクリックし、[未使用のメディアキャッシュファイルを削除]をオンにして[OK]ボタンをクリックします。
③プロキシを作成する　　詳細 ➡ 71ページ
④レンダリングする　　　詳細 ➡ 73ページ

CHAPTER 2

SECTION 30

プロキシファイルを作成して
プレビューを快適にする

プロキシファイルを作成し、それを使って編集すると操作やプレビューが
スムーズになります。

4Kなどの容量の
大きいクリップの
編集時にも活用で
きます。

\# プロキシを作成　　\# Media Encoder

プロキシファイルとは

プロキシとは「代理」という意味で、プロキシファイルは、元ファイルの代わりとして編集時のみ使用する軽い
ファイルのことです。Premiere Proの動作が重いときはプロキシファイルを使ってみましょう。

プロキシファイルを作成する

① ［プロジェクト］パネルでプロキシ
ファイルを作成したいクリップを選
択し❶、右クリックして［プロキシ］
→［プロキシを作成］をクリックしま
す❷。

POINT

> 複数のクリップを選択すれば、一度にプ
> ロキシファイルを作成できます。

② ［プロキシを作成］ダイアログボックス
が表示されるので、［形式］［プリセッ
ト］［保存先］をそれぞれ指定し❸、
［OK］ボタンをクリックします❹。

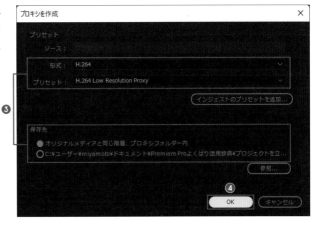

POINT

> ［形式］、［プリセット］は特に理由がないかぎり初期設定のままでもよいでしょう。
> ［形式］を「Quick Time」にして［プリセット］を「ProRes」に設定したほうがファイル容量は大きくなりますが、
> 再生負荷が軽いという特徴もあるため、使用しているパソコンの環境に合わせて設定してみましょう。

動画制作の
基礎知識　1

プロジェクト管理
と環境設定　2

カット編集　3

エフェクト　4

カラー調整　5

合成処理　6

テキストと
図形の挿入　7

オーディオ
機能　8

データの
書き出し　9

VR動画の
作成　10

他アプリとの
連携　11

MORE

次のページへ続く ➡

③ 自動的に「Adobe Media Encoder」
が立ち上がり、[キュー]パネルに動画
が追加され❺、プロキシファイルの作
成が始まります。作成が終わるまで
待ちます。

POINT

Adobe Media Encoderは動画や音声のファイル形式を変換し
たり、Premiere ProやAfter Effectsなどでファイルを書き出す
ときに細かい調整をしたりするためのソフトです。Premiere
Proをインストールすると自動的にインストールされます。

Adobe Media Encoderの
アイコン

④ 作成が終わると、もともとファイルが
あった場所に[Proxies]フォルダが
作成され❻、中にプロキシファイルが
作成されています❼。

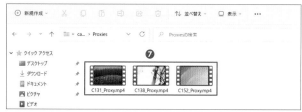

プロキシファイルを使用する

プロキシファイルを使用するには、プログ
ラムモニターで使用するファイルを切り替
える必要があります。

① プログラムモニター下部の[プロキ
シの切り替え]ボタンをクリックし
ます❶。ボタンの色が青くなると有
効です。

② モニターの映像がプロキシファイル
に切り替わります。

POINT

[プロキシの切り替え]を行うとプレ
ビュー画面の解像度が下がるのがわか
ると思います。これでプレビューがス
ムーズに再生できるようになります。書
き出し時にはもとの大きなファイル（画
質のよい）が使用されるので安心してく
ださい。

関連 ［プロキシの切り替え］ボタンが表示されない場合はボタンを追加しましょう。 ➡ 66ページ

CHAPTER 2
SECTION 31

レンダリングして一時的に処理を軽くする

処理が重たくなり、スムーズに再生（プレビュー）できない場合はレンダリングを行いましょう。

エフェクトの適用などで処理が重くなったときは試してみましょう。

\# カラーバー 　\# イン点アウト点を設定 　\# インからアウトをレンダリング
\# インからアウトでエフェクトをレンダリング 　\# 選択範囲をレンダリング

レンダリングバーでパソコンへの負荷をチェックする

[タイムライン]パネルの上部に赤や黄色といったカラーバーが表示されることがあります。これは再生時にかかる負荷を表しており、黄色は負荷がかかった状態、赤色はさらに高い負荷がかかった状態を表します。負荷がかかるとスムーズに再生できません。その場合はレンダリングを行うことでスムーズに再生できるようになります。レンダリングを行った部分は緑色になります。

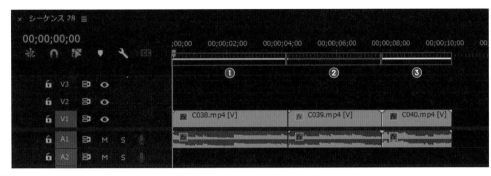

❶緑
レンダリング済みであることを表しています。スムーズに再生できます。
❷赤
高い負荷がかかっています。スムーズに再生できません。
❸黄色
やや負荷がかかった状態です。パソコンのスペックによってはスムーズに再生できないことがあります。

レンダリング範囲を設定する

イン点とアウト点を指定して、レンダリングする範囲を設定します。ここでは負荷がかかっている赤色のバーの箇所をレンダリングします。

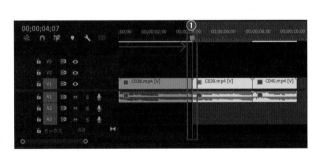

(1) レンダリングする始点（イン点）の位置に再生ヘッドを移動し❶、Ｉキーを押します。

(2) レンダリングする終点（アウト点）の位置に再生ヘッドを移動し❷、Ｏキーを押します。
インからアウト点までのクリップの色が明るくなったことを確認します。

次のページへ続く ➡

1 動画制作の基礎知識

2 プロジェクト管理と環境設定

3 カット編集

4 エフェクト

5 カラー調整

6 合成処理

7 テキストと図形の挿入

8 オーディオ機能

9 データの書き出し

10 VR動画の作成

11 他アプリとの連携

MORE

イン点とアウト点を設定する際、クリップ単位で指定するのに便利なのが「クリップをマーク」というショートカット（Xキー）です。トラックターゲットがオンになっているトラックで、再生ヘッドをクリップに移動してXキーを押すと、そのクリップの範囲にイン点アウト点が自動的に設定されます。

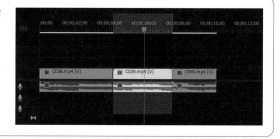

レンダリングを行う

① ［シーケンス］メニューから［インからアウトをレンダリング］を選択します❶。

② レンダリングの進行状況が表示されます❷。

POINT

レンダリングには時間がかかります。イン点とアウト点を設定し必要な部分にのみレンダリングを行いましょう。

③ 設定した範囲が緑色になったことを確認しましょう❸。

POINT

一度レンダリングをした範囲でもあとからエフェクトを追加するなど編集を加えると再びレンダリングバーの色が変わり、レンダリングしていない状態に戻ります。必要に応じてその都度レンダリングしましょう。

もっと
知りたい！

●レンダリングの種類

［シーケンス］メニューには［インからアウトでエフェクトをレンダリング］［インからアウトをレンダリング］［選択範囲をレンダリング］があり、それぞれレンダリングの対象範囲が変わります。

❶［インからアウトでエフェクトをレンダリング］
イン点からアウト点内のレンダリングバーが赤いところのみがレンダリングの対象となります。
❷［インからアウトをレンダリング］
イン点からアウト点内のレンダリングバーが赤と黄色の箇所がレンダリングの対象となります。
❸［選択範囲をレンダリング］
選択しているクリップの範囲でレンダリングバーが赤い箇所のみがレンダリングの対象となります。

CHAPTER
3

カット編集

動画編集はクリップをタイムライン上でカットしたりつなげたりして
1つの動画を作成します。
この章ではカット編集に関連するさまざまな操作方法を紹介します。
またクリップをプレビューするための［プログラムモニター］や
［ソースモニター］の概要についても詳しく解説します。

タイムラインの構成

シーケンスを作成すると［タイムライン］パネル上に作成したシーケンス
のタイムラインが表示されます。

トラック　# 再生ヘッド　# タイムコード　# トラックヘッダー　# タイムラインのツール

タイムラインに
クリップを並べ
た順に動画が再
生されます。

タイムラインとは？

タイムラインは、そのシーケンスを構成する映像や音声などのクリップを時系列に表示する場所です。動画の
再生中はタイムライン上を「再生ヘッド」が動いて現在再生している位置を示します。タイムラインは映像（ビ
デオ）クリップを並べる「ビデオトラック」と音声（オーディオ）クリップを並べる「オーディオトラック」で構
成されており、1つのトラックに複数のクリップを並べられるほか、トラックを追加することで複数のクリップ
を重ねて再生することもできます。クリップをカットしたりつなげたりといった編集作業もタイムライン上で
行えます。

［タイムライン］パネルの機能

［タイムライン］パネルには、カット編集で使用頻度の高いさまざまな機能があります。編集をスムーズに行う
ためにそれぞれの機能やパネルの見方を理解しておきましょう。

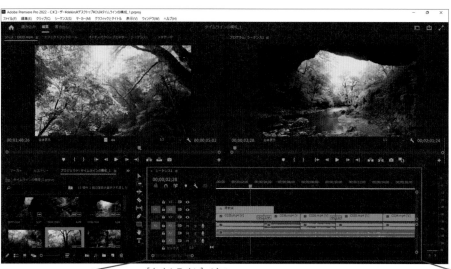

［タイムライン］パネル

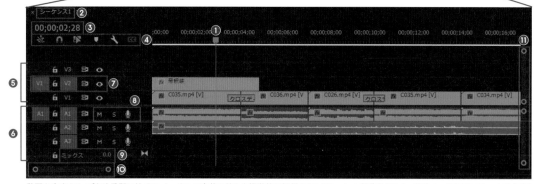

動画や音声クリップを時系列に並べて、シーケンス全体の流れを視覚的に把握できるほか、カット編集も行える。再生ヘッドのあるフレームが［プロ
グラムモニター］にプレビューされる

❶ 再生ヘッド
現在の再生位置を表しています。

❷ シーケンス名
現在編集中のシーケンス名が表示されます。

❸ タイムコード
再生ヘッドの位置を「時：分：秒：フレーム」の形式で表します。ここにタイムコードを直接入力して指定した位置に再生ヘッドを移動できます。

❹ [タイムライン]パネルのツール
❋ シーケンスを挿入／上書き
　オンにすると、別のシーケンスを1つのクリップとして編集中のシーケンスに挿入／上書きできます。

❊ タイムラインをスナップイン
　オンにすると、ドラッグしたクリップがほかのクリップや再生ヘッドにピタッと吸着します。

❊ リンクされた選択
　オンにすると映像と音声がリンクされた状態で選択できます。

❊ マーカーを追加
　シーケンスやクリップにマーカー（印）を追加します。
関連 ➡ 64ページ

❊ タイムライン表示設定
　タイムラインの表示を変更、管理できます。
詳細 ➡ 109ページ

❊ キャプショントラックオプション
　キャプション利用時にトラックの表示の切り替えができます。

❺ ビデオトラック
映像やテキストなどのクリップを配置するトラックをビデオトラック（V1、V2、V3）といいます。複数のトラックにクリップがある場合は、上のトラックが優先されてプレビューされます。

❻ オーディオトラック
ナレーションやBGMや効果音など音声クリップを配置する場所です。

❼ トラックヘッダー V1 🔒 V2 🔗 👁
トラックの表示／非表示といったトラックごとの操作が行えます。
V1 挿入や上書きを行うソースのパッチ
　[ソース]パネルからインサートや上書きをするトラックを指定できます。
🔒 トラックのロック切り替え
　オンにするとそのトラックは編集できなくなります。
V2 トラックターゲットの切り替え
　操作したいトラックを指定します。コピーしたクリップのペースト先トラックや、再生ヘッドを編集点に移動するトラックを指定できます。複数のトラックがオンの場合、下のトラックが優先されます。
🔗 同期ロックを切り替え
　オンにすると、別トラックで行った挿入やリップルなどの編集操作の影響を受けません。
詳細 ➡ 112ページ
👁 トラック出力の切り替え
　再生時にそのトラックの内容の表示／非表示を切り替えられます。

❽ オーディオトラックの機能
オーディオトラックの消音や録音などができます。
M トラックをミュート
　オンにすると、そのオーディオトラックの音声を消音します。
詳細 ➡ 295ページ
S ソロトラック
　オンにすると、そのオーディオトラックの音声のみ再生されます。
詳細 ➡ 295ページ
🎙 ボイスオーバー録音
Premiere Pro上で音声を録音できます。
詳細 ➡ 313ページ
🔊 ステレオ／モノラルアイコン
オーディオトラックには「モノラルトラック」「ステレオトラック」などの種類があり、「モノラルトラック」にはこのスピーカーアイコンが表示されています。
詳細 ➡ 316ページ

❾ ミックス
オーディオトラック全体の音量を調整できます。
関連 ➡ 319ページ

❿ ⓫ バーの位置が現在の表示位置、バーの幅が現在の表示範囲です。バーの左右のハンドルを動かすとタイムラインの表示範囲変更できます。ビデオトラックは拡大すると内容が表示されます。

1 動画制作の基礎知識
2 プロジェクト管理と環境設定
3 カット編集
4 エフェクト
5 カラー調整
6 合成処理
7 テキストと図形の挿入
8 オーディオ機能
9 データの書き出し
10 VR動画の作成
11 他アプリとの連携
MORE

クリップをタイムラインに並べる

動画編集はタイムラインにクリップを時系列に並べていきながら行います。複数のクリップをつなげることで1つの動画にしていきます。

クリップの配置　# タイムラインをスナップイン

タイムラインにクリップを並べる操作は動画編集の基本ですね！

クリップをタイムラインに並べる

(1) ［プロジェクト］パネルから［タイムライン］パネルへクリップをドラッグします❶。このとき映像クリップはビデオトラックに、音声クリップはオーディオトラックにのみ配置できます。

1つのクリップ内に映像と音声が含まれている場合は、映像（ビデオ）の部分はビデオトラックに配置され、音声（オーディオ）の部分はオーディオトラックに配置される。

(2) クリップがタイムラインに配置されます❷。タイムラインにクリップを追加する場合は、手順1と同じように［プロジェクト］パネルから［タイムライン］パネルのトラックへクリップをドラッグ＆ドロップします❸。

もっと
知りたい！

● クリップとクリップを隙間なく並べるには？

タイムラインに並べたクリップはタイムライン上で縦（トラック）横（時間軸）に自由に移動できます。そのとき［タイムラインをスナップイン］をオンにすると、移動したクリップが別のクリップや再生ヘッドに近づくとピタッと吸着します。

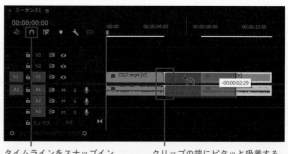

タイムラインをスナップイン　　　　クリップの端にピタッと吸着する

関連　クリップを［プロジェクト］パネルに読み込む方法 ➡ 50ページ
　　　シーケンスの作成方法 ➡ 46ページ

動画制作の基礎知識 1
プロジェクト管理と環境設定 2
カット編集 3
エフェクト 4
カラー調整 5
合成処理 6
テキストと図形の挿入 7
オーディオ機能 8
データの書き出し 9
VR動画の作成 10
他アプリとの連携 11
MORE

CHAPTER 3

SECTION 3

[プログラムモニター]

[プログラムモニター]の概要

Premiere Proでの動画編集中に、再生して内容をプレビュー（確認）する
パネルが［プログラムモニター］です。

> ショートカットキー
> を覚えれば操作の時
> 間短縮にもつながり
> ます。

[プログラムモニター]の機能

[プログラムモニター]の機能を知る

[プログラムモニター]では編集している内容を再生／停止しながらプレビュー（確認）できます。[プログラム
モニター]にはタイムライン上の再生ヘッドがあるフレームの内容が表示されます。タイムラインで上のト
ラックにあるクリップが優先的に表示されます。

POINT

ワークスペースのヘッ
ダーバー右上にある［ビ
デオ出力を最大化］ボタン
をクリックすると、プ
レビューを画面いっぱい
に表示できます。［プログ
ラムモニター］と［ソース
モニター］で選択している
ほうのプレビューを最大
化します。

❶ 再生ヘッド
現在のフレームの位置を示してい
ます。タイムラインの再生ヘッド
と連動しています。

❷ マーカーを追加（M）
タイムライン上にマーカーを追加
します。
関連 ➡ 64ページ

❸ インをマーク（I）
動画のイン点（始点）を設定します。
詳細 ➡ 73,80,329ページ

❹ アウトをマーク（O）
動画のアウト点（終点）を設定し
ます。
詳細 ➡ 73,80,329ページ

❺ インへ移動（Shift + I）
設定したイン点に再生ヘッドを
移動します。イン点が設定されて
いない場合はタイムラインの0フ
レームに移動します。

❻ 1フレーム前へ戻る（←）
再生ヘッドを1フレーム前に戻し
ます。

❼ 再生／停止（Space）
動画を再生、停止します。再生中は
[停止]ボタンに切り替わります。

❽ 1フレーム先へ進む（→）
再生ヘッドを1フレーム先に進め
ます。

❾ アウトへ移動（Shift + O）
設定したアウト点に再生ヘッドを
移動します。アウト点が設定され
ていない場合はタイムラインで一
番最後にあるクリップの終わりの
位置に移動します。

❿ リフト（Ctrl / ⌘ + ;）
イン点とアウト点で設定した範囲
を切り取ります。

⓫ 抽出（:）
イン点とアウト点で設定した範囲
を切り取り、リップル（隙間）を埋
めます。

⓬ フレームを書き出し
再生ヘッドがあるフレームを静止
画として書き出します。
詳細 ➡ 338ページ

⓭ 比較表示
プレビューの表示の比較を変更で
きます。

⓮ タイムコード
再生ヘッドがある位置の時間とフ
レームを表示します。タイムラ
インと連動しています。
詳細 ➡ 22ページ

⓯ ズームレベルを選択
モニターの表示倍率を変更します。
詳細 ➡ 69ページ

⓰ 再生時の解像度
再生するときの解像度を変更しま
す。
詳細 ➡ 70ページ

⓱ 設定ボタン
［プログラムモニター］の設定を
行います。

⓲ イン／アウトデュレーション
イン点からアウト点までの時間を
示します。

⓳ ボタンエディター
［プログラムモニター］に表示す
るボタンの種類や位置を変更しま
す。
詳細 ➡ 66ページ

※機能名の( )内はショートカットキーを表します。

CHAPTER 3
SECTION 4

動画をプレビューする

動画編集は再生して内容をプレビュー（確認）しながら進めていきます。
［プログラムモニター］でプレビューする方法を解説します。

> フレーム単位
> でプレビュー
> できます。

再生／停止　# 1フレーム前へ戻る　# 1フレーム先へ進む　# インへ移動　# アウトへ移動

動画を再生／停止する

（1）［プログラムモニター］の［再生／停止］ボタンをクリックすると❶、再生ヘッド❷の位置で再生／停止します。［プログラムモニター］の再生ヘッドと［タイムライン］パネルの再生ヘッドは連動しています。

ショートカット　**再生／停止**
Space

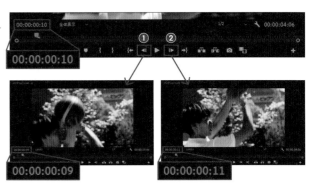

POINT

Space キー以外にも再生に関連したショートカットキーがあります。キーボードの配列が横並びの J （逆再生／押すごとに早送り）、K （停止）、L （再生／押すごとに早送り）もよく使うショートカットキーです。

動画を1フレームずつプレビューする

動画の内容を細かくチェックする場合は1フレームずつプレビューします。

（1）［1フレーム前へ戻る］をクリックすると❶、再生ヘッドが1フレーム前に戻ります。

（2）［1フレーム先へ進む］をクリックすると❷、再生ヘッドが1フレーム先へ進みます。

イン点とアウト点を設定してプレビューする

動画のイン点とアウト点を設定していると、イン点とアウト点へすばやく移動してプレビューできます。

動画のイン点アウト点を設定する ➡ 97ページ

（1）［インへ移動］をクリックすると❶、再生ヘッドが設定したイン点に移動します❷。

（2）［アウトへ移動］をクリックすると❸、再生ヘッドが設定したアウト点に移動します❹。

POINT

イン点アウト点を設定していない場合は、動画の開始位置、終了位置に移動します。

［ツール］パネルの各部名称と機能

［ツール］パネルにはカット編集など、タイムラインのクリップを操作するためのツールが揃っています。

各ツールのショートカットキーを覚えておくと効率的に作業できますよ！

［ツール］パネルの用途

［ツール］パネルの使い方

［ツール］パネルには、クリップをカットしたり移動したりするためのツールが用意されています。使用頻度の高いパネルなので、各ツールの機能を覚えておきましょう。

POINT

右下に白い三角が表示されているアイコンは長押しすると隠れているツールが表示されます。

［トラックの前方選択ツール］を長押しすると、隠れている［トラックの後方選択ツール］が表示される

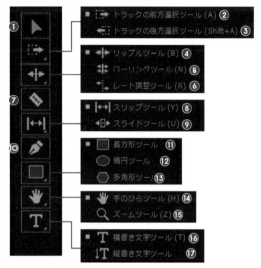

① トラックの前方選択ツール (A) ②
← トラックの後方選択ツール (Shift+A) ③

リップルツール (B) ④
ローリングツール (N) ⑤
レート調整ツール (R) ⑥

スリップツール (Y) ⑧
スライドツール (U) ⑨

長方形ツール ⑪
楕円ツール ⑫
多角形ツール ⑬

手のひらツール (H) ⑭
ズームツール (Z) ⑮

横書き文字ツール (T) ⑯
縦書き文字ツール ⑰

❶ 選択ツール
タイムライン上のクリップや、［プログラムモニター］のテキストや図形をクリックして選択します。
詳細 ➡ 82ページ

❷ トラックの前方選択ツール
タイムライン上で選択したクリップよりも右にあるクリップをまとめて選択します。
詳細 ➡ 82ページ

❸ トラックの後方選択ツール
タイムライン上で選択したクリップよりも左にあるクリップをまとめて選択します。
詳細 ➡ 82ページ

❹ リップルツール
1つのクリップのイン点とアウト点を変更できます。クリップを短くしたときに生じるギャップが自動で埋められます。
詳細 ➡ 89ページ

❺ ローリングツール
隣り合うクリップのイン点アウト点を同時に編集します。
詳細 ➡ 90ページ

❻ レート調整ツール
クリップの再生速度を変更します。
詳細 ➡ 177ページ

❼ レーザーツール
クリップ上をクリックすると、その位置でクリップを分割します。
詳細 ➡ 93ページ

❽ スリップツール
クリップの長さは変えず、イン点アウト点の位置を調整できます。
詳細 ➡ 91ページ

❾ スライドツール
選択したクリップの前後のクリップのアウト点とイン点を調整します。

❿ ペンツール
映像に自由な形のシェイプを挿入できます。
詳細 ➡ 274ページ

⓫ 長方形ツール
映像に矩形のシェイプを挿入できます。
詳細 ➡ 272ページ

⓬ 楕円ツール
映像に円形のシェイプを挿入できます。
詳細 ➡ 272ページ

⓭ 多角形ツール
映像に多角形のシェイプを挿入できます。
詳細 ➡ 272ページ

⓮ 手のひらツール
タイムライン、または［プログラムモニター］でドラッグして表示位置を変更します。

⓯ ズームツール
表示を拡大します。

⓰ 横書き文字ツール
映像に横書きのテキストを挿入できます。
詳細 ➡ 242ページ

⓱ 縦書き文字ツール
映像に縦書きのテキストを挿入できます。
詳細 ➡ 242ページ

動画制作の基礎知識 1
プロジェクト管理と環境設定 2
カット編集 3
エフェクト 4
カラー調整 5
合成処理 6
テキストと図形の挿入 7
オーディオ機能 8
データの書き出し 9
VR動画の作成 10
他アプリとの連携 11
MORE

SECTION 6 クリップを選択する

タイムライン上のクリップに対する操作を行う場合は、そのクリップを
選択する必要があります。いくつかある選択方法を学びましょう。

選択ツール # トラックの前方選択ツール # トラックの後方選択ツール

エフェクトなど
も、クリップを選
択しないと適用
できません。

［選択ツール］で選択する

クリップを選択するには［選択ツール］を
使います。
［ツール］パネルの［選択ツール］▶をクリッ
クし❶、選択したいクリップをクリックし
ます❷。
選択されたクリップは白枠が表示されます。

ショートカット 　選択ツール
　　　　　　　　　 V

POINT

クリップを選択すると、［エフェクトコントロール］パネルに選択したクリップのエフェクト情報が表示されます。

POINT

Shift キーを押しながらクリックすると複数のクリップを選択で
きます。
このとき［エフェクトコントロール］パネルには［複数のクリップ
を選択中］と表示され、エフェクトの編集などができなくなります。

POINT

初期設定では映像と音声はリンク
されているので、どちらか片方をク
リックすると両方選択されます。ど
ちらかのクリップだけを選択したい
場合は、Alt（option）キーを押しな
がらクリックすることで、片方のク
リップのみ選択できます。

Alt（option）キーを押しながらクリック

もっと
知りたい！

●クリックした前方、または後方
のクリップをすべて選択しよう

編集をしていると選択したクリップから
前のクリップすべて、または選択したク
リップから後ろのクリップすべてを選択
したいときがあります。
そういう場合は［トラックの前方選択ツー
ル］または［トラックの後方選択ツー
ル］を使いましょう。これらのツールを
使うと、クリックしたクリップを含む前
方のクリップすべて、または後方のク
リップすべてを一度に選択できます。

クリックしたクリップから後ろのクリップが
すべて選択される

長押しすると隠れたツール
が表示される

クリックしたクリップから前のクリップが
すべて選択される

ショートカット 　トラックの前方選択ツール
　　　　　　　　　 A

ショートカット 　トラックの後方選択ツール
　　　　　　　　　 Shift ＋ A

CHAPTER 3

SECTION
7

[タイムライン]パネル

クリップを移動する

タイムライン上のクリップを移動することでクリップの再生位置を変更したり、クリップを配置するトラックを変更したりできます。

クリップの移動　　# タイムラインをスナップイン

> 再生させる順番を変えたり、上に重ねたりとクリップの移動はよく使います。

同じトラック内でクリップを移動する

同じトラック内でクリップを移動する場合は、クリップにマウスポインターを合わせて、マウスポインターの形が⟶になったタイミングでクリップを左右にドラッグします。

クリップをドラッグすると❶、移動できます❷。

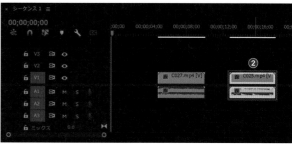

POINT

[タイムラインをスナップイン] をオンにしておけば、移動するクリップが再生ヘッドや別のクリップにぴたっと吸着します。

クリップを別のトラックに移動する

クリップを上下にドラッグして、別のトラックに移動することもできます。

クリップにマウスポインターを合わせて、マウスポインターの形が⟶になったタイミングでクリップを上下にドラッグすると❶、別のトラックに移動できます❷。

POINT

キーボードで操作することもできます。クリップを選択して Alt （ option ）キーを押しながらキーボードの↑↓キーを押すと、クリップを上下のトラックに移動できます。

1 動画制作の基礎知識
2 プロジェクト管理と環境設定
3 カット編集
4 エフェクト
5 カラー調整
6 合成処理
7 テキストと図形の挿入
8 オーディオ機能
9 データの書き出し
10 VR動画の作成
11 他アプリとの連携
MORE

CHAPTER 3

SECTION 8

タイムラインからクリップを削除する

不要なクリップはタイムラインから削除できます。

> 途中のクリップ
> を削除する際は
> リップル削除が
> 便利です！

\# クリップの削除 　\# ギャップ 　\# リップル削除

クリップを削除する

クリップをタイムラインから削除するには
Delete キーを使います。削除した部分は空
白になって再生時に何も表示されなくなり
ます。この空白を「ギャップ」といいます。

(1) 削除したいクリップを選択し❶、
Delete キーを押します。

POINT

クリップを右クリックして表示されるメ
ニューから[消去]を選択して削除する
こともできます。

(2) クリップが削除され、ギャップが生
じます❷。

POINT

複数のクリップをまとめて削除したい場合は複数のクリップ
を選択（ Shift キーを押しながら選択）して削除しましょう。

クリップとギャップを同時に削除する

クリップとギャップを同時に削除する機
能を[リップル削除]といいます。対象のク
リップをリップル削除すると、クリップと
その部分のギャップが削除され、左に詰ま
ります。

(1) 削除したいクリップを選択して❶、
右クリックします。

(2) 表示されたメニューから[リップル
削除]をクリックします❷。

(ショートカット) リップル削除
Shift (option) + Delete

(3) クリップと同時にギャップも削除で
きます。

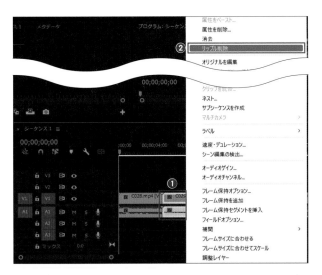

(関連) 演出効果以外のギャップは削除しましょう。➡ 85ページ

CHAPTER 3

カット編集

［タイムライン］パネル

ギャップを削除する

動画をカット編集しているとクリップとクリップの間に隙間（ギャップ）ができてしまうことがあります。意図しないギャップは削除しましょう。

たった1フレームのギャップが映像のちらつきの原因になってしまうこともあります。

\# リップル削除

ギャップとは

クリップとクリップの間に生じる空白のことをギャップといいます。この部分は再生しても何も映りません。演出として使う場合以外の不必要なギャップは削除するようにしましょう。

ギャップを選んで削除する

① ギャップをクリックします❶。その状態で Delete キーを押します。

② ギャップが削除され、クリップが詰まります。

ギャップをまとめて削除する

タイムライン上に複数ギャップがある場合、まとめて削除することもできます。

① ［タイムライン］パネルを選択した状態（青い線で囲まれている状態）で❶、［シーケンス］メニューから［ギャップを詰める］を選択します❷。

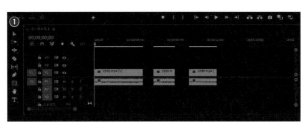

複数のギャップがある状態

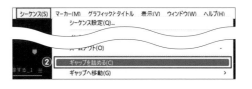

② ギャップがすべて削除されます。

POINT

特定のクリップの間だけギャップをまとめて削除したい場合は、該当クリップを複数選択してから［ギャップを詰める］をクリックしましょう。

1 動画制作の基礎知識

2 プロジェクト管理と環境設定

3 カット編集

4 エフェクト

5 カラー調整

6 合成処理

7 テキストと図形の挿入

8 オーディオの機能

9 データの書き出し

10 VR動画の作成

11 他アプリとの連携

MORE

CHAPTER 3

SECTION
10

クリップを複製する

同じクリップを複数回使う場合は、クリップをタイムライン上で複製しましょう。

コピー＆ペースト　# トラックターゲット

> 同じシーンを別の
> タイミングで使用
> したい場合などに
> 複製しましょう。

クリップを複製する

クリップはコピー＆ペーストで複製できます。再生ヘッドの位置にペーストされるので、あらかじめ複製したい位置に再生ヘッドを移動しましょう。また、コピーしたクリップにエフェクトなどが適用されている場合は、そのエフェクトごと複製されます。

(1) 複製したいクリップを選択して ❶、[Ctrl]（[⌘]）＋[C]キーを押してコピーします。

(2) クリップを配置したい位置まで再生ヘッドを移動し ❷、[Ctrl]（[⌘]）＋[V]キーを押してペースト（貼り付け）すると、複製されます。

POINT

ペースト先に別のクリップがある場合は複製元のクリップでもとのクリップが上書きされます。

POINT

クリップを [Alt]（[option]）キーを押しながらドラッグしても複製できます。

もっと
知りたい！

●ペースト（貼り付け）先のトラックを指定しよう

コピーしたクリップをペーストすると［トラックターゲット］がオンになっているトラックに配置されます。ペーストしたいトラックを指定する場合は［トラックターゲット］をオンにしましょう。複数のトラックがオンになっている場合は、番号が小さいトラックにペーストされます。

トラックターゲットがオンのトラックにペーストされる

CHAPTER 3

SECTION
11

タイムライン上でクリップをトリミングする

クリップの不要な部分をカットしてトリミングしたり、分割したりする
作業のことをカット編集といいます。

フレーム単位でトリ
ミングにこだわるこ
とが動画の質を向上
させます！

\# カット編集　　\# イン点とアウト点　　\# 選択ツール

始点（イン点）を決めてカットする

クリップの始点と終点はドラッグ操作で自
由に変更できます。始点のことを「イン点
（インポイント）」、終点のことを「アウト点
（アウトポイント）」といいます。イン点と
アウト点を変更することで、クリップの必
要な部分だけ再生できます。

① クリップのイン点にしたい位置に再
生ヘッドを移動します❶。

POINT

再生ヘッドはプレビューしながら最適な
位置に移動しましょう。

② ［選択ツール］をクリックし❷、マウ
スポインターをクリップの左端に合
わせます。アイコンの形が ▶ に切り
替わったことを確認し、再生ヘッド
の位置までドラッグします❸。

③ 再生ヘッドより前の部分がカット
されました❹。この位置を始点にク
リップが再生されます。

カットされた部分　　　　　　　始点（イン点）

POINT

カットされた部分は再生されま
せんが、削除されたわけではな
く非表示になっている状態で
す。カットした方向と逆方向にド
ラッグするとカットした部分が
表示されるので、やりなおしでき
ます。

1 動画制作の基礎知識
2 プロジェクト管理と環境設定
3 カット編集
4 エフェクト
5 カラー調整
6 合成処理
7 テキストと図形の挿入
8 オーディオ機能
9 データの書き出し
10 VR動画の作成
11 他アプリとの連携
MORE

次のページへ続く➡

終点（アウト点）を決めてカットする

クリップの右端をドラッグすることでアウト点を設定できます。

① クリップのアウト点にしたい位置に再生ヘッドを移動します❶。

② ［選択ツール］をクリックし❷、マウスポインターをクリップの右端に合わせます。マウスポインターの形が ╢ になったことを確認して、再生ヘッドの位置までドラッグします❸。

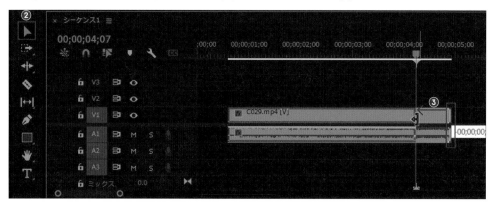

③ 再生ヘッドより後ろの部分がカットされます。この位置が終点となります。

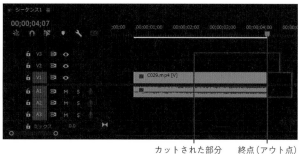

カットされた部分　終点（アウト点）

POINT

クリップの両端にある白い三角形は、カットされていない状態のイン点とアウト点を表します。カット編集するとこの三角形は消えます。

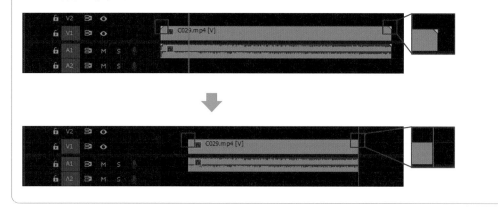

1 動画制作の基礎知識

2 プロジェクト管理と環境設定

3 カット編集

4 エフェクト

5 カラー調整

6 合成処理

7 テキストと図形の挿入

8 オーディオ機能

9 データの書き出し

10 VR動画の作成

11 他アプリとの連携

MORE

CHAPTER 3

SECTION 12

［タイムライン］パネル

ギャップを作らずにトリミングする

［リップルツール］を使用してクリップをトリミングすると自動的に
ギャップが削除されクリップ同士の間隔が詰まります。

リップルツールなどをうまく利用して時間短縮につなげましょう。

リップルツール　# ギャップ　# 前の編集点を再生ヘッドまでトリミング　# 後ろの編集点を再生ヘッドまでトリミング

［リップルツール］でクリップをカットする

［リップルツール］とはギャップを作らずにクリップをトリミングできる機能です。

①　［ツール］パネルから［リップルツール］を選択します❶。カットしたいクリップのイン点またはアウト点にマウスポインターを合わせます。アイコンが▶に切り替わったことを確認し、クリップの内側にドラッグします❷。

ショートカット　リップルツール
B

②　ギャップが生じることなくクリップがトリミングされます。トリミングした部分は、外側にドラッグすることで再度表示できます。

POINT

［リップルツール］を使用してクリップをトリミングするとギャップを自動的に埋めてくれますが、動画全体の尺の長さも短くなります。全体の尺の長さを変更したくない場合は、［選択ツール］を使ってクリップをトリミングするか、クリップを分割して不要なクリップを削除しながら編集しましょう。

もっと
知りたい！

●再生ヘッドの前後をすばやくトリミングする

Premiere Proには「前の編集点を再生ヘッドまでトリミング」「後ろの編集点を再生ヘッドまでトリミング」という機能があり、それらを使用すると、よりすばやく編集できます。
再生ヘッドのある位置より前を削除したい場合はQキーを、後ろを削除したい場合はWキーを押します。クリップの不要な部分を削除し、ギャップも埋めてくれるという作業を1つのキーを押すだけで行えます。

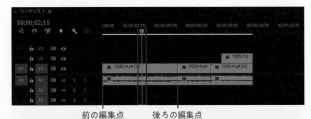

前の編集点　　　後ろの編集点

Wキーを押すと後ろの編集点が再生ヘッドまでトリミングされる（ギャップは生じない）

SECTION 13

隣接するクリップの切り替え位置を変更する

［ローリングツール］を使うと全体の長さを変更せずに隣り合ったクリップとクリップの切り替わりのタイミングを変更できます。

> BGMのタイミングに合わせて切り替わり位置を微調整するときにも便利です。

\# ローリングツール　\# スリップツール

［ローリングツール］でトリミングする

［ローリングツール］はクリップのつなぎ目をドラッグして使います。全体の尺の長さを変えずに一方のクリップを短く、もう一方のクリップを長くすることで、クリップの切り替わりのタイミングを変更できます。［ローリングツール］はトリミングされている範囲で切り替え位置を変更できます。

タイムライン上のクリップ　　　　　　　　　　　　　切り替え位置

もとのクリップの長さ

| トリミングされている部分 |
| トリミングされている部分 |

トリミングされている範囲で切り替え位置を変更できる　　　　　　切り替え位置

全体の尺が変わらない

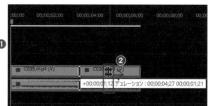

① ［ツール］パネルで［リップルツール］を長押しして、［ローリングツール］を選択します❶。クリップとクリップの間にマウスポインターを合わせます。アイコンが ⌖ に切り替わったことを確認し、左または右へドラッグします❷。ここでは右にドラッグしています。

> **ショートカット**　ローリングツール
> N

② 編集点（切り替わりの位置）が移動します❸。2つのクリップの合計の尺は変わりません。

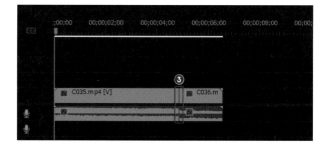

POINT

［プログラムモニター］を確認しながら切り替わりのタイミングを決めましょう。91ページで紹介する［スリップツール］を使うと、尺の長さを変えずに対象クリップの切り抜くシーンを変更できるので、［ローリングツール］と併用して使うこともよくあります。

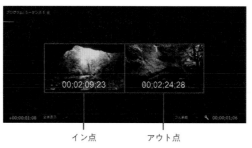

イン点　　　　アウト点

［ローリングツール］使用中はプログラムモニター上に前のクリップのアウト点、後ろのクリップのイン点がどのように変わるかがリアルタイムで表示される

トリミングしたクリップの
再生シーンを変える

［スリップツール］を使うと、トリミングしたクリップの長さを変えずに
イン点とアウト点を同時に変更できます。

クリップの長さは変わらないので隣接するクリップへの影響もありません。

\# スリップツール

1 動画制作の基礎知識

2 プロジェクト管理と環境設定

3 カット編集

4 エフェクト

5 カラー調整

6 合成処理

7 テキストと図形の挿入

8 オーディオ機能

9 データの書き出し

10 VR動画の作成

11 他アプリとの連携

MORE

［スリップツール］でトリミングするシーンを変更する

トリミングされたクリップを［スリップツール］でドラッグすると、クリップの長さを変えずにイン点とアウト点の位置を同時に変更できます。これにより、対象クリップの再生シーンを変えられます。［スリップツール］はトリミングされているクリップにしか使用できません。

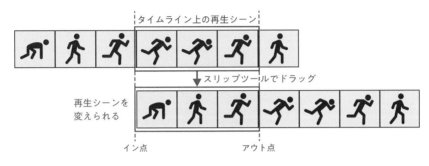

タイムライン上の再生シーン

スリップツールでドラッグ

再生シーンを
変えられる

イン点　　　　　　アウト点

① ［ツール］パネルの［スリップツール］を選択します❶。クリップにマウスポインターを合わせます。アイコンが |↔| に切り替わったことを確認し、左右にドラッグします。ここでは右にドラッグします❷。

② クリップの長さを変えずにイン点とアウト点が変わります。

POINT

ドラッグ操作に合わせてプログラムモニターにイン点とアウト点がプレビューされます。

CHAPTER 3

SECTION 15

クリップを上書きする

タイムライン上でクリップを別のクリップに重ねるようにドラッグすると
クリップが上書きされます。

上書きする位置
に注意して操作
しましょう。

上書き　# クリップの移動

クリップに別のクリップを重ねて上書きする

クリップを別のクリップに重ねると、重なった部分がカットされ、移動したクリップの情報に上書きされます。カットしたい位置に再生ヘッドを移動させたあとにクリップをドラッグすることで、フレーム位置を指定して上書きできます。

① 再生ヘッドをクリップの上書きしたい位置に移動します❶。

② 別のクリップを再生ヘッドの位置までドラッグします❷。

③ 重なった部分が移動したクリップで上書きされます。

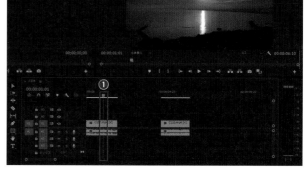

POINT

［プロジェクト］パネルなど別のパネルからタイムラインにクリップをドラッグする場合も、すでにあるクリップに重ねることで上書きできます。

重なった部分がカットされ移動したクリップで上書きされる

CHAPTER 3

カット編集

関連　［プログラムモニター］を使って上書きすることもできます。➡100ページ

CHAPTER 3

SECTION
16

クリップを分割する

クリップを分割すると、必要な部分のみ残し不必要な部分を削除したり
特定の部分のみエフェクトをかけたりできます。

> クリップのトリミングや、間に別のクリップを挟みたい場合によく使います。

#カット編集　　#レーザーツール　　#編集点を追加

クリップを分割する

① ［ツール］パネルから［レーザーツール］を選択し❶、クリップの分割したい箇所でクリックします❷。

ショートカット　レーザーツール
C

② クリップが分割されます❸。

POINT

別のトラック上にあるクリップも同じ位置でまとめて分割したい場合は［レーザーツール］を選択し、1つのクリップをShiftキーを押しながらクリックします。

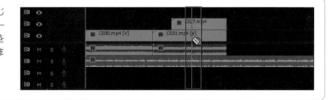

もっと
知りたい！

●ショートカットキーですばやく分割しよう

編集点を追加するショートカットキーを使えば任意の位置ですばやく分割できます。Ctrl（⌘）＋Kキーを押すと再生ヘッドの位置で分割されます。［選択ツール］でクリップを操作したり、動画をプレビューしたりしながら分割できるので、編集の時間短縮にもなります。

レーザーツールを選択せず、選択ツールのままCtrl（⌘）＋Kキーを押すことで分割できる

関連　ショートカットのボタンの割り当てを変更するには ➡ 373ページ

1 動画制作の基礎知識

2 プロジェクト管理と環境設定

3 カット編集

4 エフェクト

5 カラー調整

6 合成処理

7 テキストと図形の挿入

8 オーディオ機能

9 データの書き出し

10 VR動画の作成

11 他アプリとの連携

MORE

SECTION
17

クリップを挿入する

Ctrl（⌘）キーを押しながらタイムラインにクリップをドラッグすると、
クリップとクリップの間に別のクリップを挿入できます。

クリップを並べたあ
とで新しいクリップ
を追加したい場合に
便利です。

挿入　# 分割

クリップとクリップの間に別のクリップを挿入する

① 挿入するクリップを［プロジェクト］パネルから選択し❶、Ctrl（⌘）キーを押しながらタイムラインの
クリップとクリップの間にドラッグします❷。

POINT

クリップの途中に
挿入されないよう
に［タイムライン
をスナップイン］
をオンにして操作
しましょう。

② クリップとクリップの間に新しいクリップが挿入されます❸。

POINT

このとき動画全体の尺は挿入し
たクリップの分だけ長くなりま
す。

「C138.mp4」と「C136.mp4」の間に「C135.mp4」が
挿入されたことがわかる

クリップを挿入して1つのクリップを分割する

1つのクリップに別のクリップを挿入すると、挿入したクリップで分割されます。

① 挿入するクリップを［プロジェクト］パネルから選択し❶、Ctrl（⌘）キーを押しながらタイムラインの
クリップにドラッグします❷。

② 挿入したクリップでもとのクリップが分割されます❸。

POINT

タイムライン上のクリップ同士
でも同じように Ctrl（⌘）キー
を押しながらドラッグして挿入
することができます。

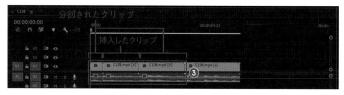

「C138.mp4」が挿入した「C135.mp4」で分割されたことがわかる

関連 ［プログラムモニター］で挿入する方法もあります。➡ 100ページ

CHAPTER 3

SECTION
18

クリップを置き換える

タイムラインに並べたクリップを別のクリップに置き換える方法について解説します。

ドラッグ＆ドロップ + Alt (option)
キーで簡単に置き換えられます。

[プロジェクト]パネルから置き換え　# マッチフレーム

タイムラインのクリップを別のクリップに置き換える

① 新しいクリップを[プロジェクト]パネルから選択し❶、 Alt (option) キーを押しながらタイムラインのクリップにドラッグ＆ドロップします❷。

② タイムラインにあったクリップが新しいクリップに置き換えられます❸。

POINT

[プロジェクト]パネルでイン点を設定していると、置き換えるクリップにも反映されます。アウト点は設定していても反映されません。

もっと
知りたい！

●置き換えるフレーム位置を合わせよう

置き換えるクリップと置き換えられるクリップのタイミングをフレーム単位で合わせることができます。BGMに合わせてこのタイミングにこのフレームを合わせたい、というときなどに役立ちます。

① タイムラインの再生ヘッドを置き換えたいクリップの任意の位置に移動します❶。

② [ソースモニター]で置き換えるクリップを表示し、再生ヘッドを置き換えたいタイミングの位置に移動します❷。

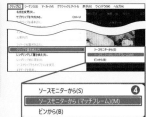

③ タイムラインの置き換えたいクリップを選択し❸、[クリップ]メニューから[クリップで置き換え]→[ソースモニターから(マッチフレーム)]を選択すると❹、フレーム同士を合わせて置き換えができます❺。

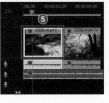

手順2で指定したフレームがタイムラインの再生ヘッドの位置にくるように置き換えられる

動画制作の基礎知識 1

プロジェクト管理と環境設定 2

カット編集 3

エフェクト 4

カラー調整 5

合成処理 6

テキストと図形の挿入 7

オーディオ機能 8

データの書き出し 9

VR動画の作成 10

他アプリとの連携 11

MORE

CHAPTER 3

SECTION
19

［ソースモニター］の概要

ソース（読み込んだ元素材）の内容を確認する［ソースモニター］の使い方を解説します。

79ページで紹介しているプログラムモニターとの違いもチェックしましょう。

［ソースモニター］の機能

［ソースモニター］の機能を知る

［ソースモニター］では［プロジェクト］パネルに読み込んだクリップの内容をプレビューして確認できます。

POINT

［プロジェクト］パネルのクリップをダブルクリックすると［ソースモニター］でプレビューできます。

プレビューしたいクリップをダブルクリック

CHAPTER
3

カット編集

❶再生ヘッド
［ソースモニター］でプレビュー中のクリップの現在のフレーム位置を示しています。タイムラインの再生ヘッドとは連動していません。

❷マーカーを追加（M）
ソースクリップにマーカーを追加します。タイムラインに並べた場合、マーカーが付いた状態で並べられます。
関連 ➡ 64ページ

❸インをマーク（I）
［ソースモニター］上のクリップのイン点（始点）を設定します。
詳細 ➡ 97ページ

❹アウトをマーク（O）
［ソースモニター］上のクリップのアウト点（終点）を設定します。
詳細 ➡ 97ページ

❺インへ移動（Shift + I）
設定したイン点に再生ヘッドを移動します。イン点が設定されていない場合は0フレームに移動します。

❻1フレーム前へ戻る（←）
再生ヘッドを1フレーム前に戻します。

❼再生／停止（Space）
動画を再生、停止します。再生中は［停止］ボタンに変わります。

❽1フレーム先へ進む（→）
再生ヘッドを1フレーム先に進めます。

❾アウトへ移動（Shift + O）
設定したアウト点に再生ヘッドを移動します。アウト点が設定されていない場合は一番最後のフレーム位置に移動します。

❿インサート（,）
イン点とアウト点で設定した範囲をタイムラインにインサート（挿入）します。
詳細 ➡ 98ページ

⓫上書き（.）
イン点とアウト点で設定した範囲をタイムラインに上書きします。
詳細 ➡ 98ページ

⓬フレームを書き出し（Ctrl / ⌘ + Shift + E）
再生ヘッドがあるフレームを静止画として書き出します。
関連 ➡ 338ページ

⓭タイムコード
再生ヘッドがある位置の時間とフレームを表示します。
詳細 ➡ 22ページ

⓮ズームレベルを選択
プレビューの表示倍率を変更します。
関連 ➡ 69ページ

⓯ビデオのみドラッグ
タイムラインに［ソースモニター］に表示しているクリップのビデオのみ並べることができます。

⓰オーディオのみドラッグ
タイムラインに［ソースモニター］に表示しているクリップのオーディオのみ並べることができます。

⓱再生時の解像度
再生するときの解像度を変更します。
関連 ➡ 70ページ

⓲イン/アウトデュレーション
イン点からアウト点の範囲の時間を示します。

⓳ボタンエディター
［ソースモニター］に表示するボタンの種類や位置を変更します。
関連 ➡ 66ページ

※機能名の（ ）内はショートカットキーを表します。

[ソースモニター]

タイムラインに並べる前に クリップをトリミングする

[ソースモニター]や[プログラム]モニターで、クリップの使用箇所をトリミングできます。

> クリップのデュレーションが長いときなど、事前にトリミングするとよいでしょう。

カット編集　# インをマーク　# アウトをマーク　# ソースモニター

[ソースモニター]でトリミングする

[ソースモニター]にはクリップのイン点とアウト点を指定してトリミングする機能があります。タイムラインに並べる前に、ざっくりとした範囲を[ソースモニター]でトリミングして、タイムライン上でさらに調整するというような使い方ができます。

① [プロジェクト]パネル上にあるクリップをダブルクリックすると❶、[ソースモニター]にクリップの映像が表示されます❷。

② [ソースモニター]の再生ヘッドをイン点に設定したい位置までドラッグし❸、[インをマーク]ボタンをクリックします❹。

> ショートカット　インをマーク
> I

POINT

イン点、アウト点となるフレームを決めることを「マーク」といいます。

③ [ソースモニター]の再生ヘッドをアウト点に設定したい位置までドラッグし❺、[アウトをマーク]ボタンをクリックします❻。

> ショートカット　アウトをマーク
> O

POINT

[インをマーク]、[アウトをマーク]ボタンをクリックすることでタイムライン上でクリップをドラッグしてトリミングした状態と同じ状態になります。

関連　クリップの始点のことをイン点、終点のことをアウト点といいます。 ⇒ 87ページ

1　動画制作の基礎知識
2　プロジェクト管理と環境設定
3　カット編集
4　エフェクト
5　カラー調整
6　合成処理
7　テキストと図形の挿入
8　オーディオ機能
9　データの書き出し
10　VR動画の作成
11　他アプリとの連携
MORE

次のページへ続く ⇒

タイムラインへ配置する

[ソースモニター]上でトリミングしたクリップは、[ソースモニター]からドラッグすることでタイムラインに配置できます。

① [ソースモニター]のクリップをタイムラインへドラッグ＆ドロップします①。

POINT

ドラッグ＆ドロップではなく、[インサート][上書き]ボタンをクリックしてもタイムラインへ配置することができます。その際、タイムラインの再生ヘッドをクリップを配置したい位置に移動し、[挿入や上書きを行うソースのパッチ]でトラックを指定しておきましょう。

[インサート]ボタン　[上書き]ボタン

② トリミングされたクリップがタイムラインに配置されます。

もっと
知りたい！

●[プロジェクト]パネル上でクリップをカットしよう

[ソースモニター]上ではなく、[プロジェクト]パネル上でもイン点とアウト点を決めてクリップをトリミングできます。

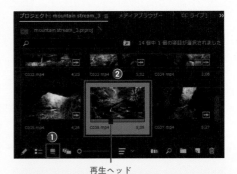

再生ヘッド

① [プロジェクト]パネルで[アイコン表示]ボタンをクリックして①、アイコン表示にし、クリップをクリックすると②、再生ヘッドが表示されます。

② 再生ヘッドをドラッグしてイン点の位置で I キー③、アウト点の位置で O キーを押して④、イン点とアウト点を決めます。

③ クリップをタイムラインにドラッグ＆ドロップします⑤。

［プログラムモニター］

［プログラムモニター］でクリップを
挿入、置き換え、上書きする

クリップを［プラグラムモニター］へドラッグ＆ドロップすること
で挿入位置を指定してからタイムラインへ並べることができます。

> 「挿入」1つをとっ
> てもいろんな方法
> がありますね。

#挿入や上書きを行うソースのパッチ 　#前に挿入　 #後ろに挿入　 #オーバーレイ　 #置き換え　 #上書き

［プログラムモニター］で行える挿入の種類

クリップを［プログラムモニター］へドラッグ＆ドロップすると、再生ヘッドのあるクリップに対して視覚的に
位置やトラックを指定して挿入や上書きの操作を行えます。ドラッグする位置ごとに下の❶〜❻の枠が表示さ
れます。目的の操作に応じた位置でドロップしましょう。

└─ 再生ヘッドが「C025.mp4」の中央あたりにある状態

❶前に挿入

再生ヘッドのあるクリップの前に挿入し
ます。

POINT

> 挿入すると再生ヘッドは挿入したク
> リップの終点に移動します。

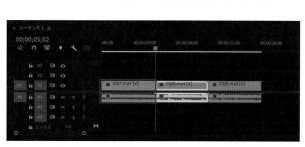

「C025.mp4」の前にクリップが挿入される

❷オーバーレイ

再生ヘッドの位置に合わせてクリップが
あるトラックの1つ上のトラックに挿入
します。

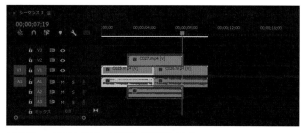

「C025.mp4」の上のトラックにクリップが挿入される

※わかりやすくするために挿入するクリップのラベルを変えて
います。

1 動画制作の基礎知識

2 プロジェクト管理と環境設定

3 カット編集

4 エフェクト

5 カラー調整

6 合成処理

7 テキストと図形の挿入

8 オーディオ機能

9 データの書き出し

10 VR動画の作成

11 他アプリとの連携

MORE

次のページへ続く➡

❸挿入

再生ヘッドのある位置に挿入します。このとき再生ヘッドが現在のクリップの途中の場合、再生ヘッドのある位置でクリップが分割されます。

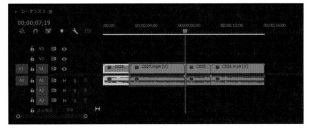

再生ヘッドの位置で「C025.mp4」が挿入したクリップにより分割される

❹置き換え

再生ヘッドのあるクリップまたは選択しているクリップを新しいクリップに置き換えます。クリップの長さは置き換え前のクリップに合わせられます。もとのクリップにエフェクトなどがかかっている場合は、置き換え後のクリップに自動的に適用されます。

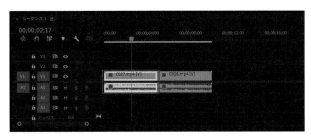

「C025.mp4」が置き換えられる

❺上書き

再生ヘッドの位置から新しいクリップで上書きします。このとき、もとのクリップより新しいクリップが短い場合は動画全体の長さは変わりません。

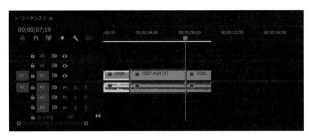

「C025.mp4」が上書きされる

❻後ろに挿入

再生ヘッドのあるクリップの後ろに挿入します。

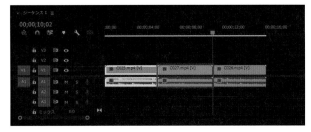

「C025.mp4」の後ろにクリップが挿入される

POINT

このセクションで解説している挿入や上書きは [挿入や上書きを行うソースのパッチ] がオンになっているトラックを対象に行います。オフの場合は操作しても変化はありません。

[挿入や上書きを行うソースのパッチ] がオンの状態

関連　クリップの置き換え➡95ページ

CHAPTER 3

SECTION
22

特定のクリップを非表示（無効）にする

タイムラインにクリップを残したまま非表示にしたい場合はクリップを
無効にします。

あとで使用するかも
しれないので残して
おきたい場合などに
使いましょう。

\# クリップの有効／無効

クリップを無効にする

無効にしたクリップは非表示になります。クリップをタイムラインから削除するのではなく無効にすること
で、すぐに有効に戻して表示させることができます。また［トラック出力の切り替え］を使った非表示とは違い、
クリップ単位で無効と有効が切り替えらるので、そのクリップがある場合とない場合の比較が簡単にできま
す。

① 無効にしたいクリップを右
クリックします❶。

② ［有効］をクリックし❷、チェッ
クを外します。

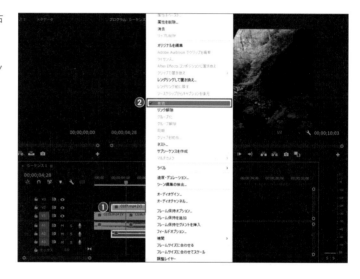

③ クリップの色が薄くなり❸、
プログラムモニターに表示さ
れなくなります❹。

POINT

再度表示させたい場合は無効に
なったクリップを右クリックし
て［有効］にチェックを付けま
しょう。

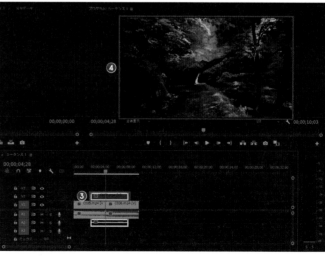

対象のクリップが非表示になり、下のクリップが表示されている状態

1 動画制作の基礎知識

2 プロジェクト管理と環境設定

3 カット編集

4 エフェクト

5 カラー調整

6 合成処理

7 テキストと図形の挿入

8 オーディオ機能

9 データの書き出し

10 VR動画の作成

11 他アプリとの連携

MORE

CHAPTER 3

SECTION
23

映像と音声のリンクを解除／設定する

撮影した映像に音声が含まれる場合、タイムライン上では映像と音声の
クリップがリンクされて配置されます。このリンクは解除できます。

映像と音声を個別
に編集したいこと
がありますよね。

リンク解除　　# リンク　　# リンクされた選択

クリップのリンクを解除する

映像と音声がリンクしていると、一方のク
リップに対して行ったカット編集はもう一
方にも反映されます。片方のみ編集したい
場合はリンクを解除しましょう。

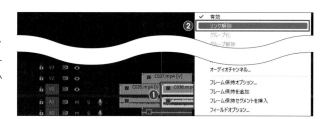

① リンクを解除したいクリップを右
クリックして❶、［リンク解除］をク
リックします❷。

ショートカット ┃ リンク解除
　　　　　　　　 Ctrl + L

② リンクが解除されます。片方のク
リップをドラッグして移動しても、
もう片方のクリップは移動しないこ
とがわかります。

POINT

タイムラインのクリップ全体のリ
ンクを解除したい場合は、［タイム
ライン］パネルの［リンクされた選
択］ボタンをオフにしましょう。

もっと
知りたい！

●解除したリンクをもとに戻す場合は？
解除したリンクはいつでも再設定できます。

① リンクしたいクリップを Shift キーを押
しながら選択し❶、右クリックして［リン
ク］をクリックします❷。

② リンクを再設定したタイミングですでに
どちらかのクリップを動かしてずれが生
じている場合、それぞれにお互いがどれだ
けずれているかを示す数値が表示されま
す❸。
それぞれリンクしているクリップに対し
てどれだけずれているかが相対的に表示
されます。

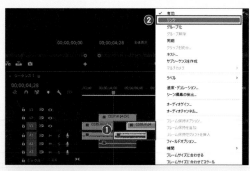

クリップをグループ化する

複数のクリップを一度に編集する場合は、グループ化すると効率的に作業できます。

> グループ化すると複数のクリップの移動もスムーズです。

グループ化　# クリップをまとめて移動

クリップをグループ化する

クリップをグループ化すると、まとめて移動したり、複数のクリップにまとめてエフェクトを適用したりできます。

① グループ化したい複数のクリップを選択して右クリックします❶。

② 表示されたメニューで［グループ化］をクリックします❷。

③ クリップがグループ化されます。これでまとめて移動したりエフェクトをかけたりできるようになりました。

POINT

グループ解除する場合は、クリップを右クリックし、［グループ解除］をクリックします。

ショートカット　**グループ化**
Ctrl + G

ショートカット　**グループ解除**
Ctrl + Shift + G

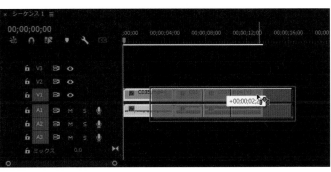

1つのクリップをドラッグするとグループ化したすべてのクリップが移動する

POINT

グループ化したクリップを個別に選択するには、Alt（option）キーを押しながらクリップをクリックします。グループ内の1つのクリップの移動やエフェクト調整はこの方法を使いましょう。［エフェクトコントロール］パネルは1つのクリップを選択しているときのみ使用できます。

1 動画制作の基礎知識

2 プロジェクト管理と環境設定

3 カット編集

4 エフェクト

5 カラー調整

6 合成処理

7 テキストと図形の挿入

8 オーディオ機能

9 データの書き出し

10 VR動画の作成

11 他アプリとの連携

MORE

SECTION
25

複数のクリップを1つのクリップにする

タイムライン上に複数のクリップが複雑に並んでいる場合にクリップを
ネスト化してまとめることで作業を効率化できます。

\# ネスト化　　\# ネストとしてまたは個別のクリップとしてシーケンスを挿入または上書き

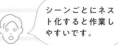

> シーンごとにネスト化すると作業しやすいです。

ネストとは

ネストは複数のクリップをタイムライン上で1本化する機能です。ネスト化することで、1つのクリップのように移動したりエフェクトをかけたりできるようになります。またクリップが整理されるためタイムライン上の作業がしやすくなります。

クリップをネスト化する

① ネスト化したい複数のクリップを選択します。選択したクリップの上で右クリックします❶。

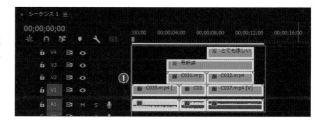

② 表示されたメニューから［ネスト］を選択します❷。

③ ［ネストされたシーケンス名］ダイアログボックスが表示されるので、名前を付けて❸［OK］ボタンをクリックします❹。

④ ネスト化され、1つのシーケンスクリップが作成されます❺。［プロジェクト］パネル上にも作成されたシーケンスクリップが表示されます❻。この状態で、通常のクリップと同じようにカット編集やエフェクトの挿入が行えます。

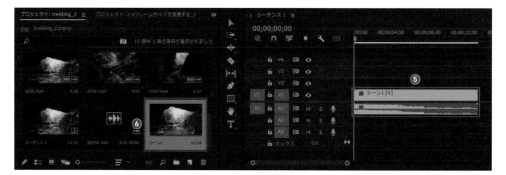

ネスト化したクリップの中身を編集する

ネスト化したあとでも、それぞれのクリップを編集できます。

① ネスト化されたクリップをダブルクリックします❶。

② [タイムライン] パネル上に新しいシーケンスタブとしてネスト化した中身が表示されます❷。この状態でそれぞれのクリップを編集できます。ここでは最後のクリップをトリミングします❸。

③ ネスト化したほうのシーケンスタブを開くと❹、短くトリミングした尺の長さ分、斜線が引かれています❺。斜線部分は不要なのでトリミングしましょう。

もっと知りたい!

●[ネストとしてまたは個別のクリップとしてシーケンスを挿入または上書き] ボタンの使い方

ネスト化したものや別のシーケンスクリップをタイムラインに配置するときに、1つのクリップとして配置するかクリップが複数ある状態で配置するかを編集内容に合わせて変えられます。

[ネストとしてまたは個別のクリップとしてシーケンスを挿入または上書き] ボタンをオンにすると❶、1つのクリップとして配置されます。

[ネストとしてまたは個別のクリップとしてシーケンスを挿入または上書き] ボタンをオフにすると❷、シーケンスの中身がそのまま(クリップが複数ある状態)で配置されます。ネスト化を解除して編集したい場合はこの方法で配置しましょう。

1 動画制作の基礎知識
2 プロジェクト管理と環境設定
3 カット編集
4 エフェクト
5 カラー調整
6 合成処理
7 テキストと図形の挿入
8 オーディオ機能
9 データの書き出し
10 VR動画の作成
11 他アプリとの連携
MORE

CHAPTER 3

SECTION
26

トラックを追加する

トラックは必要に応じて追加できます。複数のトラックを使うことで、ク
リップを整理したりクリップを合成したりできます。

トラックの追加　　# トラックヘッダー　　# トラックの種類

> 初期設定では
> トラックの数
> は6つです。

トラックを1つ追加する

初期設定ではビデオトラックとオーディオトラッ
クはそれぞれ3つずつ用意されていますが、必要に
応じて追加できます。トラックの追加は[タイムラ
イン]パネルで行います。

①　トラックヘッダー右側の余白部分を右クリッ
　　クし❶、[1つのトラックを追加]をクリック
　　します❷。

POINT

ビデオトラックを追加したい場合はビデオト
ラックヘッダー上、オーディオトラックを追加し
たい場合はオーディオトラックヘッダー上で右
クリックします。

②　右クリックしたトラックの上に新しいトラッ
　　クが追加されます❸。

トラックヘッダー

[V3]のトラックヘッダー上で右クリックしてトラックを追加すると、そのすぐ
上に[V4]トラックができる

POINT

[プロジェクト]パネルや[ソース]パネルなどのクリップを、既存のトラックより上にドラッグすると自動的に
新しいトラックが作成され、そのトラックにクリップを配置できます。

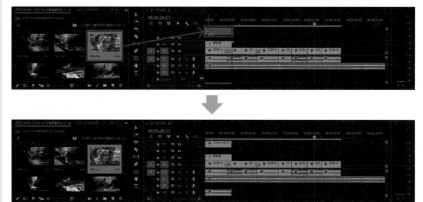

複数のトラックを追加する

複数のトラックを一度にまとめて追加することもできます。

① トラックヘッダー右側の余白部分を右クリックし❶、[複数のトラックを追加]をクリックします❷。

② [トラックの追加]ダイアログボックスが表示されるので、[ビデオトラック][オーディオトラック]それぞれの[追加]に追加したいトラックの数を入力して❸、[OK]ボタンをクリックします❹。ここではそれぞれ「2」と入力しました。

POINT

[配置]では新しく追加するトラックの位置を設定できます。

③ ビデオトラック、オーディオトラックが2つずつ追加されます❺。

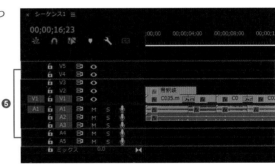

POINT

複数のトラックを追加する際、[トラックの追加]ダイアログボックスの[オーディオトラック]には[トラックの種類]という項目があります。そのトラックに並べるオーディオクリップの種類に応じて選択する必要があります。アダプティブはシーケンスの設定がマルチチャンネルのときに使用します。

ステレオとモノラルの使い分け ➡ 315ページ

関連 **オーディオトラックの種類** ➡ 316ページ

動画制作の基礎知識 1

プロジェクト管理と環境設定 2

カット編集 3

エフェクト 4

カラー調整 5

合成処理 6

テキストと図形の挿入 7

オーディオ機能 8

データの書き出し 9

VR動画の作成 10

他アプリとの連携 11

MORE

トラックを削除する

使用していないトラックは削除できます。

> 使用していないトラックを削除すると、タイムラインがすっきりして見やすくなります。

トラックの削除

特定のトラックを削除する

① 削除したいトラックのトラックヘッダー右側の余白部分を右クリックし❶、［1つのトラックを削除］をクリックします❷。

② トラックが削除されます。

POINT

クリップがある状態でトラックを削除すると、クリップも削除されます。

使っていないトラックをまとめて削除する

① トラックヘッダー右側の余白部分を右クリックし❶、［複数のトラックを削除］をクリックします❷。

② ［トラックの削除］ダイアログボックスが表示されるので、必要に応じて［ビデオトラックを削除］［オーディオトラックを削除］にチェックを入れ❸、削除するトラックを選択します❹。このとき［すべての空のトラック］を選択すると、使用していない（クリップがない）トラックのみをまとめて削除できます。ここでは［すべての空のトラック］を選択しました。そして［OK］ボタンをクリックします❺。

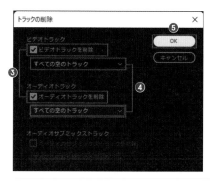

③ 使用していないトラックが削除されます。

CHAPTER 3

SECTION
28

トラックの縦幅を変更する

トラックは、縦幅を広げてサムネール表示にできます。また、トラックが
増えてきたら縦幅を狭めて、タイムラインを見やすくしましょう。

> 編集内容に合
> わせて適切な
> 高さに変えま
> しょう。

\# クリップのサムネール表示　　\# すべてのトラックを拡大表示／最小化

トラックの縦幅を変更する

縦幅を変えたいトラックの境界線を上下に
ドラッグすると変更できます。トラックの
縦幅を広げるとクリップのサムネールが表
示されます。

① 縦幅を変えたいビデオトラックの上
側の境界線にマウスポインターを合
わせ①、マウスポインターの形が￪
になった状態で上下にドラッグしま
す②。

② トラックの縦幅が変わります。

広げると、クリップのサムネールが表示される

POINT

オーディオトラックの場合は、縦幅を変えたいトラックの下側の境界線を上下にドラッグします。

POINT

トラックヘッダーの右の余白を
ダブルクリックしても、縦幅を
広くできます。広くしたあとで
もう一度ダブルクリックする
と、初期設定の縦幅に戻ります。

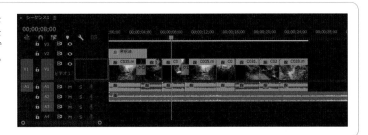

すべてのトラックをまとめて拡大、
最小化する

① ［タイムライン表示設定］ボタンをク
リックし①、［すべてのトラックを最
小化］または［すべてのトラックを拡
大表示］をクリックします②。

109

次のページへ続く ➡

② すべてのトラックが最小化または拡大表示されます。

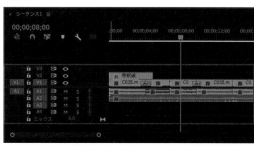

最小化

拡大表示

●変更したトラックの高さを 保存しよう

トラックの縦幅を変更した場合、プリセットとして保存しておくことで、いつでもその縦幅に戻せます。

① プリセットを保存する場合は [タイムライン表示設定]ボタンをクリックし❶、[プリセットを保存]をクリックします❷。

② 表示された[プリセットを保存]ダイアログボックスで[名前]にプリセット名を入力し❸、[OK]ボタンをクリックします❹。

③ [タイムライン表示設定]をクリックすると❺、保存したプリセットを選択できるようになります❻。

[タイムライン]パネル

トラックをロックする

編集時に意図せずクリップを移動、削除、カットなどしてしまうことがあります。これを防ぐためにトラックをロックする機能を使いましょう。

> クリップ全体を動かしたいけど、音声は動かしたくない！というときにも便利です。

\# トラックロックの切り替え

トラックをロックする

トラックをロックすると、そのトラックにあるクリップの編集や移動ができなくなります。

① ロックしたいトラックの[トラックのロック切り替え]ボタンをクリックします❶。

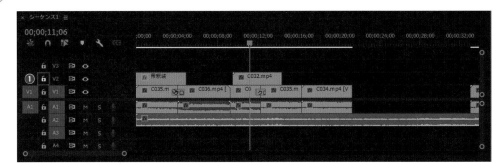

② ロックがオンになります❷。ロックされたトラックには斜線が入ります❸。

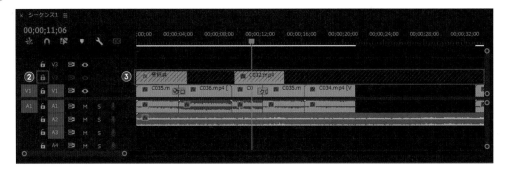

POINT

ロック状態だと、トラックターゲットの切り替え、同期ロックの切り替え、トラック出力の切り替えもできなくなります。

POINT

ロックはあくまで編集作業時の誤操作を防ぐためのもので、書き出しには影響しません。

動画制作の基礎知識 1

プロジェクト管理と環境設定 2

カット編集 3

エフェクト 4

カラー調整 5

合成処理 6

テキストと図形の挿入 7

オーディオ機能 8

データの書き出し 9

VR動画の作成 10

他アプリとの連携 11

MORE

クリップ挿入時にほかのトラックに
空白が入るのを防ぐ

トラックの同期を解除することでクリップの挿入、リップル削除、リップルトリミングなどの操作でほかのトラックに空白が入るのを防げます。

オーディオや常に表示させておきたい背景のクリップなどに使用するとよいでしょう。

同期ロックを切り替え　# インサート編集　# 挿入

トラックの同期とは？

クリップを挿入すると、自動的に挿入したクリップ分の空白がほかのトラックにも挿入されます。これはトラック同士が同期しているためです。インサート（挿入）編集中はほかのトラックが同期して空白が自動挿入されることが便利な場合もありますが、空白を入れたくないトラックについては、同期を解除してから挿入を行いましょう。同期を解除するには［同期ロックを切り替え］をオフにします。

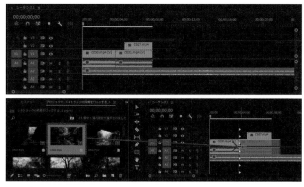

クリップを挿入

［同期ロックを切り替え］がオンの状態で挿入すると、ほかのトラックの同じ位置に空白が挿入される

トラックの同期を解除する

① インサート時に空白を挿入したくないトラックの［同期ロックを切り替え］ボタンをクリックして、オフにします❶。

② ［同期ロックを切り替え］をオフにしたトラックには空白が挿入されなくなります。

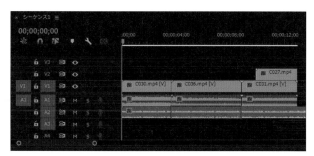

空白が挿入されず、つながったままの状態

重複しているシーンを探す

［重複フレームマーカーを表示］を使うと、タイムライン上で重複している
シーンをフレーム単位で探すことができます。

> 同じクリップを意
> 図せず2回使って
> しまうというミス
> も防げます。

重複フレームマーカーを表示

重複しているフレームを探す

［重複フレームマーカーを表示］を有効にす
ると、タイムライン上の重複するフレーム
に同じ色のマーカーが表示されます。

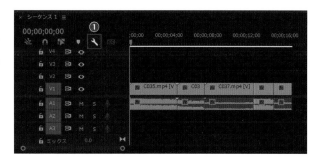

① ［タイムライン］パネルの［タイムラ
イン表示設定］ボタンをクリックし
ます❶。

② 表示されたメニューから［重複フ
レームマーカーを表示］にチェック
を付けます❷。

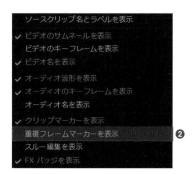

③ タイムライン上で2回以上使用され
ているフレームにマーカーが表示さ
れます。同じ色のマーカーが引かれ
た部分が重複していることを表し
ています。右の例では濃い青のマー
カーとピンクのマーカーが表示され
ているので、濃い青の部分同士、ピン
クの部分同士が重複しています。

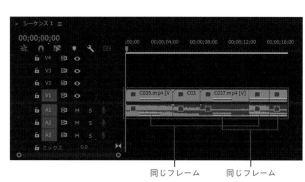

同じフレーム　　同じフレーム

POINT

［重複フレームマーカーを表示］を有効にすると、一度使ったシーンをもう一度
使っていないか確認できます。クリップの多い動画などで最終チェックするとき
などに使うとよいでしょう。

動画制作の基礎知識 1
プロジェクト管理と環境設定 2
カット編集 3
エフェクト 4
カラー調整 5
合成処理 6
テキストと図形の挿入 7
オーディオ機能 8
データの書き出し 9
VR動画の作成 10
他アプリとの連携 11
MORE

書き出し済みの動画をシーンごとに分割する

シーンが切り替わるポイントを動画ファイルから自動的に検出することができます。［シーン編集の検出］の使い方を学びましょう。

> 書き出した動画の
> シーンごとの分割
> が簡単にできます。

\# シーン編集の検出

シーン編集の検出とは？

［シーン編集の検出］とは、タイムラインに読み込んだ動画ファイルを解析して、シーンが切り替わるポイントを自動的に検出する機能です。書き出し済みのファイルをシーンごとに分割してあらためてカット編集したい場合などに便利です。Premiere Pro以外のソフトで作った動画でも解析できるので編集の効率化にもつながります。

シーン編集の検出を使って分割する

タイムライン上の、複数のシーンが含まれる1つのクリップに対してこの操作を行います。［シーン編集の検出］を使って、シーンごとに分割してみましょう。

① クリップを右クリックし❶、表示されたメニューで［シーン編集の検出］をクリックします❷。

② ［シーン編集の検出］ダイアログボックスが表示されるので、必要なオプションにチェックを付け❸、［分析］ボタンをクリックします❹。ここでは［検出された各カットポイントにカットを適用する］のみチェックを付けます。
ほかのオプションについては次ページの「もっと知りたい」で解説します。

③ 分析が始まるので、しばらく待ちます。

④ シーンごとにクリッ
プが分割されまし
た。

動画制作の
基礎知識　1

プロジェクト管理
と環境設定　2

カット編集　3

エフェクト　4

カラー調整　5

合成処理　6

テキストと
図形の挿入　7

オーディオ
機能　8

データの
書き出し　9

VR動画の
作成　10

他アプリとの
連携　11

MORE

もっと 知りたい!

● [シーン編集の検出] を使いこなそう

[シーン編集の検出] ダイアログボックスでチェックできるオプションの効果は下記のとおりです。

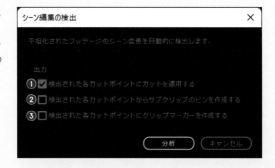

❶ [検出された各カットポイントにカットを適用する]

シーンごとの切り替わりのタイミングでクリップを自動的に分割します（このセクションで解説した内容です）。

❷ [検出された各カットポイントからサブクリップのビンを作成する]

[プロジェクト] パネルに新しいビンが作成され、そのビンの中にシーンごとに分けられたクリップが作成されます。このときタイムライン上のクリップは分割されません。

❸ [検出された各カットポイントにクリップマーカーを作成する]

シーンごとの切り替わりのタイミングでクリップにマーカーが追加されます。

(関連) クリップマーカーとはクリップに付くマーカーです。 ➡ 65ページ

115

マルチカメラソースシーケンスを作成する

複数のカメラで撮った素材を切り替えながら表示できる「マルチカメラソースシーケンス」の作成方法を解説します。

インタビューやライブの動画でよく使われる機能ですね。

マルチカメラ # ネスト # 同期ポイント # シーケンス設定

マルチカメラソースシーケンスとは？

インタビューやライブ動画などは、被写体の引き（俯瞰）や寄せ（アップ）など複数の場面を切り替えながら1つの動画としてまとめて作成することがよくあります。このような動画は2台以上のカメラやマイクを使って収録するため、その台数分のクリップをタイミングを揃えて配置する必要があります。マルチカメラソースシーケンスを使うと、複数の素材のタイミングを自動的に揃えてネスト化してくれます。

ネストについて ➡ 104ページ

マルチカメラソースシーケンスのクリップ

ネスト化された状態

ネスト化されたクリップの中身

引きと寄せ2台のカメラで撮影した映像のタイミングを揃えて配置している

プログラムモニターで複数の映像を表示し、クリック操作で切り替えることができる

マルチカメラソースシーケンスのプログラムモニター上の操作方法 ➡ 118ページ

マルチカメラソースシーケンスを作成する

［プロジェクト］パネルでクリップを選択してマルチカメラソースシーケンスを作成します。ここではシーケンスに含める複数のクリップのうち、1つのクリップの音声を使う設定にします。音声のみのクリップがある場合、そのクリップの音声を使い、ほかのクリップは自動的にミュートになるように設定できます。

① ［プロジェクト］パネルで、マルチカメラソースシーケンスに含めるクリップを複数選択します❶。

② 選択したクリップを右クリックして［マルチカメラソースシーケンスを作成］をクリックします❷。

POINT

選択するクリップに音声のみのクリップが含まれない場合は、選択する順番に注意しましょう。次の手順3で最初に選択したクリップの音声を使う設定ができるので、たとえば引きと寄りのクリップのうち寄りのクリップの音声を使いたい場合は寄りのクリップ❶、引きのクリップ❷の順番でクリップを選択します。

音声のみのクリップがない場合

1 動画制作の基礎知識

2 プロジェクト管理と環境設定

3 カット編集

4 エフェクト

5 カラー調整

6 合成処理

7 テキストと図形の挿入

8 オーディオ機能

9 データの書き出し

10 VR動画の作成

11 他アプリとの連携

MORE

③ [マルチカメラソースシーケンスを作成]ダイアログボックスが表示されます。マルチカメラソースシーケンスクリップ名を入力し❺、[同期ポイント]❻、[オーディオ]の[シーケンス設定]❼を選択し、[OK]ボタンをクリックします❽。ここでは[同期ポイント]を[オーディオ]に設定し、[シーケンス設定]を[カメラ1]にしています。

POINT

[同期ポイント]では複数のクリップを何を基準に揃えるかを選択します。音声を基準に揃える場合は[オーディオ]を選択します。

POINT

[オーディオ]の[シーケンス設定]ではどの音声を使うかを選択します。[カメラ1]を選択すると、手順1で最初に選択したクリップの音声が使われますが、選択したクリップ内に音声のみのクリップがある場合はそのクリップの音声が使用されます。[すべてのカメラ]を選択すると、すべてのカメラの音声がオーディオトラックに並び、[オーディオを切り替え]を選択すると、映像の切り替えに合わせて使用する音声が切り替わります。

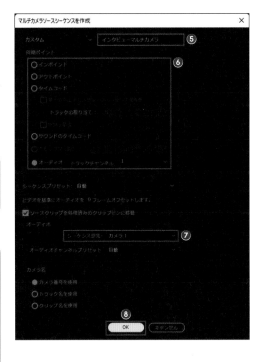

④ [プロジェクト]パネル上にマルチカメラソースシーケンスクリップと❾、マルチカメラソースシーケンスのもとになるクリップが入った[処理済みのクリップ]という名前のビンが作成されます❿。

POINT

通常のシーケンスのアイコン🎬と、マルチカメラソースシーケンスのアイコン🎬の違いを覚えておきましょう。

マルチカメラソースシーケンスの中身を整える

ネスト化されたマルチカメラソースシーケンスの中身を確認し、不要な部分をカットしてトリミングしましょう。

① [プロジェクト]パネルのマルチカメラソースシーケンスクリップを右クリックし❶、[タイムラインで開く]をクリックします❷。

② マルチカメラソースシーケンスのタイムラインが展開されます❸。

③ プレビューしながら不要な部分をカットします❹。

使用したい範囲

関連 作成したマルチカメラソースシーケンスを使って映像を切り替えてみましょう。➡118ページ

マルチカメラのクリップを切り替える

マルチカメラソースシーケンスに含まれる複数のクリップを［プログラ
ムモニター］で切り替えて1つの動画を作成します。

> 1つの動画の中で1
> カメ2カメと画面
> が切り替わるよう
> にします。

マルチカメラ　　# 表示モード

マルチカメラソースシーケンスの
クリップをタイムラインに並べる

ネスト化したマルチカメラソースシーケン
スのクリップをタイムラインに並べます
❶。新しいシーケンスを作成しタイムライ
ンに並べるか、すでにあるシーケンスのタ
イムラインに並べましょう。

新規シーケンスの作成 ➡ 46ページ

マルチカメラソースシーケンスのクリップは初期設定では黄緑色

表示モードを変更する

［プログラムモニター］を、カメラの切り替
えができるマルチカメラ表示に変更しま
す。

① 　［プログラムモニター］上で右クリッ
クし❶、［表示モード］→［マルチカメ
ラ］を選択します❷。

② 　表示モードが変わります。

POINT

左側にある小さな2つの画面はもとの素材で、こ
の2つの素材を切り替えて1つの動画を作成しま
す。右側の大きな画面は動画全体のプレビュー
で、小さいほうの画面で選択したクリップが表示
されます。

選択したクリップに黄色
い枠が付き、プレビュー
に反映される

切り替え位置を指定する

［プログラムモニター］でプレビューしなが
ら映像の切り替わりのタイミングを指定し
ます。

① 　再生ヘッドをイン点に移動して［プ
ログラムモニター］の［再生］ボタン
をクリックします❶。

② 切り替えたいタイミングで、使いたいクリップの画面をクリックします ❷。

ショートカット　クリップの切り替え
1 / 2

POINT

ショートカットキーは左上から割り振られます。左上が 1、その右が 2 となり、クリップが3つ以上ある場合はさらにその右が 3、4 と順番に数字のショートカットキーが割り振られます。

③ ［停止］ボタンをクリックして、停止すると、手順2で画面をクリックしたタイミングでクリップが分割されていることが確認できます ❸。

POINT

トラックの縦幅を高くしてサムネールが見えるようにすると、切り替わりがわかりやすいです。

クリックしたタイミングで映像が切り替わっている

④ プレビューしながら使いたいクリップをクリックする操作を繰り返して、動画の最後まで切り替わりのタイミングを指定します。

POINT

あとから別のクリップに変更したい場合は、再生ヘッドを変更したいクリップに移動して ❶、［プログラムモニター］の使いたいクリップの画面をクリックします ❷。
するとクリックしたクリップに切り替わります ❸。

変更したいクリップ

関連　あとから分割数を増やしたい場合は、［レーザーツール］でクリップを分割しましょう。➡93ページ
切り替えのタイミングを前後に微調整する場合は、ローリングツールを使いましょう。➡90ページ

1 動画制作の基礎知識
2 プロジェクト管理と環境設定
3 カット編集
4 エフェクト
5 カラー調整
6 合成処理
7 テキストと図形の挿入
8 オーディオ機能
9 データの書き出し
10 VR動画の作成
11 他アプリとの連携
MORE

別録りした音声と同期する

CHAPTER 3
SECTION 35

別録りした音声クリップとカメラで撮った動画クリップをタイムライン
上で同期させることができます。

> インタビューなど
> で、レコーダーを
> 使って音声だけを
> 別録りすることが
> よくあります。

\# 同期　　\# 同期ポイント

動画クリップと別録りした音声クリップをタイムラインに並べる

動画クリップにも音声データは含まれます。タイムラインに動画クリップと音声だけのクリップを並べると、
多くの場合、2つの音声のタイミングがずれます。このタイミングを同期して揃えることができます。

① ［プロジェクト］パネルで同期をとりたい動画クリップと音声だけのクリップをそれぞれトラックに並
べます。

始点を合わせて並
べると波形のタイミ
ングが揃っていな
いことがわかる

映像クリップと別録りした音声クリップを同期する

2つのクリップを同期することで、音のずれを解消
し、クリアな音声にします。

① タイムライン上の2つのクリップを選択し
❶、右クリックして［同期］を選択します❷。

② ［クリップを同期］ダイアログボックスが表
示されるので、［同期ポイント］から［オー
ディオ］を選択して❸、［OK］ボタンをクリック
します❹。

③ 2つのクリップが同期されます。音声の波形
をみると形が揃っていることがわかります。

> **POINT**
>
> クリップの同期ができたら、必要のない箇所をト
> リミングして編集を続けましょう。

> **POINT**
>
> 必要に応じて動画クリップに含まれる音声ク
> リップを削除またはミュートにしましょう。

CHAPTER
4

エフェクト

この章では動画に拡大縮小や回転などの変化を付けたり、
ぼかしやモザイクなどの特殊効果を与える
「エフェクト」の操作方法を学びます。
またキーフレームを作成して、アニメーションさせる方法についても
詳しく解説します。

CHAPTER *4*

SECTION
1

エフェクトの概要

Premiere Proには映像にさまざまな演出効果をもたらすエフェクトが用意されています。ここではエフェクトの概要について解説します。

エフェクトには
さまざまな種類
があります。

\# エフェクト

エフェクトとは？

エフェクトは映像や音声に変化を付けるための機能です。エフェクトを加えることで、映像をぼかしたり、色を付けたり、さまざまな効果を与えられます。右に挙げたのは、映像にエフェクトを適用した例です。

4色グラデーション

ノイズ

エッジのぼかし

ブラー（ガウス）

基本エフェクトと標準エフェクト

エフェクトは［エフェクトコントロール］パネルで操作したり、効果のかかり具合を調整したりできます。

エフェクトには大きな分類として基本エフェクトと標準エフェクトがあります。基本エフェクトはクリップをタイムラインに並べた段階で、そのクリップに自動的に付加されるエフェクトです。たとえば、クリップの位置や大きさを変えるエフェクトである「モーション」、クリップを合成する際に用いる「不透明度」、クリップの再生速度や再生方向を変化させる「タイムリマップ」、オーディオの音量を設定する「ボリューム」は、基本エフェクトです。

一方、標準エフェクトは、ユーザーが任意で付加するエフェクトです。基本エフェクトでは得られない特殊効果を得たい場合など、より凝った効果がほしいときにクリップに対して追加します。

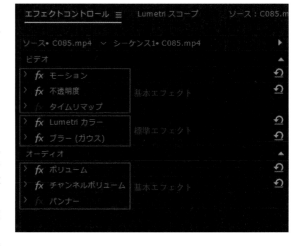

POINT

基本エフェクトは最初から付加されていますが、効果をかけるにはパラメーターを調整する必要があります。なお、基本エフェクトはクリップから削除できません。

POINT

エフェクトはクリップ単位で設定します。クリップを選択して［エフェクトコントロール］パネルを開くと、そのクリップに適用されているエフェクトが表示されます。

POINT

テキストや図形などを追加すると、［エフェクトコントロール］パネルに［ビデオ］［オーディオ］以外に［グラフィック］という項目が表示されます。この項目はテキストや図形の大きさをまとめて、もしくは個別に調整したり動きを付けたりする場合に使用します。

詳細 ➡ 131ページ

基本エフェクトについて

基本エフェクトには［ビデオ］と［オーディオ］それぞれの項目の中に以下のようなものがあります。

❶モーション

［位置］［スケール］［回転］［アンカーポイント］などクリップにアニメーション（動き）を付けるための項目があります。

詳細 ➡ 124ページ

❷不透明度

クリップの不透明度や合成の描画モードを変更します。

詳細 ➡ 224ページ

❸タイムリマップ

クリップの再生速度を任意のタイミングで速くしたり遅くしたりします。

関連 ➡ 179ページ

❹ボリューム

音声が含まれているクリップのボリューム（音の大きさ）を調整します。

❺チャンネルボリューム

音声が含まれているクリップのLとRのチャンネルのボリュームをそれぞれ調整します。

❻パンナー

音声を左右に振り分けます。

標準エフェクトについて

標準エフェクトにはさまざまなものがあります。映像の色味を調整する「Lumetriカラー」、映像をぼかすときに使う「モザイク」「ブラー（ガウス）」などのほか、タイトル文字などを揺らす「波形ワープ」、音声にやまびこのような効果を与える「エコー」などがあります。
標準エフェクトをクリップに適用する方法については次のセクションで解説します。

POINT

> ［モーション］の設定は、そのクリップに含まれるすべてのテキストやシェイプに影響します。

［ブラー（ガウス）］と［Lumetriカラー］を適用したクリップ

動画制作の基礎知識 1

プロジェクト管理と環境設定 2

カット編集 3

エフェクト 4

カラー調整 5

合成処理 6

テキストと図形の挿入 7

オーディオ機能 8

データの書き出し 9

VR動画の作成 10

他アプリとの連携 11

MORE

CHAPTER 4

SECTION **2**

モーションエフェクトの機能

モーションエフェクトとは、拡大縮小や移動など動きをコントロールするエフェクトです。各機能を理解して、動画を演出しましょう。

クリップの位置の移動や拡大・縮小などは動画編集の基本となる操作です。

\# 位置　\# スケール　\# 回転　\# アンカーポイント　\# アンチフリッカー

モーションエフェクトの各機能

［エフェクトコントロール］パネルの［モーション］にはクリップに動きを付ける［位置］［スケール］［回転］や動作の基準点を設定する［アンカーポイント］、動画のちらつきを抑える［アンチフリッカー］があります。クリップを動かしてアニメーションを表現するには、各項目の右側のタイムラインにキーフレームを打ちます。

各項目の右のタイムラインにキーフレームを打つことで、任意のタイミングでクリップが動くアニメーションが表現できる

❶位置

縦横の座標位置を設定すると、アンカーポイントを基準に画面内でクリップを表示する位置を上下左右に移動できます。

詳細 ➡ 125ページ

クリップを右下に移動

❷スケール

アンカーポイントを基準に、クリップの大きさを設定します。もとの大きさを100として、値を変更して拡大・縮小できます。

詳細 ➡ 126ページ

クリップを縮小

❸回転

角度を指定すると、アンカーポイントを基準にクリップを傾けることができます。

詳細 ➡ 128ページ

クリップを回転

❹アンカーポイント

動作の軸となる点の位置を設定します。たとえば回転のアニメーションを設定すると、アンカーポイントを軸に回転します。

詳細 ➡ 129ページ

アンカーポイントの位置を左上に移動

❺アンチフリッカー

クリップによってはインターレース表示方式（ディスプレイの表示方法の1つ）のため、ちらつき（フリッカー）が発生する場合があります。［アンチフリッカー］の値を上げることでフリッカーを抑えられます。ただし強くしすぎると画像がぼやけてしまうのでバランスを見て調整しましょう。

CHAPTER **4**

エフェクト

CHAPTER 4

SECTION 3

映像（画像）の位置を移動する

[位置]の値を変更すると、表示位置を移動できます。わざとフレームアウトさせたり、下のトラックのクリップを見せたりできます。

モーション　# 位置

> [位置]を変えるだけでもいろんな演出ができますね。

映像（画像）を移動する

映像の移動は[エフェクトコントロール]パネルの[モーション]にある[位置]で行います。左側の数値が横（水平）位置、右側の数値が縦（垂直）位置を表します。

1. 位置を移動したいクリップをタイムライン上で選択し❶、[エフェクトコントロール]パネルの[モーション]の[>]をクリックし❷、展開します。

2. [位置]の水平の値を変更します❸。ここでは「0」に設定します。

3. 映像の位置が移動します。

POINT

[位置]の数値はアンカーポイントの位置を表します。初期設定ではアンカーポイントが中央にあるため、フレームサイズが横：1920、縦：1080の場合、[位置]の値はその半分の横「960」縦「540」で設定されています。

下のトラックに映像がある場合は、移動によって生じた空白部分（黒い部分）に表示される

もっと知りたい！

●ドラッグ操作で直感的に移動しよう

映像の位置は[プログラムモニター]上でクリップをドラッグしても移動できます。

[プログラムモニター]上でクリップをダブルクリックするとクリップが選択状態になるので、ドラックして移動します。
ただし、タイムラインで上のトラックに調整レイヤーやグラフィッククリップがある場合はそのクリップが優先して選択されます。

POINT

Shift キーを押しながらドラッグすると、水平、垂直に移動できます。

POINT

Ctrl（⌘）キーを押しながらドラッグすると、フレームの上下左右、中央に近づいたときに赤い点線が表示され、この線にクリップを吸着させることができます。

1 動画制作の基礎知識
2 プロジェクト管理と環境設定
3 カット編集
4 エフェクト
5 カラー調整
6 合成処理
7 テキストと図形の挿入
8 オーディオ機能
9 データの書き出し
10 VR動画の作成
11 他アプリとの連携
MORE

CHAPTER 4
SECTION 4

映像（画像）を拡大／縮小する

映像の拡大や縮小は動画編集においてよく使用する手法です。位置も変更し、クリップ内の見せたい箇所をクローズアップすることもあります。

モーション　# スケール　# フレームサイズに自動で合わせる

> ある部分だけをズームアップするといった使い方ができます。

映像（画像）を拡大する

映像の拡大や縮小は［エフェクトコントロール］パネルの［モーション］にある［スケール］を使って行います。

① 拡大したいクリップをタイムライン上で選択し ❶、［エフェクトコントロール］パネルの［モーション］の［>］をクリックし ❷、展開します。

② ［スケール］の値を100％より大きくします ❸。ここでは「150」にします。

POINT

［スケール］の下にある［縦横比］のチェックを外すと、高さと幅を分けて調整できます。

③ 映像が拡大します。

POINT

部分的にズームアップして見せたい場合は、拡大したあとに、見せたい部分が画面の中心にくるように位置を移動しましょう。

映像（画像）を縮小する

縮小はスケール値を100％より小さくします。

① 縮小したいクリップをタイムライン上で選択し、［モーション］の［スケール］の値を100％より小さくします ❶。ここでは「60」にします。

② 映像が縮小します。

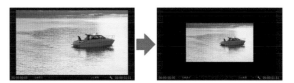

POINT

100％より小さくすると、映像を囲むように黒い部分が生じます。この状態で書き出しを行うと、黒い部分が含まれた状態の動画になります。

もっと
知りたい！

1 動画制作の基礎知識

2 プロジェクト管理と環境設定

3 カット編集

4 エフェクト

5 カラー調整

6 合成処理

7 テキストと図形の挿入

8 オーディオ機能

9 データの書き出し

10 VR動画の作成

11 他アプリとの連携

MORE

● クリップのサイズをフレームサイズに合わせて自動で拡大縮小しよう！

シーケンスに対してクリップのサイズが小さい、または大きい場合にクリップサイズをシーケンスのサイズに合わせて自動的に拡大縮小してくれる［フレームサイズに合わせる］❶、［フレームサイズに合わせてスケール］❷という機能があります。たとえばシーケンスのフレームサイズが1,920×1,080（フルHD）で、クリップサイズが3,840×2,160（4K）の場合、フレームに収まりません。簡単な操作でフレームサイズに合わせられる2つの機能の使い方を解説します。

クリップを右クリックして
表示されるメニューから
❶か❷を選択する

4Kのクリップなのでフレームに収まっていない（実際のサイズはバウンディングボックスの位置）

正しくフレームに収まっている状態

❶［フレームサイズに合わせる］

フレームに対して小さいまたは大きなクリップをフレームサイズに合わせてリサイズ（クリップ自体のフレームサイズを変更）します。クリップのスケールの値は変わらず100％のままです。スケールが100％になることで、複数のクリップに対してサイズ調整がしやすくなります。
ただし、もとの解像度を保持しないため、あとでスケールを拡大した場合に映像が粗くなってしまいます。

❷［フレームサイズに合わせてスケール］

フレームに対して小さいまたは大きなクリップを［エフェクトコントロール］パネルの［スケール］を自動で調整してフレームのサイズに合うようにします。［フレームサイズに合わせてスケール］を使用すると［スケール］の値が変わります。あくまで［スケール］エフェクトで表示サイズを拡大縮小しているだけなので、あとでまた拡大しても映像が粗くなりません。
4Kなどで撮影をしていて、フルHDサイズで編集したいという場合はこちらが適しているでしょう。

CHAPTER 4

SECTION
5

映像（画像）を回転する

映像を逆さまにしたい場合や、任意の角度で傾けたい場合に使用します。

モーション　# 回転

アニメーション化して使用することも多いです。

映像（画像）を回転させる

［エフェクトコントロール］パネルの［モーション］にある［回転］の値を変更して映像を回転させます。

① 回転させたいクリップをタイムライン上で選択し❶、［エフェクトコントロール］パネルの［モーション］を展開します❷。

② ［回転］の値を変更します❸。ここでは「3.0°」にしました。

POINT

アンカーポイントの位置を基準に回転します。アンカーポイントは初期設定ではクリップの中央に位置します。

③ 回転しました。

POINT

回転は映像の水平がとれていないときの調整にも使用することがありますが、回転させるとその分四隅が足りなくなります。その場合は［スケール］で拡大して調整しましょう。拡大しても映像が粗くならないように4Kなどの大きな解像度で撮影をしておくとよいでしょう。

［スケール］の値を「110」に調整

関連　［スケール］や［回転］に動きを付ける場合はキーフレームを使います。➡158ページ

[プログラムモニター]

アンカーポイントを理解する

テキストや図形の基準点となるアンカーポイントについて解説します。
アンカーポイントを基準に回転や拡大縮小が行われます。

基準点を理解すると、
アニメーションの幅
が広がります。

アンカーポイントの移動   # 回転

アンカーポイントとは？

移動、拡大縮小、回転などを行う際、基準となる点がアンカーポイントです。たとえば長方形を回転させる場合、
アンカーポイントの位置が中心か角かによって回転の仕方が変わります。

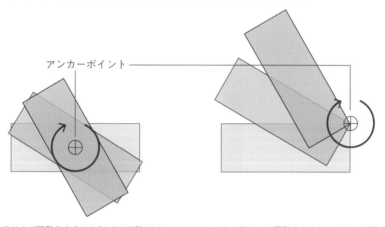

アンカーポイント

アンカーポイントが図形の中心にあるときに時計まわりに
回転した場合の動き

アンカーポイントが図形の右上にあるときに時計まわりに
回転した場合の動き

アンカーポイントと位置関係

[エフェクトコントロール] パネル内にある [位置] の数値はシーケンスフレーム内でのアンカーポイントの縦
横の位置を表しています❶。[アンカーポイント]の数値はクリップ内での位置を表しており❷、たとえば、図形
のクリップの場合、左上の点が「0.0、0.0」(横、縦) となります❸。

アンカーポイントが長方形の中心にある例

1 動画制作の基礎知識
2 プロジェクト管理と環境設定
3 カット編集
4 エフェクト
5 カラー調整
6 合成処理
7 テキストと図形の挿入
8 オーディオ機能
9 データの書き出し
10 VR動画の作成
11 他アプリとの連携
MORE

次のページへ続く ➡

アンカーポイントを移動する

アンカーポイントを移動するには[プログラム
モニター]でアンカーポイントをドラッグしま
す。

① タイムライン上のクリップを選択し❶、[エ
フェクトコントロール]パネルで[モー
ション]をクリックします❷。

POINT

> [プログラムモニター]上でクリップをダブル
> クリックしても選択できます。このときタイ
> ムライン上で一番上のトラックにあるクリッ
> プが選択されます。

② [プログラムモニター]上にアンカーポイ
ントが表示されるので❸、これをドラッ
グします❹。

POINT

> Ctrl（ ⌘ ）キーを押しながらドラッグすると
> 中央や外枠にスナップ（吸着）します。

POINT

> テキストや図形を作成した場合は、[プログラム
> モニター]上でそれらをクリックするとそれぞ
> れのアンカーポイントを表示、調整できます。

クリック

[エフェクトコントロール]パネル

CHAPTER 4
SECTION 7

グラフィックを［エフェクトコントロール］パネルで操作する

グラフィッククリップを［エフェクトコントロール］パネルで操作する場合、似た項目があるのでそれぞれの動作を理解しておきましょう。

> グラフィッククリップはどこのプロパティを変更するかで動きが変わります。

グラフィック　# ベクトルモーション

［ビデオ］項目と［グラフィック］項目の違い

映像や画像のクリップの場合［エフェクトコントロール］パネルには［ビデオ］と［オーディオ］（画像クリップの場合はない）という項目があり、その中に［モーション］などの基本エフェクトが入っています。

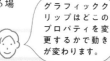

一方、テキストやシェイプを挿入したときに作成されるグラフィッククリップには、［グラフィック］という項目があり、その中に［ベクトルモーション］や追加したテキスト、シェイプごとの項目があります。

POINT

> テキストやシェイプを作成した場合はグラフィッククリップがタイムライン上に作成され、1つのクリップ内に複数のテキストやシェイプを挿入できます。
> グラフィッククリップ ➡ 242ページ

この［グラフィック］内の［ベクトルモーション］を展開すると［位置］［スケール］［回転］［アンカーポイント］の項目があります❶。またテキストやシェイプごとの項目を展開しても、中に［トランスフォーム］があり、そこにも［位置］［スケール］［回転］などがあります❷。［モーション］の中にも同じ項目があります❸。それぞれの違いを見ていきましょう。

POINT

> ［グラフィック］内の項目を設定すると、ベクターデータのまま動かすことができます。つまり移動や拡大縮小によって画質が劣化しません。

テキストやシェイプなどグラフィッククリップを追加すると、［エフェクトコントロール］パネルに［グラフィック］項目が表示され、各グラフィックに対する設定が行えるようになる

1 動画制作の基礎知識

2 プロジェクト管理と環境設定

3 カット編集

4 エフェクト

5 カラー調整

6 合成処理

7 テキストと図形の挿入

8 オーディオの機能

9 データの書き出し

10 VR動画の作成

11 他アプリとの連携

MORE

次のページへ続く ➡

各項目による操作の違い

［グラフィック］→［ベクトルモーション］

選択しているグラフィッククリップ内のすべてのテキストとシェイプの位置やスケールを変更したり、回転したりするための設定です。

1つのクリップ内にある「よくばり」「活用事典」のテキストと長方形がまとめて拡大された例。拡大縮小しても劣化しない

［グラフィック］→［テキスト］、［シェイプ］

選択しているグラフィッククリップ内のテキストやシェイプごとに設定を変更できます。［アンカーポイント］もそれぞれ単体ごとに用意されているのでアニメーションを付ける際は確認するようにしましょう。

1つのクリップ内にある複数のテキストやシェイプのうち、「よくばり」のテキストだけが拡大された例。拡大縮小しても劣化しない

［ビデオ］→［モーション］

グラフィッククリップ内のすべてのテキストやシェイプをまとめて操作します。［ビデオ］内のプロパティを設定すると、グラフィックがラスターデータとなり拡大縮小によって画質が劣化します。

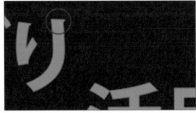

1つのクリップ内にある「よくばり」「活用事典」のテキストと長方形がまとめて拡大された例。拡大縮小すると劣化する

POINT

［グラフィック］の項目を設定してテキストやシェイプをフレーム外へ移動させたあとにフレーム内に戻す場合は、必ず［グラフィック］の項目で戻しましょう。［ビデオ］でもとの位置に戻すと、ラスターデータとなるためフレーム外のグラフィックは削除された状態で位置が戻ります。

テキストやシェイプの一部がフレーム外にある状態

［ビデオ］でフレーム内に戻すとフレーム外にあったグラフィックが削除される

POINT

テキストやシェイプの不透明度をまとめて変更したいときは［ビデオ］→［不透明度］を使用します。また、［不透明度］を使ってマスクを作った場合、［ベクトルモーション］を使って［位置］を動かすとマスクは移動せずマスク内でグラフィックが移動し、［モーション］を使うとマスクも一緒に移動します。マスクを使う際は動きを確認するようにしましょう。

CHAPTER

4

エフェクト

132

CHAPTER 4

SECTION
8

エフェクトを適用する

標準エフェクトを適用すると、動画にさまざまな効果を追加できます。追加したいエフェクトは［エフェクト］パネルから選びましょう。

エフェクトで動画にいろんな演出を加えよう。

［エフェクト］パネル　# ［エフェクトコントロール］パネル　# fx

クリップにエフェクトを適用する

Premiere Proには映像に特殊効果を与えるエフェクトが多く用意されています。エフェクトは［エフェクト］パネルに集約されており、そこからクリップに適用できます。

① ワークスペースを［エフェクト］に切り替えます。すると、右にさまざまなエフェクトが格納されている［エフェクト］パネルが表示されます❶。

ワークスペースの切り替え
→ 38ページ

② ［エフェクト］パネルで必要なエフェクトを選択し❷、エフェクトを適用したいクリップにドラッグ＆ドロップします❸。ここでは例としてモザイクを適用しています。

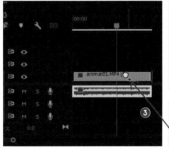
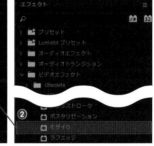

POINT

使用したいエフェクト名がわかっている場合は、［エフェクト］パネルにある検索窓にエフェクト名を入力することで、すぐに目的のエフェクトを表示できます。

POINT

クリップを選択している状態で適用したいエフェクトをダブルクリックしても、エフェクトを適用することが可能です。

エフェクト名をダブルクリック

③ エフェクトが適用されます。エフェクトが適用されると、タイムラインにあるクリップの「fx」の色が変わります❹。

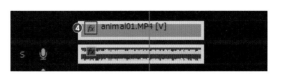

POINT

エフェクトは適用した瞬間に効果が現れるものと、パラメーターを調整してはじめて効果が現れるものがあります。基本エフェクトは後者です。

関連 部分的にエフェクトを適用したいときは、マスクを使いましょう。 → 138ページ

動画制作の基礎知識 1
プロジェクト管理と環境設定 2
カット編集 3
エフェクト 4
カラー調整 5
合成処理 6
テキストと図形の挿入 7
オーディオ機能 8
データの書き出し 9
VR動画の作成 10
他アプリとの連携 11
MORE

適用したエフェクトを確認する

適用したエフェクトは［エフェクトコントロール］パネルで確認できます。

① クリップを選択した状態で❶、［エフェクトコントロール］パネルをクリックします❷。

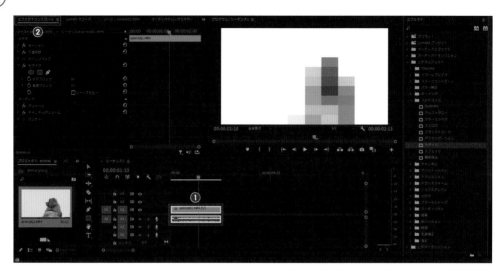

② 適用したエフェクトが表示されているのを確認します❸。エフェクトの適用量の調整は次のページで解説します。

現在選択しているクリップ名が表示される

POINT

> ［ビデオ］内のエフェクトは映像の見た目に関わるエフェクト、［オーディオ］内のエフェクトは音に関わるエフェクトです。

もっと
知りたい！

●fxのカラーは何を示しているの？

前ページの手順3で説明した［fx］はエフェクトの適用の有無や、基本エフェクト（すべてのクリップに最初から設定されている、［位置］［スケール］［不透明度］などのエフェクト）の状態、ソースクリップにエフェクトが適用されているかによってそれぞれ異なる色で表されます。

グレー *fx*
クリップにエフェクトが何も適用されていない、かつ基本エフェクトも変更していない状態

紫 *fx*
クリップにエフェクトが適用されている、かつ基本エフェクトは変更していない状態

黄色 *fx*
クリップにエフェクトが何も適用されていない、かつ基本エフェクトを変更している状態

緑色 *fx*
クリップにエフェクトが適用されている、かつ基本エフェクトを変更している状態

赤い下線 *fx*
ソースクリップにエフェクトが適用されている（148ページ参照）

関連 ソースクリップを使ったエフェクトの適用方法も覚えましょう。 ➡ 148ページ

CHAPTER 4

SECTION
9

エフェクトを調整する

適用したエフェクトは、［エフェクトコントロール］パネルで調整することができます。

> エフェクトをどれくらいの具合で適用するかを調整できます。

\# ［エフェクトコントロール］パネル 　\# モザイク

エフェクトコントロールパネルを表示する

エフェクトの適用量は［エフェクトコントロール］パネルで調整します。調整したいエフェクト名の左にある［>］をクリックして展開するとそのエフェクトのパラメーターが表示されます。

エフェクトを調整する

［モザイク］エフェクトを例に、数値を調整します。

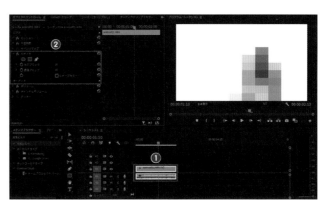

① エフェクトを適用したクリップを選択し❶、［エフェクトコントロール］パネルを開きます。エフェクト名の左の［>］をクリックし、パラメーターを展開します❷。

② 数値の部分にマウスポインターを近づけると🖐の形になります❸。その状態で左右にドラッグするか、数値を直接入力します。

③ 数値を変更すると、［プログラムモニター］に反映されるので確認しながら調整しましょう。

［モザイク］の［水平ブロック］の値を「10」から「40」に変更した

1 動画制作の基礎知識

2 プロジェクト管理と環境設定

3 カット編集

4 エフェクト

5 カラー調整

6 合成処理

7 テキストと図形の挿入

8 オーディオの機能

9 データの書き出し

10 VR動画の作成

11 他アプリとの連携

MORE

CHAPTER 4

SECTION
10

映像をぼかす

［ブラー（ガウス）］のエフェクトを加えて、映像全体をぼかす方法を解説します。

背景や不要なものをぼかして曖昧にできます。

\# ぼかし　\# ブラー（ガウス）

ブラーとは「ぼけ・ぼかし」という意味です。［ブラー（ガウス）］のエフェクトは映像をぼかして不鮮明にしたいときに使用します。［エフェクト］パネルからタイムラインのクリップに［ブラー（ガウス）］をドラッグ＆ドロップして適用します。適用したエフェクトは［エフェクトコントロール］パネルで調整しましょう。

CHAPTER
4

エフェクト

クリップにブラー（ガウス）を適用する

① ［エフェクト］パネルの、［ビデオエフェクト］→［ブラー＆シャープ］→［ブラー（ガウス）］を選択し❶、タイムラインのクリップにドラッグ＆ドロップします❷。

ブラーを調整する

ブラー（ガウス）は、値が0だと何も起こりません。数値を調整しましょう。値が大きいほどぼけが強くなります。

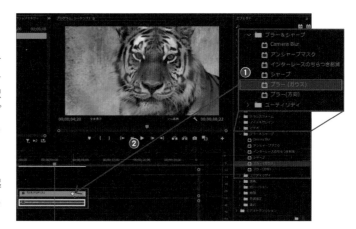

① ［エフェクトコントロール］パネルの［ブラー（ガウス）］を展開します❶。

② ［ブラー］の数値を変更すると❷、ぼけ具合が変化します。

ブラーの値を「200」に設定した場合

POINT

［ブラーの方向］は［水平］［垂直］［水平および垂直］から選ぶことができます。

POINT

［エッジピクセルを繰り返す］にチェックを付けると、周囲の黒くなった部分を取り除きます。

関連　部分的にぼかしたいときは、マスクを使いましょう。 ➡ 138ページ

1 動画制作の基礎知識

2 プロジェクト管理と環境設定

3 カット編集

4 エフェクト

5 カラー調整

6 合成処理

7 テキストと図形の挿入

8 オーディオ機能

9 データの書き出し

10 VR動画の作成

11 他アプリとの連携

MORE

もっと

知りたい！

●いろんなブラーを使ってみよう

ブラーには、このセクションで使った［ブラー（ガウス）］❶のほかにも［ブラー（方向）］❷、［ブラー（チャンネル）］❸、［ブラー（合成）］❹があります。［ブラー（ガウス）］が一番使用頻度が高いですが、それぞれ効果に特徴があるので必要に応じて使い分けましょう。

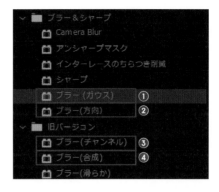

ブラー（チャンネル）：RGBごとにぼかす

クリップのRGBそれぞれのチャンネルに対して個別にブラーをかけます。たとえば［赤ブラー］の数値を上げると、映像のRチャンネルに対してのみブラーがかかります。［ブラー（ガウス）］同様にブラーの方向を［水平および垂直］［水平］［垂直］から選択することが可能です。

［赤ブラー］の数値を上げると映像のRチャンネルにぼかしがかかる

ブラー（方向）：ぼかしの方向を任意に設定

ブラーをかける角度を設定できます。たとえば［方向］の値を「45.0°」にすると斜めにブラーをかけることができます。映像の動きに合わせて方向を変えることでスピード感のある演出が可能です。

［方向］で設定した角度にぼかしがかかる

ブラー（合成）：上トラックのぼかしを合成する

エフェクトを適用するクリップの上のトラックにあるクリップを参照し、その参照クリップのルミナンス値をもとにしてブラーを加えます。たとえば上のトラック（［V2]）に白黒のグラデーションの画像を配置し、ブラーをかけたいクリップに対して［ブラー（合成）］を適用し、［ブラーレイヤー］から［ビデオ2]を選択し、［最大ブラー］の数値を変更すると、グラデーション画像の明るい（白い）箇所ほど強いブラーがかかり、暗い（黒い）箇所は弱いブラーがかかります。

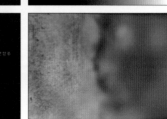

上のトラックのルミナンス値（明るさ）に応じたぼかしを設定できる

映像の一部にエフェクトを適用する

マスクを使用すると、映像の一部分にのみエフェクトをかけることができます。

> マスクでエフェクト範囲を限定しましょう。

マスク 　# マスクパス 　# マスクの不透明度 　# マスクの拡張 　# マスクの境界のぼかし 　# 反転

楕円のマスクの範囲にのみエフェクトが適用されている

人物の顔や背景の一部など、部分的にエフェクトを適用したい場合は、マスクを作成して、その範囲にのみエフェクトが適用されるようにします。

クリップにエフェクトを適用し調整する

マスクを作成する前に、適用したいエフェクトを設定しておきます。ここでは［ブラー（ガウス）］のエフェクトを適用します。

エフェクトが全体に適用されている状態

マスクを作成する

マスクとは特定の範囲を選択する機能です。マスクで設定した範囲のみ、色を補正したり、エフェクトを適用したりできます。

① ［エフェクトコントロール］パネルの［ブラー（ガウス）］からマスクをクリックします❶。ここでは◯［楕円形のマスクの作成］を選びます。

② ［プログラムモニター］上に青い枠の楕円のマスクが作成され❷、青い枠の中のみブラーがかかっていることを確認します。

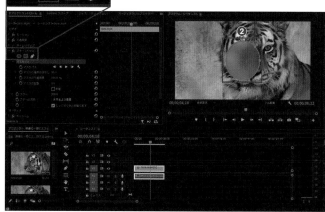

POINT

> マスクは選択範囲の形に応じて3種類あります。楕円の範囲をマスクしたい場合は◯、長方形であれば▢、自由な形にしたい場合は✐をクリックします。

マスクを調整する

マスクは［プログラムモニター］上で移動したり、大きさを変更したりできます。

（1）エフェクトを適用したい位置にマスクをドラッグして移動します❶。

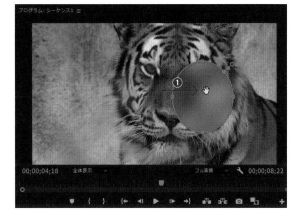

（2）マスクのハンドルをドラッグして❷、ぼかしたい対象の大きさや形に合わせます。

POINT

マスクを作成するとエフェクト名の下に［マスク(1)］という項目が追加されます。その中には以下の機能があります。

❶［マスクパス］
フレームごとにマスクの形や位置を変更します。
詳細 ➡ 140ページ

❷［マスクの境界のぼかし］
マスクの境界部分をぼかしてなめらかにします。

❸［マスクの不透明度］
マスク部分を透過させる度合いを変更できます。

❹［マスクの拡張］
マスクの形はそのままでマスクの範囲を変更できます。

❺［反転］
マスクの適用範囲が反転します。

1 動画制作の基礎知識
2 プロジェクト管理と環境設定
3 カット編集
4 エフェクト
5 カラー調整
6 合成処理
7 テキストと図形の挿入
8 オーディオ機能
9 データの書き出し
10 VR動画の作成
11 他アプリとの連携
MORE

CHAPTER 4

SECTION
12

マスクを追従させる

トラッキングの機能を使うと、被写体の動きに合わせてマスクを追従させられます。

トラッキング

人物やナンバープレートなど、動く被写体にモザイクをかけたい場合によく利用します。

車のナンバープレートにモザイクエフェクトをかけている状態

車の動きに合わせて自動的にマスクが追従する

マスクをトラッキングする

ここでは車のナンバープレートにかけた［モザイク］エフェクトが車の動きに追従するようにします。

① ［モザイク］エフェクトをマスクを使って部分的に適用している状態で［エフェクトコントロール］パネルの［マスク］→［マスクパス］横の［選択したマスクを順方向にトラック］ボタンをクリックします❶。

② 解析が始まります❷。終了すると［マスクパス］に自動的にキーフレームが作成されます❸。再生してマスクが追従しているか確認します。

もっと
知りたい！

●キーフレームの位置を修正したい場合は？

被写体の動きが速い場合や作成したマスクの形によってはマスクがうまく追従しないことがあります。その場合はずれてしまったキーフレームの位置で、マスクを手動で修正しましょう。ペンツールで作った複雑なマスクの追従などはうまくいかないことも多く、1フレームずつマスクを調整する必要があります。

CHAPTER 4

SECTION
13

エフェクトを削除する

適用したエフェクトは、クリップから削除できます。不要になった場合は
削除しましょう。

使用していない
エフェクトは削
除して整理しま
しょう。

\# エフェクト削除　　\# 属性を削除

標準エフェクトを削除する

追加したエフェクトは Delete キーで
簡単に削除できます。

① タイムラインのクリップを選
択し、［エフェクトコントロー
ル］パネルで削除したいエフェ
クトを選択します❶。

POINT

Ctrl （ ⌘ ） キーを押しながらク
リックすると複数選択ができます。

② Delete キーを押します。削除
されたことを確認します❷。

クリップの属性を削除する

クリップに対して付加してあるエ
フェクトやアニメーションのうち、任
意の設定を削除したりリセットした
りできます。

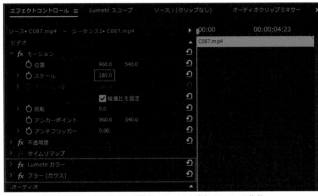

スケールの値が変更されており、さらに標準エフェクトも追加されている状態

① タイムライン上でエフェクト
を削除したいクリップを右ク
リックし❶、［属性を削除］をク
リックします❷。

POINT

「属性」とはクリップに適用され
たエフェクトの情報です。キーフ
レームや設定した値、適用したエ
フェクトそのものをまとめて削除
する場合は、［属性を削除］を選択
します。

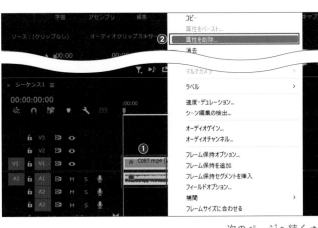

1 動画制作の基礎知識
2 プロジェクト管理と環境設定
3 カット編集
4 エフェクト
5 カラー調整
6 合成処理
7 テキストと図形の挿入
8 オーディオ機能
9 データの書き出し
10 VR動画の作成
11 他アプリとの連携
MORE

次のページへ続く➡

② [属性を削除] ダイアログボックスが表示されるので、削除したいエフェクトの属性にチェックを付けて❸、[OK] ボタンをクリックします❹。

POINT

削除、リセットしたくないものはチェックを外しましょう。

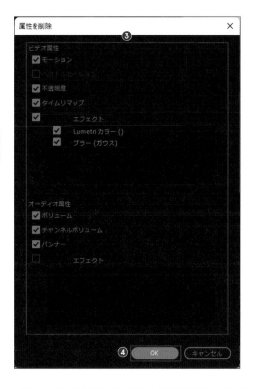

③ チェックしたエフェクトがすべて削除されます。

基本エフェクト (スケール) が初期値になり、標準エフェクト (Lumetriカラーとブラー (ガウス)) が削除された

POINT

[エフェクトコントロール] パネルの中の各項目の横にある [パラメーターをリセット] ボタンをクリックすると❶、値が初期状態にリセットされます❷。
ただし、キーフレームを設定している項目については、再生ヘッドがある位置に初期状態の数値を反映したキーフレームが作成されます❸。

CHAPTER 4

SECTION
14

エフェクトを無効化する

ここでは適用したエフェクトを無効化する方法について解説します。

エフェクト無効　# fx

ワンクリックで
無効化できます。

エフェクトを無効にする

エフェクトの有無による効果の違いを確認したい場合は、エフェクトの有効／無効を切り替えましょう。

(1) ［エフェクトコントロール］パネルで無効化したいエフェクトの［fx］ボタンをクリックします❶。

Lumetriカラーのエフェクトが適用され、有効になっている状態

(2) ［fx］ボタンに斜線が入り、エフェクトが無効化されます❷。

Lumetriカラーのエフェクトが無効になっている状態

POINT

［fx］ボタンをもう一度クリックすると
エフェクトが再度有効になります。

POINT

エフェクトを削除した場合は、もう一度適用するのに改めて設
定し直す必要があります。とりあえずエフェクトの設定を残
しておきたい場合は無効にするとよいでしょう。

動画制作の
基礎知識　1

プロジェクト管理
と環境設定　2

カット編集　3

エフェクト　4

カラー調整　5

合成処理　6

テキストと
図形の挿入　7

オーディオ
機能　8

データの
書き出し　9

VR動画の
作成　10

他アプリとの
連携　11

MORE

SECTION
15

エフェクトをコピー＆ペーストする

ここでは1つのクリップに適用したエフェクトをほかのクリップにコ
ピー＆ペーストする方法について解説します。

編集作業の時短
にもなるのでぜ
ひ覚えましょう。

\# エフェクトのコピー＆ペースト 　 \# キーフレームのコピー＆ペースト 　 \# 属性のコピー＆ペースト

エフェクトを別のクリップに
コピー＆ペーストする

エフェクトはコピー＆ペーストで複
製できます。このときコピー元のエ
フェクトにキーフレームが設定され
ている場合は、そのキーフレームの状
態も新しいクリップにペーストされ
ます。

① [エフェクトコントロール]パ
ネルで複製したいエフェクト
を右クリックし❶、[コピー]を
クリックします❷。

ショートカット　コピー
Ctrl（ ⌘ ）+ C

POINT

Ctrl（ ⌘ ）キーを押しながらクリックすると複数選択もできます。

② タイムライン上でエフェクト
を適用したいクリップを選択
し❸、[エフェクトコントロー
ル]パネル上で右クリックし、
[ペースト]をクリックします
❹。

ショートカット　ペースト
Ctrl（ ⌘ ）+ V

③ エフェクトをコピー＆ペース
トできました❺。

POINT

ここでは例として[ブラー(ガウ
ス)](標準エフェクト)をコピー＆
ペーストしていますが、[位置]や
[スケール]など基本エフェクトの
値もコピー＆ペーストできます。
値を調整後、[モーション]をコ
ピー＆ペーストすると別のクリッ
プにも同じ値が設定できます。

エフェクトをまとめてコピー&ペーストする

適用した標準エフェクトだけでなく基本エフェクトの値などの属性もまとめてコピー&ペーストできます。

① タイムライン上でコピー元のクリップを右クリックし❶、[コピー]をクリックします❷。

② ペーストしたいクリップを右クリックし❸、[属性をペースト]をクリックします❹。

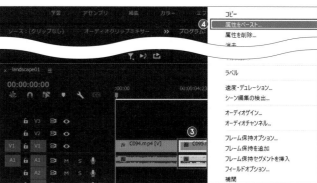

③ [属性をペースト]ダイアログボックスが表示されるので、ペーストしたいエフェクトをチェックして❺、[OK]ボタンをクリックします❻。

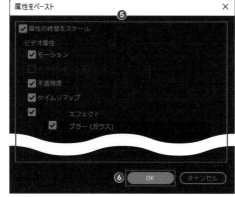

初期状態ではすべてにチェックが付いている(ベクトルデータの場合はベクトルモーションにもチェックが付く)

④ すべてのエフェクトと属性をペーストできました。

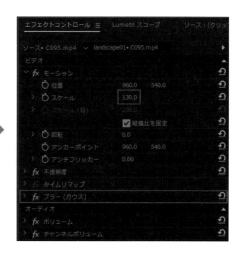

動画制作の基礎知識 1

プロジェクト管理と環境設定 2

カット編集 3

エフェクト 4

カラー調整 5

合成処理 6

テキストと図形の挿入 7

オーディオ機能 8

データの書き出し 9

VR動画の作成 10

他アプリとの連携 11

MORE

CHAPTER 4

SECTION 16

調整レイヤーを使って複数のクリップに同じエフェクトを適用する

エフェクトを複数のクリップにまたがって適用したり、特定のフレームにだけ適用したりする場合は調整レイヤーを使用します。

複数のクリップの色味を調整する場合などにも便利です。

調整レイヤー

調整レイヤーを作成する

複数のトラックやクリップにまとめて同じエフェクトを適用したい場合は、調整レイヤーを作成します。調整レイヤーを使用すると、それより下のトラックにあるクリップすべてに、調整レイヤーの範囲内でエフェクトを適用できます。ここではタイムライン上に並んだ2つのクリップに対して調整レイヤーを作成し、エフェクトを適用してみましょう。

● 調整レイヤーのイメージ

調整レイヤー	
クリップ	クリップ

調整レイヤーの範囲にまとめてエフェクトを適用できる

① ［プロジェクト］パネルで［新規項目］ボタンをクリックし❶、［調整レイヤー］をクリックします❷。

② ［調整レイヤー］ダイアログボックスが表示されるので［OK］ボタンをクリックします❸。このとき［幅］や［高さ］や［タイムベース］などの初期値は自動的にシーケンスの設定が適用されます。

POINT

タイムベースとフレームレートは同じ意味です。

③ ［プロジェクト］パネルに調整レイヤークリップが作成されるので、エフェクトを適用したいクリップがあるトラックの上のトラックにドラッグします❹。

④ クリップの長さに合わせて調整レイヤーのデュレーション（長さ）を調整します**⑤**。

POINT

> 調整レイヤーはオーディオトラックには配置できません。

エフェクトを適用する

作成した調整レイヤーに対してエフェクトを適用します。

① タイムラインに作成された調整レイヤーに通常のエフェクト適用と同じように、エフェクトをドラッグします**❶**。

POINT

> 調整レイヤーに［Lumetriカラー］エフェクトを適用して隣り合うクリップのカラーをまとめて調整することもよくあります。
> ［Lumetriカラー］の使い方
> ➡187ページ

② これで調整レイヤーの下にあるすべてのクリップに同じエフェクトが適用されます。

POINT

> 調整レイヤーより下のトラックにあるすべてのクリップに対して適用されます。対象としたくないクリップは、調整レイヤーより上のトラックに並べるようにしましょう。

もっと
＼知りたい！／

● 調整レイヤーは複製して使うと便利！

調整レイヤーは複数のクリップに対して同じエフェクトを使用する場合だけでなく、動画の中で繰り返し同じエフェクトを使用するときにも便利です。

たとえば1つの動画の中で、たびたびぼかしを入れたい場合に調整レイヤーを1つ作成し、動画をぼかしたいタイミングごとに調整レイヤーを複製して配置することで、同じ処理を施せます。クリップの切り替わりに関係なくエフェクトを適用できるのでぜひ活用していきましょう。

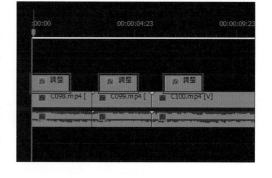

1 動画制作の基礎知識
2 プロジェクト管理と環境設定
3 カット編集
4 エフェクト
5 カラー調整
6 合成処理
7 テキストと図形の挿入
8 オーディオ機能
9 データの書き出し
10 VR動画の作成
11 他アプリとの連携
MORE

ソースクリップにエフェクトを適用する

ソースクリップにエフェクトを適用すると、タイムラインで分割したク
リップに対してまとめてエフェクトを調整できます。

> 分割数の多いクリッ
> プにエフェクトをか
> けるときに便利です。

ソースクリップ

ソースクリップエフェクトとは

通常のエフェクトはタイムライン上
のクリップに対して適用しますが、ク
リップを分割している場合、分割した
クリップの1つに対してエフェクト
を適用しても、分割した別のクリップ
には反映されません。エフェクトを
コピー＆ペーストすると同じように
適用できますが、1つのクリップに対
して行った変更は、ほかのクリップに
は適用されないため、分割した数だけ
変更の操作が必要になります。そこ
で便利なのがソースクリップエフェ
クトです。

分割した1つ1つのクリップではなく
もとのクリップそのもの（ソースク
リップ）にエフェクトを適用すること
で、タイムラインで分割したすべての
クリップに対して変更が反映されま
す。

●通常のエフェクト適用

分割した左側のクリップにエフェクトを適用しても右側のクリップには適用されない

●ソースクリップを使ったエフェクト適用

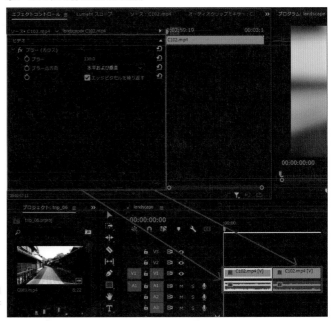

ソースクリップにエフェクトを適用
すると、タイムライン上の分割した
すべてのクリップに反映される

ソースクリップエフェクトを適用する

エフェクトをタイムライン上のク
リップではなく、［ソースモニター］に
直接ドラッグ＆ドロップします。

① ［プロジェクト］パネルでエ
フェクトを適用したいクリッ
プをダブルクリックして❶、
［ソースモニター］に表示しま
す。

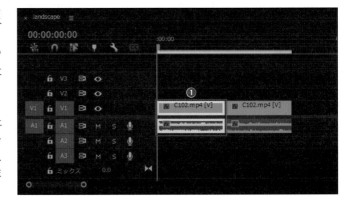

動画制作の基礎知識　1

プロジェクト管理と環境設定　2

カット編集　3

エフェクト　4

カラー調整　5

合成処理　6

テキストと図形の挿入　7

オーディオ機能　8

データの書き出し　9

VR動画の作成　10

他アプリとの連携　11

MORE

② 適用したいエフェクトを［エフェクト］パネルから［ソースモニター］にドラッグ＆ドロップします❷。
ここでは［ブラー（ガウス）］を適用します。

③ これでソース（もとのクリップそのもの）にエフェクトが適用されます。

POINT

ソースクリップエフェクトが適用されているタイムライン上のクリップには［fx］マークの下に赤い線が引かれます。

④ ［エフェクトコントロール］パネルの［ソース］タブを開き、エフェクトの値を変更すると、タイムライン上で分割されたすべてのクリップに反映されます。

POINT

［エフェクトコントロール］パネルのソースタブをクリックして❶、適用したいエフェクトを［エフェクトコントロール］パネルにドラッグ＆ドロップしても❷、ソースクリップエフェクトを適用できます。

[エフェクト]パネル > [ビデオトランジション] > [ディゾルブ] > [クロスディゾルブ]

場面転換時に効果を加える

クリップが切り替わるタイミングなど場面転換に加える効果のことをトランジションといいます。

トランジション　# クロスディゾルブ　# 予備フレーム

> トランジションを使うだけで映像の印象もがらっと変わりますね。

●トランジションの例

前後のクリップが徐々に切り替わるクロスディゾルブ

トランジションのエフェクトを使うとクリップの始めや終わり、クリップの切り替わり時に演出を加えることができます。たとえば前後のクリップが徐々に切り替わる「クロスディゾルブ」や、左から右に拭き取られるように切り替わる「ワイプ」などがあります。演出したい内容に合わせてさまざまなトランジションを使い分けましょう。

トランジションを選択して適用する

トランジションは、[エフェクト]パネルの[ビデオトランジション]の中に用意されています。ここでは[クロスディゾルブ]のトランジションをクリップとクリップの間に適用します。

① [エフェクト]パネルから[ビデオトランジション]→[ディゾルブ]→[クロスディゾルブ]を選択します❶。

② 選択したトランジションをタイムラインのクリップとクリップの間にドラッグ&ドロップします❷。

クリップの間にドラッグして、色が変わったタイミングでドロップする

動画制作の基礎知識 1

プロジェクト管理と環境設定 2

カット編集 3

エフェクト 4

カラー調整 5

合成処理 6

テキストと図形の挿入 7

オーディオ機能 8

データの書き出し 9

VR動画の作成 10

他アプリとの連携 11

MORE

③ トランジションが適用されます。適用された箇所にはトランジション名の入ったバーが表示されます❸。

知りたい！

●予備のフレームが不足しているというメッセージが表示される場合は？

クリップ間のトランジションは、前のクリップのアウト点以降のカットしたフレーム、後ろのクリップのイン点より前のカットしたフレームを利用してトランジションが作られます。この隠れたフレームのことを「予備のフレーム」といいます。

タイムライン上のクリップ	クリップ1	クリップ2

クリップ1のアウト点→ 予備フレーム

実際のクリップの長さ 予備フレーム部分はカットされている		

予備フレーム ←クリップ2のイン点

予備フレーム

予備のフレームがない状態で❶、トランジションを適用すると、❷のようなメッセージが表示され、[OK]ボタンをクリックすると、端のフレームを繰り返して演出されます。その場合、トランジションのバーに斜線が入ります❸。端のフレームを繰り返したくない場合は、クリップをカットして予備のフレームを作るようにしましょう。

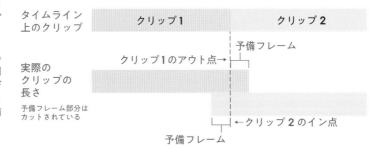

予備のフレームがない状態（クリップがカットされていない状態）は三角のマークが付いている

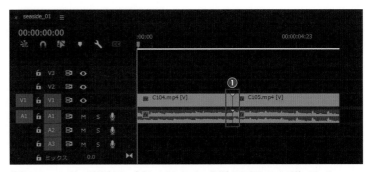

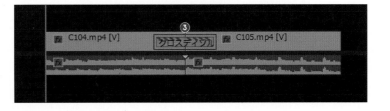

SECTION
19

トランジションの長さと位置を調整する

トランジション適用後は映像の雰囲気やBGMに合わせて長さや位置を調整しましょう。

> トランジションの調整は映像の雰囲気を左右するので大事な作業です。

\# トランジションのデュレーションを設定　　\# デュレーション

トランジションの長さを調整する

トランジションの持続時間（デュレーション）はタイムライン上でトランジションの端をドラッグして調整します。長くする場合は外側に、短くする場合は内側にドラッグします。

① タイムライン上で長さを調整したいトランジションのイン点またはアウト点にマウスポインターを合わせます。マウスポインターの形が🔴に変わった状態でドラッグします❶。

② トランジションの長さが変わります❷。

POINT

トランジションをダブルクリックすると［トランジションのデュレーションを設定］ダイアログボックスが表示されるので、そこで時間を指定してトランジションの長さを調整することもできます。デュレーションとは持続時間のことです。

トランジションの位置を調整する

トランジションの長さを変えずに位置だけを調整する場合は、トランジションの中心部分をドラッグします。

① タイムライン上でトランジションの中心部分を左右にドラッグします❶。

動画制作の基礎知識 1

プロジェクト管理と環境設定 2

カット編集 3

エフェクト 4

カラー調整 5

合成処理 6

テキストと図形の挿入 7

オーディオ機能 8

データの書き出し 9

VR動画の作成 10

他アプリとの連携 11

MORE

② トランジションの位置が移動します。

POINT

トランジションの長さや位置は[エフェクトコントロール]パネルからも調整できます。タイムラインでトランジションを選択し①、[エフェクトコントロール]パネルで[デュレーション]の値を変更するか②、トランジションをドラッグして③、位置を調整できます。

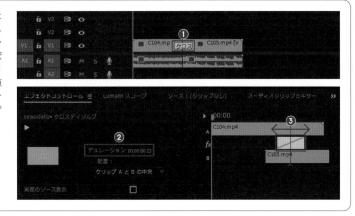

もっと
知りたい！

● トランジションのデュレーション設定を変更しよう

トランジションの初期設定のデュレーションは30フレーム（1秒）です。この長さは設定で変更できます。

① [編集]メニューの[環境設定]→[タイムライン]を選択します①。

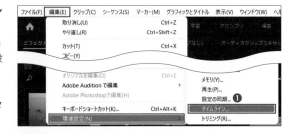

② [ビデオトランジションのデフォルトデュレーション]のフレーム数を変更し②、[OK]ボタンをクリックします③。

CHAPTER 4

SECTION
20

手ブレを補正する

手持ちで撮影した素材は手ブレが発生しやすくなります。ワープスタビ
ライザーエフェクトを使うと手ブレが簡単に補正できます。

ワープスタビライザー

エフェクトを適用する
だけで補正できます。

[ワープスタビライザー]を適用する

手ブレ補正を行うには標準エフェクトである[ワープスタビライザー]をクリップに適用します。

① [エフェクト]パネルの[ビデオエフェクト]→[ディストーション]→[ワープスタビライザー]をタイムライン上の補正したいクリップにドラッグ＆ドロップします❶。

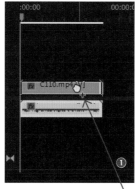

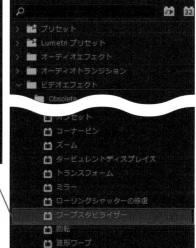

② プログラムモニターに[バックグラウンドで分析中]と表示され❷、そのあと[スタビライズしています]と表示されます❸。表示が消えるまでしばらく待ちます。

POINT

[ワープスタビライザー]で手ブレを補正できますが、まずは撮影時に手ブレしないように気を付けましょう。

CHAPTER
4

エフェクト

動画制作の基礎知識 1

プロジェクト管理と環境設定 2

カット編集 3

エフェクト 4

カラー調整 5

合成処理 6

テキストと図形の挿入 7

オーディオ機能 8

データの書き出し 9

VR動画の作成 10

他アプリとの連携 11

MORE

③ [スタビライズしています]という表示が消えてから再生すると手ブレが補正(軽減)されていることがわかります。

POINT

[ワープスタビライザー]を適用後に、クリップのデュレーションを伸ばした場合、その部分には効果がかかりません。その場合は[エフェクトコントロール]パネルの[ワープスタビライザー]にある[分析]ボタンをクリックすると伸ばした部分も補正されます。

[ワープスタビライザー]を使用すると映像の周りがクロップされて少し拡大されたようになる

知りたい!

●ワープスタビライザーの値を調整しよう

手ブレの状態によってはスムーズに補正されない場合があります。その場合は[エフェクトコントロール]パネルで[ワープスタビライザー]の項目の値を調整して試してみましょう。

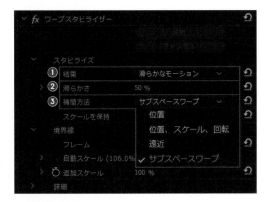

❶結果

スタビライズの結果を選択します。

滑らかなモーション(初期設定)

カメラに動きがある場合に設定します。この場合は下の項目[滑らかさ]が有効となります。

モーションなし

三脚で固定して撮った場合など、カメラに動きがない場合に使用するとよいでしょう。

❷滑らかさ

もとの映像のカメラの動きをどの程度補正するかを決めます。大きくすると補正具合が強くなり、より滑らかに調整されます。

❸補間方法

選んだ方法によって補正のかかり具合が変わります。初期設定であるサブスペースワープは最も複合的な補正です。まずはサブスペースワープを試して、うまく補正されない場合は、ほかの補間方法を使いましょう。

位置

画面に対して縦と横方向のブレを検出して補正します。たとえば三脚を利用して撮影した素材など、回転や奥行きに対するブレがないものに使用するとよいでしょう。

位置、スケール、回転

画面に対して縦横方向、大きさ、傾きのブレを検出して補正します。手持ち撮影などの素材に使用するとよいでしょう。

遠近

コーナーピン(画面の角の4点)を利用して補正します。

サブスペースワープ(初期設定)

フレーム内のさまざまな部分に異なるワープを使用して補正します。

CHAPTER **4**

SECTION 21

カラー背景を作成する

色のついた平面（背景）を作成できるカラーマットの作成方法について解説します。

カラーマット # 背景

> タイトルの背景やトランジションに使用するなど工夫次第で活用範囲が広い機能です。

カラーマットを作成する

カラーマットとは単色の背景のようなものです。書き出した動画にもその色が反映されます。ここでは白いカラーマットを作成し、タイトルテキストの背景として使用します。

白いカラーマット

① ［プロジェクト］パネルで［新規項目］ボタンをクリックし❶、［カラーマット］をクリックします❷。

POINT

［ファイル］メニュー→［新規］→［カラーマット］をクリックしても作成できます。

② ［新規カラーマット］ダイアログボックスが表示されるので［OK］ボタンをクリックします❸。

POINT

［新規カラーマット］ダイアログボックスの［幅］や［高さ］、［タイムベース］の初期値は自動的にシーケンスの設定に合わせられます。

色と名前を設定する

①　[カラーピッカー] ダイアログボックスで色を指定し❶、[OK] ボタンをクリックします❷。ここでは白 (カラーコード #FFFFFF) に設定しています。

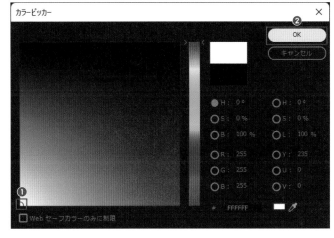

②　名前を設定し❸、[OK] ボタンをクリックします❹。

POINT

白い背景 (White_Background) ということでW_BGという名前にしてあります。このように内容が伝わりやすい名前にしましょう。

カラーマットを配置する

作成したカラーマットは [プロジェクト] パネルに表示されます。

①　[プロジェクト] パネルにあるカラーマットを、タイムラインにドラッグ&ドロップします❶。

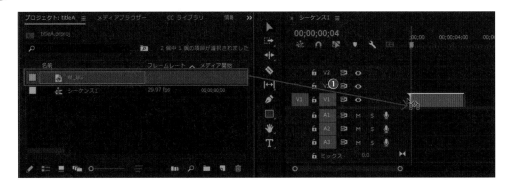

②　設定したカラーの背景が作成されます。

作成したカラーマットの上にテキストを挿入した状態

動画制作の基礎知識　1

プロジェクト管理と環境設定　2

カット編集　3

エフェクト　4

カラー調整　5

合成処理　6

テキストと図形の挿入　7

オーディオ機能　8

データの書き出し　9

VR動画の作成　10

他アプリとの連携　11

MORE

SECTION 22 アニメーションの概要

Premiere Proではテキストや図形、映像（写真含む）を移動したり大きく
したりといったアニメーションを作成できます。

キーフレーム # よく使うアニメーションの種類

> キーフレームはアニ
> メーションなど動き
> を付けるうえでとて
> も大事な要素です。

アニメーションは「キーフレーム」と呼ばれるポイントを動きの開始位置と終了位置に設定することで作成し
ます。キーフレームは位置や大きさ、不透明度など動きの種類ごとに設定できます。キーフレームとキーフレー
ムの間の値は自動的に補間されるため、滑らかな動きとなり、アニメーションが成立します。

アニメーションの種類

よく使うアニメーションは以下の通
りです。

位置
クリップの位置を変化させます。

スケール
クリップの大きさを変化させます。

透明度
クリップの透明度を変化させます。

回転
クリップに回転を加えます。

POINT

> 位置や回転、スケールなどにアニ
> メーションをつける際に意識した
> いのがアンカーポイント（基準点）
> です。アンカーポイントによって
> アニメーションの動きが変わって
> きます。
> アンカーポイントについて
> ➡ 129ページ

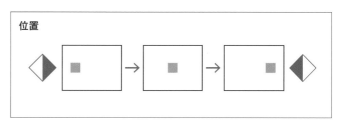

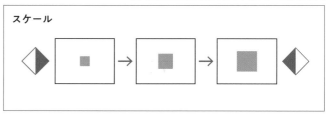

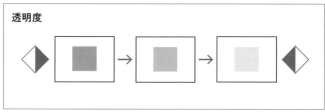

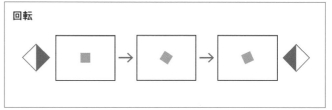

関連 キーフレームを作成せず［回転］や［透明度］の数値を変更すると、すべてのフレームでその状態が維
持されます。➡ 128ページ

［エフェクトコントロール］パネル

キーフレームを作成する

キーフレームの作成は［エフェクトコントロール］パネルで行います。

アニメーション
を付けるには必
須の要素です。

位置　# アニメーションのオン／オフ　# キーフレームの追加／削除

アニメーションの開始点を設定する

アニメーションの開始位置にキーフレームを作成します。ここではテキストクリップを移動させるアニメーションを作成するので［位置］のキーフレームを作成します。

① アニメーションさせるクリップを選択します❶。

② ［エフェクトコントロール］パネルの［グラフィック］→［テキスト（入力した文字）］の［>］をクリックして❷、テキストのエフェクトを展開します。

③ ［エフェクトコントロール］パネルの再生ヘッドをアニメーションの開始点まで移動します❸。

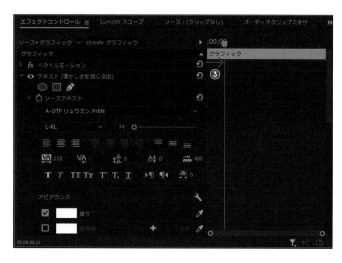

動画制作の
基礎知識 1

プロジェクト管理
と環境設定 2

カット編集 3

エフェクト 4

カラー調整 5

合成処理 6

テキストと
図形の挿入 7

オーディオ
機能 8

データの
書き出し 9

VR動画の
作成 10

他アプリとの
連携 11

MORE

159

次のページへ続く ➡

④ 適用したいアニメーションの
[アニメーションのオン/オフ]
ボタンをクリックします④。
ここでは[位置]の[アニメー
ションのオン/オフ]ボタンを
クリックします。するとキーフ
レームが作成されます⑤。

「横：100、縦：900」の座標がアニメーションの開始点に設定された

アニメーションの終了点を設定する

アニメーションの終了位置も再生
ヘッドを移動してキーフレームを作
成し、値を入力します。たとえば1秒
かけて[位置]を「横：1100、縦：900」
に移動させる場合は、1秒後（30フ
レーム後）の位置に再生ヘッドを移動
しキーフレームを作成し、「横：1100、
縦：900」の値を入力します。これがア
ニメーションの終了点になります。

「横：1100、縦：900」の座標がアニメーションの終了点に設定された

① 再生ヘッドを終了点に移動し
①、[キーフレームの追加/削除]
ボタンをクリックします②。新
しいキーフレームが追加されま
す③。

② [位置]の値を変更します④。こ
れで手順4で設定した数値から
ここで設定した数値までテキス
トの位置が連続的に変化す
るアニメーションができます。

POINT

1つ目のキーフレームを作成して以降は、再生ヘッドを動かし、そのエフェクトの数値を変更するだけで自動的
にキーフレームが作成されるようになります。また、[プログラムモニター]上でグラフィックをドラッグして
移動してもキーフレームが作成されます。

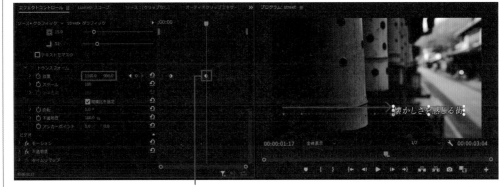

数値を入力するか、グラフィックを移動すると自動的にキーフレームが作成される

[エフェクトコントロール]パネル

キーフレームを削除する

キーフレームを間違えて設定した場合や不要なキーフレームを作成した
場合は削除しましょう。

意図しないキーフレームができてしまうこともよくあります。

キーフレームの追加／削除

キーフレームを削除する

① 削除したいキーフレームをクリックします❶。キーフレームの色が青く変わった状態で[Delete]キーを押します。

② キーフレームを削除できます。

POINT

[エフェクトコントロール]パネル上でキーフレームがある位置に再生ヘッドを移動して、[キーフレームの追加/削除]ボタンをクリックしてもキーフレームを削除できます。

キーフレームをまとめて削除する

同じ項目に付いているキーフレームはまとめて削除できます。

① [アニメーションのオン/オフ]ボタンをクリックします❶。

② すると「この処理を行うと、既存のキーフレームが削除されます。続行しますか？」と表示されるので[OK]ボタンをクリックします❷。

③ キーフレームをまとめて削除できました。

POINT

まとめて削除した場合、その項目の数値は再生ヘッドがある位置の数値となります。

動画制作の基礎知識 1

プロジェクト管理と環境設定 2

カット編集 3

エフェクト 4

カラー調整 5

合成処理 6

テキストと図形の挿入 7

オーディオ機能 8

データの書き出し 9

VR動画の作成 10

他アプリとの連携 11

MORE

CHAPTER 4

SECTION
25

キーフレームを移動する

作成したキーフレームの位置は自由に移動できます。キーフレームの位置を動かすことでアニメーションのタイミングや速度を変更できます。

\# アニメーションのタイミング　\# キーフレームの移動

プレビューしながら、適切なタイミングや速度に設定しましょう。

キーフレームを移動する

キーフレームの位置を移動すると、アニメーションのタイミングや速度を変更できます。たとえばキーフレームの間隔が1秒だったものを2秒に変えると、その分ゆっくりとしたアニメーションに変化します。

① ［エフェクトコントロール］パネルのタイムラインで、移動したいキーフレームをクリックします❶。ここでは［位置］エフェクトの後ろ側のキーフレームを選択しました。

② 選択したキーフレームをドラッグして前後に移動します❷。ここではもとの位置よりも右に移動し、前のキーフレームとの間隔が広がったため、よりゆっくり移動するアニメーションになります。

POINT

キーフレームはまとめて移動できます。 Shift キーを押しながら複数のキーフレームをクリックするか、移動したいキーフレームを囲むようにドラッグするとまとめて選択できるので、その状態で移動しましょう。

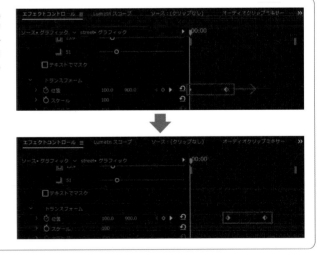

CHAPTER 4

SECTION
26

キーフレームをコピー＆ペーストする

キーフレームをコピー＆ペーストすることで効率よくアニメーションが
作成できます。

> キーフレームの
> 複製はとても使
> 用頻度の高い操
> 作です。

\# キーフレームの複製

キーフレームをコピーして
同じクリップにペーストする

同じパラメーターのキーフレームが必要な
場合はコピー＆ペーストするのが便利で
す。キーフレームをコピーして同じクリッ
プの違う位置にペーストします。

① キーフレームをクリックして❶、Ctrl
（⌘）＋Cキーを押します。

② ペーストしたい位置まで再生ヘッド
を移動し❷、Ctrl（⌘）＋Vキーを
押します。

③ キーフレームをコピー＆ペーストで
きます。

POINT

1つの属性に設定されている複数のキー
フレームを、同じ属性の別のタイミング
に複製できます。複数のキーフレーム
を選択した状態でCtrl（⌘）＋Cキー
を押し、再生ヘッドを移動して、Ctrl
（⌘）＋Vキーを押すと、その位置を起
点に複数のキーフレームがペーストで
きます。

1 動画制作の基礎知識

2 プロジェクト管理と環境設定

3 カット編集

4 エフェクト

5 カラー調整

6 合成処理

7 テキストと図形の挿入

8 オーディオ機能

9 データの書き出し

10 VR動画の作成

11 他アプリとの連携

MORE

次のページへ続く➡

キーフレームをコピーして
別のクリップにペーストする

キーフレームはコピーして別のクリップ
や、同じクリップ内の別のテキストやシェ
イプにペーストできます。複雑なアニメー
ションも一度作っておけば、あとから追加
したクリップなどにも同じものを適用でき
ます。

① コピー元のクリップを選択します❶。
　　[エフェクトコントロール]パネルの
　　タイムライン上で、キーフレームを選
　　択し❷、Ctrl(⌘)+Cキーを押し
　　ます。

② 別のクリップを選択します❸。[エ
　　フェクトコントロール]パネルで、手
　　順1でコピーしたキーフレームを適
　　用したい項目をクリックし❹、再生
　　ヘッドを移動して❺、Ctrl(⌘)+
　　Vキーを押します。

POINT

同じ項目同士でコピー&ペーストしま
す。たとえばコピーした[位置]のキー
フレームは[位置]にしかペーストでき
ません。

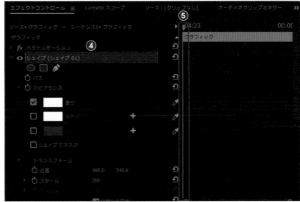

③ キーフレームをコピーして別のク
　　リップにペーストできました。

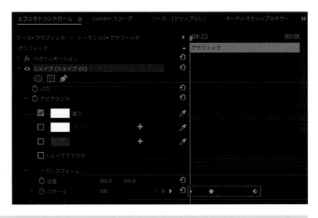

(関連) キーフレームだけでなく、クリップに設定されたエフェクトなどすべての情報をまとめてコピー&
ペーストする[属性をペースト]という機能もあります。 ➡ 145ページ

CHAPTER 4

SECTION 27

タイムラインでキーフレームを調整する

キーフレームは、タイムライン上でも設定できます。シーケンスに対して
どのようにアニメーションを設定するか俯瞰したい場合に便利です。

時間軸に対して
のキーフレーム
の位置の確認や
調整がやりやす
くなります！

タイムライン表示設定　# ビデオのキーフレームを表示　# ラバーバンド

タイムラインにキーフレームを表示する

① [タイムライン]パネルで[タイムライン
表示設定]ボタンをクリックし❶、[ビデ
オのキーフレームを表示]をクリックして
チェックを付けます❷。

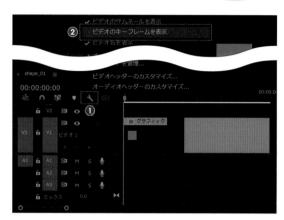

POINT

タイムライン上でキーフレームやエフェクト
の値を調整する場合は、トラックの縦幅を広
げてラバーバンドを調整しやすいようにしま
しょう。

② クリップ上にラバーバンドが表示されます
❸。これが現在設定しているエフェクトの
値を表しており、初期状態では[不透明度]
の値の状態を表示しています。

③ クリップの[fx]を右クリックし❹、キーフ
レームを表示させるエフェクトを選択しま
す❺。

タイムラインでキーフレームを調整
する

タイムライン上でキーフレームの設定を行
います。

キーフレームの追加
[ペンツール]で❶、キーフレームを追加した
ラバーバンド上をクリックします❷。

POINT

[選択]ツールのまま Ctrl （ ⌘ ）キーを押
しながらクリックしてもキーフレームを
追加できます。

POINT

表示しているエフェクトが[位置]の場合は、ラバーバンド上
で追加できません。[エフェクトコントロール]パネルで行い
ましょう。

次のページへ続く ➡

1 動画制作の基礎知識

2 プロジェクト管理と環境設定

3 カット編集

4 エフェクト

5 カラー調整

6 合成処理

7 テキストと図形の挿入

8 オーディオ機能

9 データの書き出し

10 VR動画の作成

11 他アプリとの連携

MORE

キーフレームの削除

ラバーバンド上で削除したいキーフレーム
をクリックし❶、Delete キーを押します。

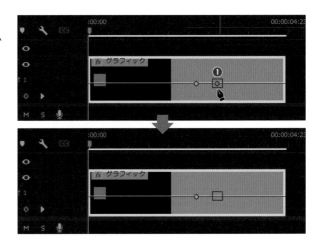

キーフレームの値の変更

ラバーバンド上で値を調整したいキーフ
レームを上下にドラッグすることによって
キーフレームの値を変更できます。

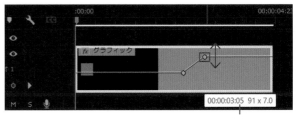

ドラッグ中に値が表示される

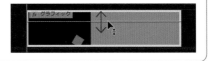

POINT

> キーフレームを打たなくても、ラバーバン
> ドを上下にドラッグしてエフェクトの値
> を変更できます。数値を気にせずに直感
> 的に調整したい場合に便利です。

Chapter 4

エフェクト

キーフレームの移動

ラバーバンド上で移動したいキーフレーム
を左右にドラッグすることでキーフレーム
を移動できます。

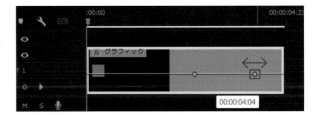

時間補間法を変更

アニメーションが変化する速度を調整する
場合は、補間法を変更します。キーフレーム
を右クリックし❶、[リニア][ベジェ][自動
ベジェ][連続ベジェ]から選択します❷。そ
の後ハンドルで細かく調整します❸。
補間法については174ページで詳しく解説
しています。

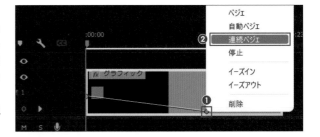

POINT

> 細かい調整は[エフェクトコントロール]
> パネルで行うほうが効率的です。タイム
> ラインで全体的な設定を行ってから、[エ
> フェクトコントロール]パネルで微調整す
> る、といった作業プロセスがおすすめで
> す。

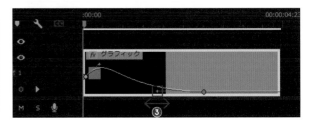

エフェクトにアニメーションを付ける

エフェクトに対してもアニメーションを追加できます。効果のかかり具合を時間によって変化させるといった演出が可能です。

エフェクト　# アニメーション　# キーフレーム

> 工夫次第でいろいろな演出に使えるテクニックです。

エフェクトにアニメーションを付ける

ここでは動画クリップに追加した［ブラー（ガウス）］エフェクトにキーフレームを設定し、徐々にブラーがかかり、また徐々にブラーが解除されていくアニメーションを作成します。

① ［エフェクトコントロール］パネルで、［ブラー（ガウス）］の［ブラー］に次のように4つのキーフレームを作成します。

キーフレームの作成 ➡ 159ページ

❶ キーフレームの位置：0フレーム
　ブラーの強さ：0
❷ キーフレームの位置：1秒
　ブラーの強さ：100
❸ キーフレームの位置：終点の1秒前
　ブラーの強さ：100
❹ キーフレームの位置：終点
　ブラーの強さ：0

② エフェクトの効果が徐々に変化するアニメーションが付きます。再生すると徐々にブラーがかかりそのあと徐々に解除されているのがわかります。

POINT

ほかのエフェクトの場合もこの例と同じように、キーフレームごとにエフェクトの強さなどを設定することでアニメーションを付けられます。

もっと知りたい！

●調整レイヤーを作成して同じエフェクトアニメーションを付けよう

編集をしていると、何度か同じエフェクトアニメーションを使用したいシーンがあります。そんなときは調整レイヤーを作成し、その調整レイヤーにエフェクトとアニメーションを適用し、必要なところに調整レイヤーを複製して使用すると便利です。

調整レイヤーについて ➡ 146ページ

関連　［ブラー（ガウス）］は［エフェクト］パネルから適用します。 ➡ 136ページ

1 動画制作の基礎知識
2 プロジェクト管理と環境設定
3 カット編集
4 エフェクト
5 カラー調整
6 合成処理
7 テキストと図形の挿入
8 オーディオ機能
9 データの書き出し
10 VR動画の作成
11 他アプリとの連携
MORE

CHAPTER 4

SECTION
29

フェードイン／フェードアウトさせる

徐々に映像が浮かび上がる「フェードイン」や徐々に映像が消えていく「フェードアウト」の設定方法を解説します。

よく使う演出です。映像だけでなく文字や図形のクリップにも使えます。

フェードイン　# フェードアウト　# クロスディゾルブ　# 不透明度

フェードイン、フェードアウトとは

徐々に映像が浮かび上がる効果をフェードイン、徐々に映像が消えていく効果をフェードアウトといいます。動画制作においてよく使われる演出効果で、ゆったりとした雰囲気を持たせたり、余韻を残したりといった効果があります。

フェードイン　　　　　　　　　　　　　　　　フェードアウト

エフェクトでフェードイン、フェードアウトさせる

クリップの始まりや終わりに［クロスディゾルブ］を適用すると、フェードイン、フェードアウトさせることができます。

① ［エフェクト］パネルから［ビデオトランジション］→［ディゾルブ］→［クロスディゾルブ］を選択します❶。

② 選択した［クロスディゾルブ］をクリップの始点や終点にドラッグ＆ドロップします❷。

③ フェードイン、フェードアウトの効果が適用されます❸。

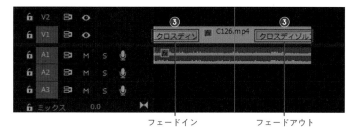

フェードイン　　　　　　　　フェードアウト

デュレーションを調整する

① デュレーションをドラッグして任意の長さに調整します❶。

不透明度を変更してフェードイン、フェードアウトさせる

[エフェクトコントロール]パネルの[不透明度]にキーフレームを作成することでフェードイン、フェードアウトさせることもできます。不透明度を0%から100%に変化させることでフェードイン、100%から0%に変化させることでフェードアウトの効果を作ります。

(1) フェードインさせたいクリップを選択し❶、再生ヘッドをクリップの先頭に移動します❷。

(2) [エフェクトコントロール]パネルの[不透明度]→[不透明度]のストップウォッチボタンをクリックし❸、数値を「0」%に設定します❹。すると不透明度が0%のキーフレームが作成されます❺。

(3) フェードインが終わる（映像が完全に表示される）位置に再生ヘッドを移動します❻。[不透明度]の数値を「100」%に設定し❼、キーフレームを作成します❽。

(4) フェードアウトが始まる位置とクリップの終わりにそれぞれ[不透明度]が100%、0%のキーフレームを作成します❾。

(5) 再生するとフェードイン、フェードアウトが確認できます。

POINT

[不透明度]のキーフレームを使って、フェードイン、フェードアウトさせる方法は、自分で効果のかかり具合やタイミングを設定できるので[クロスディゾルブ]を使った方法に比べて、細かい調整ができます。

1 動画制作の基礎知識
2 プロジェクト管理と環境設定
3 カット編集
4 エフェクト
5 カラー調整
6 合成処理
7 テキストと図形の挿入
8 オーディオ機能
9 データの書き出し
10 VR動画の作成
11 他アプリとの連携
MORE

CHAPTER 4

SECTION
30

イントロやアウトロのキーフレームを固定する

レスポンシブデザイン（時間）を使うと、定義したイントロやアウトロ内にキーフレームを固定したままクリップの長さを変更できます。

> アニメーションを作ったあとにクリップの長さを変えたい場合に便利な機能です。

\# レスポンシブデザイン（時間）　\# イントロ　\# アウトロ

レスポンシブデザイン（時間）とは

クリップの長さを変えたときに、クリップのイントロとアウトロにあるキーフレームが自動的に意図通りの位置に移動する機能をレスポンシブデザイン（時間）といいます。

通常、クリップの長さを変更してもキーフレームの位置は変わりません。たとえばクリップの終わりにアニメーションを付けている場合、クリップの長さを変えると、アニメーションのタイミングがずれてしまいます。レスポンシブデザインを使うことでイントロやアウトロ内のキーフレームは固定され、クリップの長さを変えてもイントロやアウトロのタイミングでアニメーションが開始されます。

POINT

レスポンシブデザイン（時間）を設定できるのは グラフィッククリップのみです。

●レスポンシブデザインを使用しない場合

クリップの長さを変更しても
キーフレームの位置は変わらない

●レスポンシブデザインを使用した場合

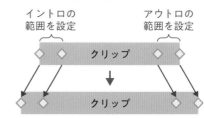

クリップの長さを変更すると設定した範囲内にある
キーフレームは自動的にイントロやアウトロに移動する

イントロとアウトロを定義する

イントロとアウトロの範囲をドラッグすることで定義します。定義した範囲内にあるキーフレームはクリップの長さを変えても自動的に固定した位置に移動します。

(1) グラフィッククリップを選択します❶。

(2) ［エフェクトコントロール］パネルでクリップの開始位置にある青い部分にマウスポインターを合わせます❷。

CHAPTER
4

エフェクト

1 動画制作の基礎知識

2 プロジェクト管理と環境設定

3 カット編集

4 エフェクト

5 カラー調整

6 合成処理

7 テキストと図形の挿入

8 オーディオ機能

9 データの書き出し

10 VR動画の作成

11 他アプリとの連携

MORE

③ マウスポインターの形が↔に変わった状態で、イントロに設定したい範囲をドラッグします❸。

④ アウトロ側も同様に設定します❹。

⑤ イントロとアウトロに設定した範囲がグレーになったことが確認できます。その範囲にあるキーフレームは状況に応じて適当な位置に移動します。

POINT

タイムラインのクリップの色が薄くなっている部分がイントロやアウトロに設定した範囲です。

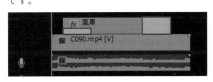

⑥ クリップの長さを変えてもイントロとアウトロの位置が変わらないことがわかります。

POINT

イントロやアウトロの範囲は[エッセンシャルグラフィックス]パネルの[レスポンシブデザイン-時間]からも設定できます。たとえば[イントロの長さ]を「00：00：00：10」に設定すると10フレームが固定されます。

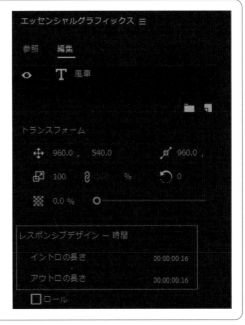

CHAPTER 4

SECTION
31

アニメーションの速度に変化を付ける

アニメーションの速度は変化を付けることができます。ここではアニメーションの速度に変化を付ける時間補間法について解説します。

アニメーションの速度に変化を付けることで、よりリアルな表現ができます。

\# イーズイン　\# イーズアウト　\# キーフレーム　\# 速度グラフ

時間補間法とは

キーフレーム間の変化速度は、時間補間法によって設定できます。初期状態では「リニア」に設定されており、キーフレーム間は一定のペースで直線的に変化します。しかし、アニメーションによっては、自動車のように徐々に加速して、最後に徐々に減速してから完全に止まるような動きを演出したいこともあります。徐々に加速する場合は「イーズアウト」、徐々に減速して止まる場合は「イーズイン」の時間補間法を選びます。

一定の速度で移動

スタートはゆっくり加速し、徐々に遅くなって止まる

CHAPTER
4

エフェクト

時間補間法を変更する

ここでは時間補間法の［イーズイン］と［イーズアウト］を使用します。イーズアウトで徐々に速度を上げ、イーズインで徐々に速度を落とすことができます。この2つの動きを組み合わせることで図形がゆっくり動き出して徐々に加速し、ゆっくり減速しながら止まるといった動きのアニメーションを作ります。

(1) 159～160ページで解説した方法でまずは図形の［位置］にキーフレームを2箇所設定し、左から右へ移動するアニメーションを設定します❶。

POINT

この状態ではキーフレームは図のようなひし形になっています。これは、一定の速度で変化するアニメーションを意味しています。時間補間法からイーズアウトやイーズインを適用すると、砂時計のような形に変化します。

② 開始点のキーフレームを右クリックし❷、[時間補間法]→[イーズアウト]をクリックします❸。

③ 終了点のキーフレーム（移動後のキーフレーム）も同様に右クリックし❹、[時間補間法]→[イーズイン]をクリックします❺。

④ キーフレームが砂時計のような形になったことがわかります❻。

⑤ これで移動し始めはゆっくりでだんだんと早くなっていき、徐々に減速しながら最後は止まるといったアニメーションになります。

POINT

[位置]の項目を展開するとグラフが表示されます。これは速度の変化を表したもので、上にいくほど速く、下になるほど遅いことを示しています。弧を描くように真ん中が一番高くなっているので開始点から徐々に速度が上がり、真ん中付近をピークに徐々に減速しているということがわかります。

速度変化に動きを付ける

速度グラフに表示されているハンドルはドラッグして速度のピークのタイミングを変更できます。ここでは先ほど作成した[イーズアウト][イーズイン]を使ったアニメーションを、もっと早いタイミングで速度のピークを迎え、減速しながら移動する時間が長くなる動きにしてみます。

① 終了点のキーフレームを選択し❶、速度グラフのハンドルを左にドラッグすると❷、だんだんとグラフの山が左側にずれていきます。

速度のピークが左にずれる

1 動画制作の基礎知識
2 プロジェクト管理と環境設定
3 カット編集
4 エフェクト
5 カラー調整
6 合成処理
7 テキストと図形の挿入
8 オーディオ機能
9 データの書き出し
10 VR動画の作成
11 他アプリとの連携
MORE

次のページへ続く ➡

(2) 開始点のキーフレームのハンドルも左にドラッグすると❸、グラフの山がさらに左側にずれていき、より速度のピークが早くなります。これで動き出した直後に速度のピークを迎え、止まるまでゆっくり動く時間が長いアニメーションになります。

もっと
知りたい！

●時間補間法の種類を覚えよう

本セクションでは時間補間法の［イーズアウト］［イーズイン］を例に基本的な使い方を説明しましたが、時間補間法には以下のような種類があるので用途に応じて使い分けましょう。

リニア
キーフレーム間で均一な変化をします。初期状態ではリニアが設定されています。

ベジェ
キーフレームの一方の側（キーフレームの前または後ろ）のグラフの形状をハンドルで調整できます。ハンドルを上にドラッグすれば速度が速くなり、下にドラッグすれば遅くなります。［イーズイン］［イーズアウト］と同じ動きのグラフを作成することもできます。

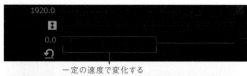

一定の速度で変化する

ハンドルは片側にのみ表示される

自動ベジェ
キーフレームとキーフレームの間に新しいキーフレームを作成して値や時間軸を変更したい場合に自動的に滑らかになるようにハンドルが設定されます。

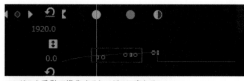

ハンドルを手動で操作するとベジェに変わる

連続ベジェ
ベジェと同様にグラフの形状をハンドルで調整できますが、キーフレームの一方の側でグラフの形状を変更すると、キーフレームのもう一方の側の形状が変更され滑らかな動きになるよう設定されます。

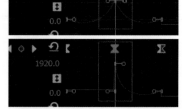

右側のハンドルを上げると左側も上がる

通常のベジェでは右側を上げても左側は変わらない

停止
次のキーフレームがくるまでの間、値を変化させず停止状態にします（キーフレームがくるとパッと急激に変化します）。

この間移動せず、次のキーフレームで急にその位置に移動する

イーズイン
キーフレームに近づくごとに値の変化を徐々に減速します。

イーズアウト
キーフレームから離れるごとに値の変化を徐々に加速します。

移動の経路に変化を付ける

空間補間法を変更すると［位置］のアニメーションで移動の経路を直線的にしたり、曲線的にしたり自由に変化を付けられます。

移動の動きにさまざまなバリエーションを付けられます。

空間補間法　# キーフレーム　# モーションパス

空間補間法とは

モーションエフェクトのキーフレームとキーフレームの間の動きは自動で補間されています。この補間方法を空間補間法といい、［位置］のキーフレームで空間補間法を変更すると、経路（モーションパス）を曲線状にしたり直線状にしたりして動き方に変化を付けられます。

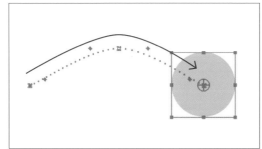
空間補間法：自動ベジェ
曲線的に動く

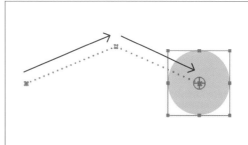
空間補間法：リニア
直線的に動く

［位置］の空間補間法を変更する

空間補間法は、キーフレームを作成しアニメーションを付けたあとに、［エフェクトコントロール］パネルで変更します。

① キーフレームの上で右クリックして❶、［空間補間法］の種類を選択します❷。

リニア
キーフレーム間で直線的な変化を作成します。

自動ベジェ
初期状態の補間法です。キーフレーム間で滑らかな曲線の変化を自動で作成します。キーフレームの値を変更すると方向ハンドルも変更されます。ハンドルをクリックすると［自動ベジェ］が解除され、［連続ベジェ］に変わります。

ベジェ
キーフレーム間で曲線的な変化を作成します。左右のハンドルをそれぞれドラッグして方向を調整できます。

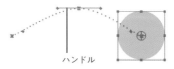
ハンドル

連続ベジェ
キーフレーム間で滑らかな曲線の変化を作成します。自動ベジェとは違いハンドルを手動で調整します。左右のハンドルは連動しています。

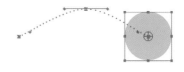

1 動画制作の基礎知識
2 プロジェクト管理と環境設定
3 カット編集
4 エフェクト
5 カラー調整
6 合成処理
7 テキストと図形の挿入
8 オーディオ機能
9 データの書き出し
10 VR動画の作成
11 他アプリとの連携
MORE

CHAPTER 4

SECTION
33

映像を途中でフリーズさせる

指定したフレームを保持することで、映像を静止画のようにフリーズした状態にできます。

フレーム保持を追加

あわせて一時停止の演出方法も解説します。

フレームを保持する

1つのフレームを保持（くり返す）することで静止画のように見せることができます。

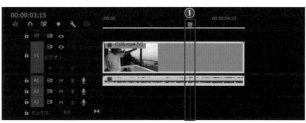

① タイムライン上でフレームを止めたい位置まで再生ヘッドを移動します❶。

② 再生ヘッドのあるクリップを右クリックし❷、［フレーム保持を追加］をクリックします❸。

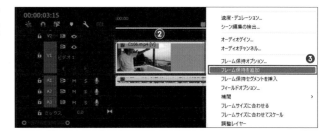

③ 再生ヘッドの位置でクリップが分割され、後ろのクリップは再生ヘッドのフレームが保持されます（静止画と同じ状態です）。

POINT

フレームを固定したクリップはデュレーションを伸縮しても静止画と同じように動きの変化はありません。

POINT

［フレーム保持を追加］ではなく［フレーム保持セグメントを挿入］をクリックすると同じくクリップが分割されますが、分割されたクリップとクリップの間に2秒間分のフレームが固定されたクリップが自動生成されます。フレームを止めたあとにまたそのまま再生されるようにする場合はこちらを利用してもよいでしょう。

2秒間固定されたクリップが挿入される

再生速度を変える

再生速度を変更し、スローモーション、早送りする方法を解説します。速度変更のダイアログボックスでは逆再生も設定できます。

> 動きの速い映像をスローモーションにする演出はよく使用されるので覚えておきましょう。

速度・デュレーション　# スローモーション　# 早送り　# レート調整ツール

スローモーションにする

クリップの再生速度を変更します。ここでは速度を50%にし、通常の1/2の速度（スローモーション）にします。

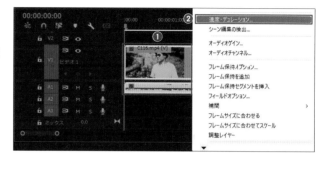

① スローモーションにしたいクリップを右クリックし❶、[速度・デュレーション]をクリックします❷。

ショートカット　速度・デュレーション
Ctrl (⌘) + R

② [クリップ速度・デュレーション]ダイアログボックスが表示されるので[速度]を「50%」に変更し❸、[OK]ボタンをクリックします❹。

③ 速度が1/2のスローモーション映像になります。

POINT

速度を「100%」より大きくすると早送りの映像になります。

POINT

[ツール]パネルの[レート調整ツール]を使用してタイムライン上でクリップのデュレーションをドラッグして変更すると、自動的にそのデュレーションに合わせて再生速度も変化します。

動画制作の基礎知識　1

プロジェクト管理と環境設定　2

カット編集　3

エフェクト　4

カラー調整　5

合成処理　6

テキストと図形の挿入　7

オーディオ機能　8

データの書き出し　9

VR動画の作成　10

他アプリとの連携　11

MORE

177

次のページへ続く ➡

[クリップ速度・デュレーション]ダイアログボックスの各項目の機能についても知っておきましょう。

❶ 速度とデュレーションのリンクを設定します。リンクされていると速度またはデュレーション（クリップの長さ）を変更するともう片方も自動的に調整されます。リンクが外れているとどちらかを変更した際、もう片方は調整されません。

❷ [逆再生]にチェックを付けるとアウト点からイン点に向かって再生されます。

❸ [オーディオのピッチを維持]にチェックを付けると速度変更してももとの音声の音程を維持します。

❹ [変更後に後続のクリップをシフト]にチェックを付けると、速度変更するクリップの後ろにクリップがある場合、デュレーションが変わったときに自動的にクリップの位置を前後に移動してくれます。

❺ フレームが足りないときのフレームの補間の方法を選択します。

フレームサンプリング
足りないフレームを既存のフレームを複製して補間します。同じフレームを繰り返す方法になるので最もカクツキが発生しやすい補間方法です。

フレームブレンド
足りないフレームを既存のフレームをブレンドして作成することにより補間し、よりスムーズに表示されるようにします。

オプティカルフロー
フレーム間の動きを予測し、新しいフレームを作成して補間し、できる限りスムーズな動きを実現します。映像にあまり大きな動きがなくシンプルなものの場合は最も滑らかなスローモーションが実現できます。

編集中のシーケンスのフレームレートに対して、映像クリップのフレームレートが同等以下の場合、スローモーションにするとフレームが足りなくなり、カクカクした動きになります。
フレームが足りないところは自動的に補間されますが、スムーズに再生するにはスローモーションにしたいカットを撮影時に高いフレームレートで撮影しておくとよいでしょう。それによりフレームを補間しなくてもフレームが足りているので再生が滑らかになります。たとえばフレームレートを120fpsで撮影しておけば、30fpsのシーケンスで利用すると4倍までは滑らかなスローモーションを保てます。

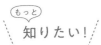

●速度とワープスタビライザーは併用できないので注意しよう！
クリップの速度を変更したクリップに手振れ補正のエフェクトである[ワープスタビライザー]は適用できません。
併用したい場合は、先に速度を変更したクリップをネスト化し、そのネスト化されたクリップに対して[ワープスタビライザー]を適用しましょう。次のページで解説する[タイムリマップ]についても同様です。
ネスト化 ➡ 104ページ

併用しようとすると警告が表示される

[タイムライン]パネル

SECTION
35

スピードに緩急を付ける

タイムリマップを使うと1つのクリップ内で自由に再生速度を変化させられます。タイムリマップの設定方法を解説します。

\# タイムリマップ　　\# ラバーバンド　　\# 再生速度

> 映画でよくあるような再生速度の波を作る表現ができます。

タイムリマップを使用する

タイムリマップは、タイムラインのクリップ上に速度を表す水平の直線（ラバーバンド）を表示し、その線を上下にドラッグして速度を調整する機能です。

① タイムライン上でクリップの[fx]を右クリックし❶、[タイムリマップ]→[速度]をクリックします❷。クリップの速度を制御する水平のラバーバンドがクリップの中央に表示されます❸。

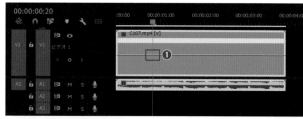

POINT

> トラックの縦幅を広げるとラバーバンドが見やすくなります。

変化のタイミングと速度を決める

ここでは再生途中に再生速度を徐々に速くしていき最終的に2倍（200%）の速さにするタイムリマップを作成します。

① 再生速度を変更したい位置のラバーバンドを[Ctrl]（[⌘]）キーを押しながらクリックします❶。速度キーフレームが作成されます❷。

② 作成された速度キーフレームより右のラバーバンドを上側にドラッグします❸。

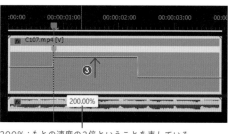

200%：もとの速度の2倍ということを表している

1 動画制作の基礎知識
2 プロジェクト管理と環境設定
3 カット編集
4 エフェクト
5 カラー調整
6 合成処理
7 テキストと図形の挿入
8 オーディオ機能
9 データの書き出し
10 VR動画の作成
11 他アプリとの連携
MORE

次のページへ続く ➡

速度をゆるやかに変化させる

速度キーフレームを分割することで、もとの速度から目的の速度に到達するまでの時間を設定できます。

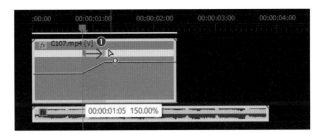

① 速度キーフレームをドラッグすると左右に分割できます❶。キーフレームの間隔が広いほど、速度がゆるやかに変化します。ここでは速度キーフレームの右側をドラッグしました。

POINT

速度に緩急を付けても映像クリップにリンクしている音声クリップは変化しません。

POINT

速度キーフレームは Alt (⌘) キーを押しながらドラッグすると分割せずに位置だけを移動できます。

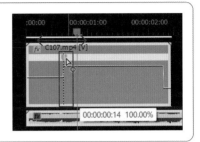

② 速度キーフレームを分割するとラバーバンド上にハンドルが表示されます❷。このハンドルをドラッグすると❸、ラバーバンドが曲線になり、加速の度合いが変化します。

これで再生途中で徐々に再生速度が速くなっていき2倍の速度になるタイムリマップが作成できました。

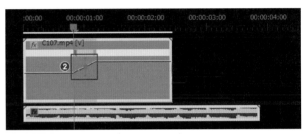

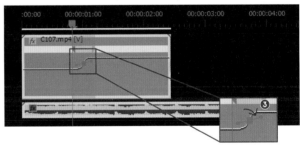

もっと
知りたい!

●特定の範囲を逆再生しよう

タイムリマップを使って逆再生させることも可能です。
速度キーフレームを Ctrl (⌘) キーを押しながらドラッグします。「＜＜」が表示され、その範囲が逆再生されます。逆再生を解除したい場合は、逆再生部分の終わりのキーフレームを削除しましょう。

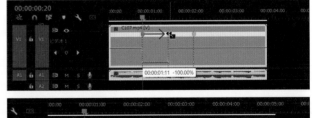

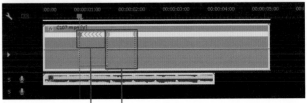

逆再生される箇所　　逆再生と同じ長さでキーフレームが打たれる

［エフェクト］パネル＞［ビデオエフェクト］＞［トランスフォーム］＞［オートリフレーム］

被写体をフレームの中心に移動する

［オートリフレーム］を使うと、フレームのサイズを変更したときに被写体が中心付近に映るように位置やスケールを自動調整してくれます。

フレームサイズの変更によってずれてしまった被写体の位置を修正してくれます。

\# オートリフレーム　　\# SNS　　\# オートリフレームシーケンス

1 動画制作の基礎知識

2 プロジェクト管理と環境設定

3 カット編集

4 エフェクト

5 カラー調整

6 合成処理

7 テキストと図形の挿入

8 オーディオ機能

9 データの書き出し

10 VR動画の作成

11 他アプリとの連携

MORE

映像は通常16：9のサイズで撮影され、そのまま編集することが多いですが、SNSで使用する場合、SNSごとに推奨されたアスペクト比で編集することがあります。

たとえばInstagramであれば1：1の正方形で作成することがあります。正方形にした場合、被写体が16：9の映像の場合に中心よりずれていると画面に映らないこともあります。

［オートリフレーム］というエフェクトを使うと、被写体がフレームの中心付近にくるように位置やスケールを自動で調整してくれます。

［オートリフレーム］を適用する

シーケンス設定でフレームを正方形に変更すると被写体の位置がずれてしまいます。［オートリフレーム］を適用して被写体が中心に映るように修正します。

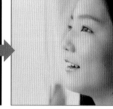

フレームを正方形に変更したため被写体の右側がフレーム外に出てしまっている状態

① ［エフェクト］パネルから［ビデオエフェクト］→［トランスフォーム］→［オートリフレーム］をクリップにドラッグ＆ドロップします❶。

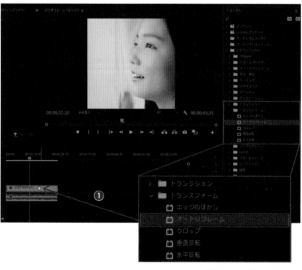

181

次のページへ続く➡

② 被写体の位置が自動で中心付近に修正されます。

POINT

クリップによって被写体がうまく中心付近にならない場合があります。そのときは［エフェクトコントロール］パネルの［オートリフレーム］を開き、［モーショントラッキング］の種類を変更してみましょう。
［スローモーション］は被写体の動きが少ないクリップに、［高速モーション］は被写体の動きが速いクリップに最適な効果が得られます。

もっと
知りたい！

●複数のクリップをまとめて修正する

［オートリフレーム］は1つのクリップに対して行うものですが、たとえば正方形のフレームで複数のクリップをつなげて編集する場合、1つ1つのクリップにエフェクトを適用していくのは工数がかかります。そこで［オートリフレームシーケンス］というシーケンスを作成することで、一括で各クリップの被写体を中心付近に移動させることができます。

① ［シーケンス］メニューの［オートリフレームシーケンス］をクリックします❶。

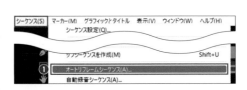

② ［オートリフレームシーケンス］ダイアログボックスが表示されるので、［クリップをネスト化せず、現在のモーション調整を破棄した上で新たにフレーミングを自動調整します。］を選択して❷、［作成］ボタンをクリックします❸。

③ 自動的にシーケンス内のすべてのクリップが分析され、被写体の位置が修正されます。［プロジェクト］パネルには［オートリフレームシーケンス］という名前のビンが作成され❹、タイムラインにも新しいシーケンスが表示されます❺。

関連 フレームサイズは［シーケンス設定］ダイアログボックスから変更しましょう。 ➡ 48ページ

SECTION
37

［エフェクトコントロール］パネル

エフェクトプリセットの保存と適用

自分の好きなエフェクトの組み合わせをプリセットとして保存して、既存のエフェクトと同じように適用できます。

プリセットの保存

> よく使うエフェクトはプリセットして保存しましょう。

エフェクトプリセットとは

パラメーターを調整したエフェクトや、キーフレームを打ってアニメーションを作成したエフェクト、エフェクトの組み合わせを1つのエフェクトとして保存できる機能です。保存したプリセットはほかのプロジェクトでも使用できます。複雑なアニメーションを設定したエフェクトや使用頻度の高いエフェクトの組み合わせなどは保存しておくと便利です。

エフェクトプリセットを保存する

保存するエフェクトは単体でも可能ですが、ここでは2つのエフェクトの組み合わせをエフェクトプリセットとして保存します。

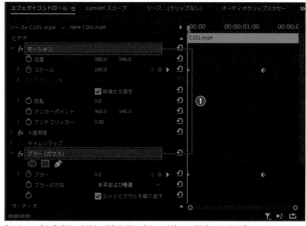

[スケール]と[ブラー（ガウス）]の組み合わせ（徐々に拡大しながらブラーがかかるアニメーションを設定している）

① ［エフェクトコントロール］パネルより、プリセットとして保存したいエフェクトを選択します❶。ここでは［モーション］と［ブラー（ガウス）］を選択します。それぞれキーフレームが設定されアニメーション化もされています。

POINT

Ctrl（⌘）キーを押しながらクリックすると複数選択できます。

② 選択したエフェクトを右クリックし❷、［プリセットの保存］をクリックします❸。

③ ［プリセットの保存］ダイアログボックスが表示されるので、［名前］に保存するエフェクトの名前を入力し❹、［種類］を選びます❺。必要に応じてそのエフェクトの説明を入力し❻、［OK］ボタンをクリックします❼。これでエフェクトプリセットの保存ができます。

1 動画制作の基礎知識
2 プロジェクト管理と環境設定
3 カット編集
4 エフェクト
5 カラー調整
6 合成処理
7 テキストと図形の挿入
8 オーディオ機能
9 データの書き出し
10 VR動画の作成
11 他アプリとの連携
MORE

次のページへ続く ➡

[種類]では、プリセットを適用する際のキーフレームの処理方法を指定できます。

スケール
適用先のクリップの長さに合わせてキーフレームの位置が調整されて設定されます。たとえばクリップの長さが30フレームで、キーフレームを5フレームから10フレームの箇所に打っているエフェクトをプリセットとして保存したとします。そのプリセットを60フレームのクリップへ適用した場合、フレームの長さが倍になった分、キーフレームの位置も倍になり10フレームから20フレームの位置へ適用されます。

インポイント基準
保存したときの、イン点から最初のエフェクトキーフレームまでのもとの距離を維持します。最初のキーフレームがクリップのイン点から1秒の位置にある場合、適用先クリップのイン点から1秒の位置にキーフレームが追加されます。その位置を基準にして、ほかのすべてのキーフレームが追加されます。

アウトポイント基準
保存したときの、アウト点から最後のエフェクトキーフレームまでのもとの距離を維持します。最後のキーフレームがクリップのアウト点から1秒の位置にある場合、適用先クリップのアウト点から1秒の位置にキーフレームが追加されます。その位置を基準にして、ほかのすべてのキーフレームが追加されます。

エフェクトプリセットを適用する

保存したエフェクトプリセットは、通常のエフェクトと同じように［エフェクト］パネルから適用できます。

① ［エフェクト］パネルの［プリセット］に作成したエフェクトプリセットが保存されています❶。マウスポインターを合わせると設定したテキストが表示されます。

② エフェクトプリセットをタイムラインのクリップにドラッグ＆ドロップします❷。

③ 作成したエフェクトプリセットが適用されます。［エフェクトコントロール］パネルを確認すると、キーフレームも反映されていることがわかります❸。ここからまたキーフレームの調整なども可能です。

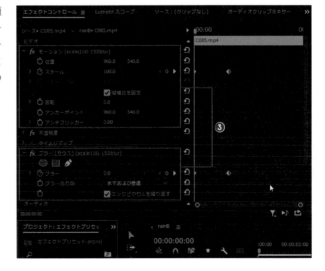

CHAPTER
5

カラー調整

この章では、暗すぎる、明るすぎる映像を
露光量やコントラストを調整して補正する方法や、
演出としてイメージに合わせた色合いに
変更する方法を解説します。
動画のクオリティをアップする
さまざまなカラー調整について理解を深めましょう。

SECTION
1

カラー調整を行うワークスペース

ここでは動画のカラー調整に使用する［カラー］ワークスペースの概要を解説します。カラー調整は動画の品質、見やすさを左右する大事な工程です。

> Premiere Proでは
> カラー調整をする
> 際は［カラー］ワー
> クスペースを使用
> しましょう。

カラー調整　# ［カラー］ワークスペース　# ［Lumetriカラー］パネル
［Lumetriスコープ］パネル

Before

全体的に暗い印象

After

明るさ、コントラストを調整し、シャドウ部分の色味を若干調整した

カラー調整とは、動画の明るさ（露出）や彩度、ホワイトバランスなどを調整して、現実の色に近づけたり、雰囲気のある色合いにしたりする作業です。補正する作業を「カラーコレクション」、雰囲気を出すための色作りを「カラーグレーディング」といいます。

カラー調整

［カラー］ワークスペースの画面構成

［カラー］ワークスペースでは、動画のカラーを調整する機能が集約した［Lumetriカラー］パネルが画面右側に表示され、また［Lumetriスコープ］パネルが画面左に大きく表示されます。［Lumetriカラー］パネルには［基本補正］［クリエイティブ］［カーブ］などのカラー調整を行う機能が用意されており、［Lumetriスコープ］パネルでは再生ヘッドの位置の明るさや色合いの分布を確認できます。

［Lumetriスコープ］パネル

［Lumetriカラー］パネル

［Lumetriカラー］パネルの概要

［Lumetriカラー］パネルの各項目をクリックすると、展開して下のようなさまざまな設定が行えます。

❶基本補正

LUT（ルックアップテーブル）の設定、ホワイトバランスの調整、トーン（明るさ、コントラスト、彩度）の調整など、基本的なカラーコレクションを行います。

詳細 ➡ 189、191、192、194ページ

❷クリエイティブ

プリセットを使ってすばやくカラー調整ができる「Look」の適用や、彩度などの調整を行います。

詳細 ➡ 195、219ページ

❸カーブ

RGBの各カーブを利用してクリップ全体の輝度と階調範囲を調整します。また、特定の色相、彩度、輝度を調整することもできます。

詳細 ➡ 197ページ

❹カラーホイールとカラーマッチ

シャドウ（暗い部分）、ミッドトーン（中間）、ハイライト（明るい部分）をカラーホイールで調整します。またカラーマッチング機能を使うと、クリップ同士の色味を比較し、色味を統一できます。

詳細 ➡ 208ページ

❺HSLセカンダリ

特定の色だけ調整できます。たとえば人物の肌の色だけを整える場合などに使用します。

詳細 ➡ 204ページ

❻ビネット

フレームの周囲をぼかす機能です。サイズ・形・明るさなどを調整できます。

詳細 ➡ 207ページ

> **POINT**
>
> ［Lumetriカラー］パネルはワークスペースを［カラー］に切り替えるか、［ウィンドウ］メニューから［Lumetriカラー］パネルを選択して表示しましょう。

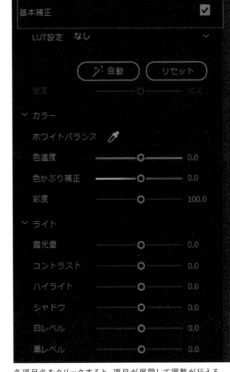

各項目名をクリックすると、項目が展開して調整が行える

> **POINT**
>
> ［Lumetriカラー］パネルの項目を調整すると、自動的にクリップに［Lumetriカラー］というエフェクトが追加されます。以降は［エフェクトコントロール］パネルでも各項目を調整できます。［Lumetriカラー］エフェクトは追加して重ねて使用することもできます。
>
> 詳細 ➡ 211ページ

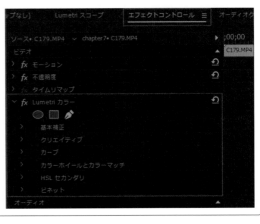

［Lumetriカラー］パネルで調整すると、エフェクトとして追加される

1 動画制作の基礎知識
2 プロジェクト管理と環境設定
3 カット編集
4 エフェクト
5 カラー調整
6 合成処理
7 テキストと図形の挿入
8 オーディオ機能
9 データの書き出し
10 VR動画の作成
11 他アプリとの連携
MORE

次のページへ続く ➡

[Lumetriスコープ]パネルの見方

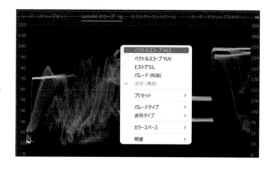

Lumetriスコープでは、現在再生ヘッドがあるフレームの明るさや色合いの分布を視覚的に確認できます。スコープは下にあげた5つの種類があります。[Lumetri]パネル上で右クリックをし、チェックを付けたものが表示されます。

ベクトルスコープHLS

色相、彩度、明るさを確認できます。彩度が高いほどスコープの外側、彩度が低いほど中央に近づきます。

ベクトルスコープYUV

色相と彩度のレベルを確認できます。彩度が高いほどスコープの外側、彩度が低いほど中央に分布されます。

詳細 ➡ 196ページ

ヒストグラム

シャドウ、ミッドトーンおよびハイライトの量を表します。画像全体の階調スケールを確認できます。各色の強さレベルでのピクセル密度の統計分析が表示されます。

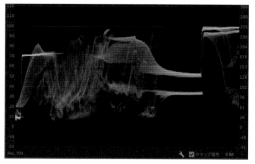

波形（輝度）

クリップのハイライトとシャドウを識別し、コントラスト比率を測定できます。縦に長いほどコントラストが強く、短いほどコントラストが弱くなります。横軸は画面の横幅に対応しています。波形に輝度以外にもRGB、YC、YC彩度なしがあります。

詳細 ➡ 194ページ

パレード（RGB）

波形で強さと分布を表します。ホワイトバランスなど色被りの状態を把握するのに便利です。右側の目盛りはRGBの強さ、左側の目盛りは輝度（明るさ）を表しています。横軸は画面に対応しています。パレードにはRGB以外にもYUV、RGB-白、YUV-白があります。

詳細 ➡ 190ページ

POINT

色調調整に正解はありません。また非常に奥が深いため、やりすぎてしまう傾向もあります。何をどう見せたいかを考えて調整するようにしましょう。

動画制作の基礎知識 1
プロジェクト管理と環境設定 2
カット編集 3
エフェクト 4
カラー調整 5
合成処理 6
テキストと図形の挿入 7
オーディオ機能 8
データの書き出し 9
VR動画の作成 10
他アプリとの連携 11
MORE

CHAPTER 5

SECTION 2

[Lumetriカラー]パネル>[基本補正]>[カラー]

ホワイトバランスを調整する

撮影した動画の色味がオレンジがかっている、青みがかっているという
ケースはよくあります。ホワイトバランスを調整します。

撮影時点で気をつける項目ではありますが、編集でも調整できるのでやりかたを覚えておきましょう。

Lumetriカラー　　# ホワイトバランス　　# 色温度　　# Lumetriスコープ　　# 色かぶり補正

ホワイトバランスとは？

ホワイトバランスとは白を基準にして人間が見ている色と撮影した素材の色を揃える設定です。通常は、撮影する際にカメラ側で設定します。光には「色温度」という指標があり、ケルビン（K）という単位で表します。たとえば曇天は6,500K前後、昼間の太陽は5,500K前後、白熱電球は3,000K前後、ロウソクや朝日、夕日などは2,000K前後となっており、その色温度によって映るものの色が変わり、色温度が低いほどオレンジがかり、高くなるほど青みがかります。それをカメラのホワイトバランスの設定で自然な色で撮れるように調整します。Premiere Proではホワイトバランスをあとから調整することもできます。

赤みが増す（暖色）　　　　　　　　　　　青みが増す（寒色）

ロウソク　夕焼け　蛍光灯　晴天　曇天　晴天の日陰

POINT

表現のためにホワイトバランスをずらして撮影することもあります。たとえば工場の夜景を撮影する場合、あえて青みがかって撮れるように設定して近未来感を演出することもできます。

Before

撮影時の環境により赤みがかかっている映像

After

Premiere Proでホワイトバランスを調整した映像

ホワイトバランスを調整する

ホワイトバランスの調整は、[Lumetriカラー]の基本補正で行います。スポイトで映像の白い部分をクリックすることで、その色を基準にホワイトバランスを整えます。

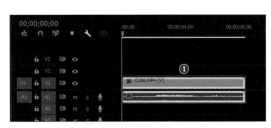

① ホワイトバランスを調整したいクリップを選択します❶。

② [Lumetriカラー]パネルの[基本補正]→[カラー]の[>]をクリックして展開します❷。[ホワイトバランス]のスポイトアイコンをクリックします❸。

次のページへ続く➡

③ ［プログラムモニター］上で白い部分をク
リックします❹。

POINT

もとの色が白い建物などをクリックしましょ
う。

④ 自動的にホワイトバランスが調整されま
す。

POINT

スポイトを使うと、［色温度］と［色かぶり補正］の数値が
自動で調整されます。［色温度］は寒色・暖色を調整する
機能で、［色かぶり補正］はグリーン、またはマゼンタ（ピ
ンク似）寄りに調整する機能です。手動で設定する場合
は、どちらかに偏っている色味を打ち消すようにスライ
ダーを動かします。ホワイトバランスを調整後に初期状
態の0に戻したいときは、［色温度］と［色かぶり補正］そ
れぞれのスライダー上でダブルクリックします。

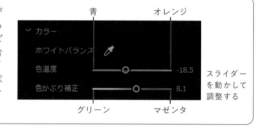

もっと
知りたい！

●Lumetriスコープでホワイトバランスをチェックしよう

ホワイトバランスを確認するには［Lumetriスコープ］パネルを［パレード（RGB）］に切り替え、RGBそれ
ぞれの強さをチェックします。レッドが強くブルーが弱い場合は色温度が低く（暖色）、ブルーが強くレッ
ドが弱い場合、色温度が高い（寒色）ことを示しています。前ページのBeforeの映像の［パレード（RGB）］
が下図の❶です。全体的にレッド（R）が高く、ブルー（B）が低くなっており、クリップが暖色（オレンジ寄
り）になっています。ホワイトバランスを整えると下図の❷のようにRGBの高さがほぼ揃います。

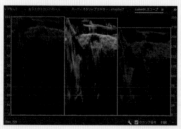

❶

レッドが高く
ブルーが低
いので暖色
寄りであるこ
とがわかる

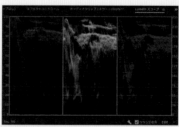

❷

ホワイトバラ
ンスを整える
とすべての
色の高さが
揃う

POINT

RGBとはレッド、グリーン、ブルーの3色の光で色を表現する形式で、「光の三原色」といいます。映像の
色はすべてRGBで表現されます。RGBの3色を掛け合わせると白になります。また各色の強さを調整す
ることでホワイトバランスを調整できます。

動画制作の 基礎知識 1

プロジェクト管理 と環境設定 2

カット編集 3

エフェクト 4

カラー調整 5

合成処理 6

テキストと 図形の挿入 7

オーディオ 機能 8

データの 書き出し 9

VR動画の 作成 10

他アプリとの 連携 11

MORE

[Lumetriカラー]パネル > [基本補正] > [ライト]

CHAPTER 5

SECTION 3

明るさを調整する

撮影時の環境やカメラの設定によって、明るすぎたり暗すぎたりする映像になることがあります。その場合は[露光量]を調整しましょう。

露光量を調整すると選択したクリップ全体の明るさを変えられます。

\# Lumetriカラー　　\# 基本補正　　\# 露光量

露光量とは

露光量とは撮影時の光の量を表します。露光量が少ないと暗い映像（画像）になり、多いと明るい映像（画像）になります。Premiere Proではこの露光量を編集で調整できます。

露光量を下げて暗くした映像

露光量を上げて明るくした映像

[Lumetriカラー]の[露光量]で調整する

クリップの露光量を調整するには[Lumetriカラー]を使用します。

① クリップを選択した状態で、[Lumetriカラー]パネルの[基本補正] → [ライト]の[>]をクリックして展開します❶。

② [露光量]のスライダーを左右にドラッグします❷。右にドラッグすると明るくなり、左にドラッグすると暗くなります。

POINT

スライダーを動かすのではなく、スライダー右の数値を直接入力しても調整できます。また調整をリセットしたい場合は、スライダー部分をダブルクリックすると0に戻ります。

もっと

知りたい！

●Lumetriスコープで白飛びや黒潰れをチェックしよう

Lumetriスコープ（波形：輝度）を確認すると、明るくしすぎて色の情報がなくなり白一色になってしまう白飛びや、暗くしすぎて黒く潰れてしまう黒潰れの有無が確認できます。輝度のレベルが100を超えると白飛び、0を下回ると黒潰れが発生しているということがわかります。

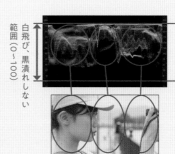

白飛び、黒潰れしない範囲（0〜100）

縦軸は輝度レベル、横軸は画面のピクセル位置を表す

CHAPTER 5

SECTION 4

ハイライトやシャドウを調整する

ハイライトやシャドウ、白レベルや黒レベルを調整することで、映像中の
明るい部分、暗い部分といった明暗ごとに明るさを補正できます。

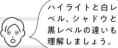

ハイライトと白レ
ベル、シャドウと
黒レベルの違いも
理解しましょう。

ハイライト　# シャドウ　# 白レベル　# 黒レベル

ハイライト、シャドウ、白レベル、黒レベル

[Lumetriカラー]の[基本補正]には[ハイライト][シャドウ][白レベル][黒レベル]という項目があります。
[ハイライト]は映像（画像）の明るい部分を調整し、[白レベル]は最も明るい部分を調整します。[シャドウ]は
暗い部分を調整し、[黒レベル]は最も暗い部分を調整します。

ハイライト　　　　　　　　　白レベル　　　　　　　　黒レベル　　　　　シャドウ

明るい部分を暗くする

ここでは映像（画像）の明るい部分を[ハイライト]の
スライダーで調整します。スライダーを左にドラッグ
すると暗くなり、右にドラッグすると明るくなります。

映像の明るい部分：腕や帽子の部分の境目がわかりづらい

① クリップを選択した状態で、[Lumetriカラー]
パネルの[基本補正]→[ライト]の[>]をクリッ
クして開きます❶。[ハイライト]のスライダー
を左にドラッグします❷。

POINT

ここでは例として[ハイライト]を調整しましたが、
最も明るい部分を調整する場合は[白レベル]を調
整しましょう。

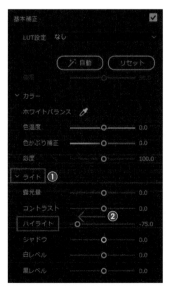

② 明るい部分だけが暗くなります。

POINT

> プレビューで確認しながら不自然にならないように
> 調整しましょう。

映像の明るい部分:腕や帽子の部分の境目がわかりやすくなった

暗い部分を暗くする

映像（画像）の暗い部分を［シャドウ］のスライダーで
調整します。スライダーを左にドラッグすると暗くな
り、右にドラッグすると明るくなります。

映像の暗い部分:全体的に白っぽく締まりがない

① クリップを選択した状態で、［Lumetriカラー］
パネルの［基本補正］→［ライト］の［>］をクリッ
クして開きます❶。［シャドウ］のスライダーを
左にドラッグします❷。

POINT

> 暗い部分の中でも、カメラのレンズ部分や、窓枠、柵
> の黒い部分だけを調整したい場合は［黒レベル］の
> スライダーをドラッグしましょう。

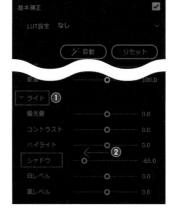

② 暗い部分だけが暗くなります。

もっと 知りたい！

●自動補正の機能を使おう

［基本補正］の［自動］ボタンをクリックすると基本
補正に含まれるすべての項目が自動的に補正され
ます。ただし意図しない箇所も補正されるので、よ
り繊細な補正を行う場合は、手動で各項目を調整し
ましょう。

1 動画制作の基礎知識
2 プロジェクト管理と環境設定
3 カット編集
4 エフェクト
5 カラー調整
6 合成処理
7 テキストと図形の挿入
8 オーディオ機能
9 データの書き出し
10 VR動画の作成
11 他アプリとの連携
MORE

コントラストを調整する

CHAPTER 5
SECTION
5

コントラストを調整することで柔らかい雰囲気やくっきりした印象を演出できます。

コントラスト　# Lumetriカラー　# 基本補正　# トーン　# 波形（輝度）

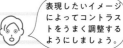

表現したいイメージ
によってコントラス
トをうまく調整する
ようにしましょう。

コントラストとは

コントラストとは明暗差のことです。明るいところはより明るく、暗いところをより暗くすることで、明暗差が大きくなりコントラストが強くなります。コントラストが強いと色もはっきりとメリハリが付いた硬いイメージとなり、逆にコントラストが低いと柔らかい印象となります。

コントラストが弱いとふんわりと柔らかい印象になる

コントラストが強いとメリハリのある印象になる

[Lumetriカラー]の[基本補正]を使ってコントラストを調整する

1 クリップを選択した状態で、[Lumetriカラー]パネルの[基本補正]→[トーン]の[>]をクリックして開きます。[コントラスト]のスライダーを左に動かすとコントラストが弱く、右に動かすと強くなります。

POINT

> コントラストはほどよい調整を心がけましょう。弱くしすぎるとメリハリのないぼやっとした雰囲気になってしまい、逆に強すぎても色合いが不自然になってしまいます。

もっと
知りたい！

● Lumetriスコープでコントラストをチェックしよう

コントラストを確認するには[Lumetriスコープ]パネルを[波形（輝度）]に切り替え、波形の分布をチェックします。縦軸の数値が大きいほど明るく、小さいほど暗くなります。上下に広く分布しているほど明暗差が大きいため、コントラストが強いことを表しています。横軸は画面の横幅に対応しています。

・コントラストが弱い　　　　　　　　　　　　　　　・コントラストが強い

分布が縦軸の中心に
集まっている

上下に広く分布されている

関連　コントラストをもっと細かく自由に調整したい場合は[Lumetriカラー]の[RGBカーブ]を使用します。 ➡ 197ページ

CHAPTER
5

カラー調整

CHAPTER 5

SECTION 6

彩度を調整する

表現したいイメージによって彩度を調整しましょう。[自然な彩度]と[彩度]の違いも解説します。

> 彩度が高いとイキイキとしたイメージ、低いと落ち着いたイメージになりますね。

Lumetriカラー　　# 彩度　　# 自然な彩度

彩度とは

彩度とは色の強さの度合いです。彩度が低いと落ち着いた色味、高いとビビッドで鮮やかな色味になります。彩度を0にすると無彩色（グレースケール）となり、逆に高くしすぎると色飽和（階調がなくなること）が発生し、のっぺりした感じになります。

[自然な彩度]を調整する

[自然な彩度]は人物の肌の色を維持しながら彩度を整える機能です。この機能で彩度を調整すると赤色や黄色は控えめに変化、そのほかの色は大きめに変化します。

全体的にやや彩度が低く落ち着いた色味

[自然な彩度]を高くすると肌の色を維持したままそれ以外の色が鮮やかになる

① 彩度を調整したいクリップを選択し、[Lumetriカラー]パネルの[クリエイティブ]→[調整]の[>]をクリックして展開します。[自然な彩度]のスライダーを左に動かすと彩度が低くなり、右に動かすと高くなります。

[彩度]を調整する

[彩度]は全体の鮮やかさを調整する機能です。全体的に色がくすんでいる場合や、鮮やかすぎる場合に調整します。

全体的にやや彩度が低く落ち着いた色味

彩度を高くして全体的にビビッドな色味に調整

1 動画制作の基礎知識
2 プロジェクト管理と環境設定
3 カット編集
4 エフェクト
5 カラー調整
6 合成処理
7 テキストと図形の挿入
8 オーディオの機能
9 データの書き出し
10 VR動画の作成
11 他アプリとの連携
MORE

次のページへ続く ➡

① 彩度を調整したいクリップを選択し、[Lumetriカラー]パネルの
[クリエイティブ]→[調整]の[>]をクリックして展開します。
[彩度]のスライダーを左に動かすと彩度が低くなり、右に動かす
と高くなります。

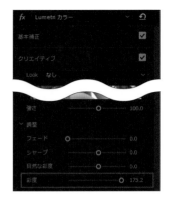

POINT

[彩度]は[基本補正]と[クリエイティブ]の両方にあり、動作としては
同じです。基本的に[基本補正]ではカラーコレクション用、[クリエイ
ティブ]ではカラーグレーディング用といったように使い分けるとよい
でしょう。

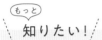

●Lumetriスコープで彩度を確認しよう

彩度を確認するには[Lumetriスコープ]を[ベクトルスコープYUV]に切り替えます。彩度が6つの色成
分ごとに表示されます。彩度が高いほど分布（白い部分）が広がります。[彩度]と[自然な彩度]の違いも
確認しましょう。

変更前：分布が中心に集まっている

[彩度]を高くする：全体的に分布が広がる

[自然な彩度]を高くする：R（赤）、Yl（黄色）は控えめに、そのほかのG（緑）、B（青）は[彩度]を高めたときと同
じくらい広がる

[Lumetriカラー] パネル > [カーブ] > [RGBカーブ]

RGBカーブを理解する

RGBカーブを使うと特定の部分の明るさ、コントラスト、特定の色味などをきめ細かに調整できます。

RGB　　# Lumetriカラー　　# カラー調整

> RGBカーブはカラー調整で最も使用されるツールといっても過言ではないでしょう。

RGBカーブとは

RGBカーブとは映像の輝度や色調をシャドウ（暗部）、ミッドトーン（中間部）、ハイライト（明部）ごとに調整する機能です。[基本補正]よりも細かな調整ができます。

RGBカーブで調整したいクリップを選択し、[Lumetriカラー] パネルの[カーブ]→[RGBカーブ]の[>]をクリックして展開します。斜めの線がクリップの輝度の分布を表していて、右上に行くほど明るい部分、左下に行くほど暗い部分を表しています。

この線上の調整したい部分に点を打ち、その点を上下にドラッグして調整します。最初の線より上にドラッグすると明るく、下にドラッグすると暗くなります。

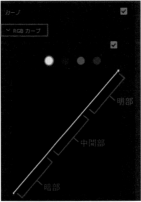

中間部　　　　明部　暗部

初期設定では、左端の輝度を調整するボタンがオンになっている。映像のRGBそれぞれの色を調整したい場合は、赤、緑、青それぞれのボタンをクリックしてカーブを切り替える

1 動画制作の基礎知識

2 プロジェクト管理と環境設定

3 カット編集

4 エフェクト

5 カラー調整

6 合成処理

7 テキストと図形の挿入

8 オーディオ機能

9 データの書き出し

10 VR動画の作成

11 他アプリとの連携

MORE

もっと知りたい！

●点を打つ理由

点がカーブの起点となります。言い方を変えると、点のある部分をドラッグしない限りカーブは変化しません。点が1つしかない場合、その点をドラッグすると全体がカーブしてしまい、調整したくない部分まで変化してしまいます。調整したくない部分に点を打つことで、意図せぬ調整を防いでいます。

適用前

適用後

RGBカーブで中間部のみを明るくした。映像の中間部にあたる肌の色だけが変化していることがわかる

RGBカーブで明るさを調整する

RGBカーブを使うと、映像の暗部、中間部、明部ごとに明るさを調整できます。

RGB 　# Lumetriカラー　# カラー調整

> RGBカーブは細かな露出変更や、コントラストの調整が可能です。

カーブによる効果の違い

カーブの形によってどのような効果の違いがあるか確認してみましょう。自分で調整する際の参考にしてください。

調整前

●全体を明るくする

真ん中に点を打ち、上にドラッグするとその部分を中心に、暗部、中間部、明部すべてが明るくなります。ただし、[Lumetriカラー]→[基本補正]→[露出]を変更した場合と違い、明部、暗部については明るさの変化は少なくなります。

●全体を暗くする

真ん中に点を打ち、下にドラッグするとその部分を中心に、暗部、中間部、明部すべてが暗くなります。ただし、[Lumetriカラー]→[基本補正]→[露出]を変更した場合と違い、明部、暗部については明るさの変化は少なくなります。

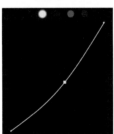

●コントラストを強くする

3つの点を打ち、明部の点を上に、暗部の点を下にドラッグしてS字カーブを作ると、コントラストが強くなります。

●コントラストを弱くする

3つの点を打ち、明部の点を下に、暗部の点を上にドラッグして逆S字カーブを作ると、コントラストが弱くなります。

RGBカーブで色味を調整する

RGBカーブを使うと、映像の緑や赤といった特定の色を増やしたり減らしたりしてカラー調整できます。

RGBカーブを使うことで、全体を俯瞰しながら補正できます。

RGB　# Lumetriカラー　# カラー調整

カーブによる効果の違い

RGBカーブの形によってどのような効果の違いがあるか確認してみましょう。自分で調整する際の参考にしてください。ここでは赤（R）、緑（G）、青（B）それぞれのカーブの違いを確認しましょう。

調整前

●全体の赤みを強くする

赤（R）のカーブに切り替え、真ん中に点を打ち、上にドラッグするとその部分を中心に、暗部、中間部、明部すべてが赤みがかった色になります。

●全体の赤みを弱くする

赤（R）のカーブに切り替え、真ん中に点を打ち、下にドラッグするとその部分を中心に、暗部、中間部、明部すべてから赤みが引かれます。

●全体の緑みを調整する

緑（G）のカーブに切り替え、真ん中に点を打ち、上にドラッグすると全体が緑みがかった色になり、下にドラッグすると緑みが引かれます。

●全体の青みを調整する

青（B）のカーブに切り替え、真ん中に点を打ち、上にドラッグすると全体が青みがかった色になり、下にドラッグすると青みが引かれます。

動画制作の基礎知識　1

プロジェクト管理と環境設定　2

カット編集　3

エフェクト　4

カラー調整　5

合成処理　6

テキストと図形の挿入　7

オーディオ機能　8

データの書き出し　9

VR動画の作成　10

他アプリとの連携　11

MORE

SECTION
10

色相、輝度、彩度を理解する

「色相」「輝度」「彩度」について理解を深めることで、より的確なカラー調整を行えるようになります。

Lumetriカラー　# 色相　# 輝度　# 彩度

> この3つは色の三属性と呼ばれ、色をコントロールするうえで重要なポイントです。

色相、彩度、輝度について

色を調整するときに知っておくべき要素が「色相」「彩度」「輝度」の3要素です。

●色相

赤、青、緑、黄色などの色味の違いを表します。この色相を円の上に配置したものを色相環といい、色相環の上で隣り合っていたり近くにあったりする色のことを類似色相、円の向かいにある色のことを補色と呼びます。「ティール＆オレンジ」という映画などで使用されるカラートーンの言葉がありますが、人物の肌をオレンジ、それ以外をティール（青緑系）とすることで補色関係となり、お互いが際立つという効果があります。

色相環

●輝度

色の明るさの度合いを表します。輝度を上げれば上げるほど明るくなり白に、輝度を下げれば下げるほど暗くなり黒になります。

●彩度

色の鮮やかさの度合いを表します。輝度とは別の尺度になり、彩度を上げれば上げるほどビビッドで鮮やかな色になり、彩度を下げれば下げるほどくすんだ色になります。
なお、黒、白、グレーには彩度はありません。この3つの色は無彩色といわれ、無彩色以外の色は有彩色と呼ばれます。

赤を基準とした輝度と彩度の関係

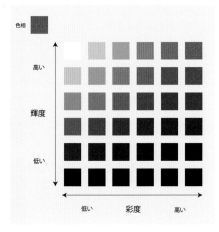

POINT

> 輝度と彩度は混同されがちですが、上に記載したとおり輝度は「明るさ」で、彩度は「色の鮮やかさ」です。実際にカラー調整するときは輝度と彩度を同時に調整することも多く、2つの関係を理解しておくことが必要です。

CHAPTER 5
SECTION
11

[色相/彩度カーブ]を使って
特定の色を調整する

クリップ内の赤色や黄色など特定の色相を狙って、彩度や色相、輝度を調整できます。

カーブを使うことで、色相、彩度、輝度をそれぞれ直感的に調整できます。

Lumetriカラー　# 色相vs彩度　# 色相vs色相　# 色相vs輝度

[色相vs彩度]を使用して特定の色相の彩度を調整する

[Lumetriカラー]の[カーブ]の中の[色相vs彩度]を使用し、特定の色相を指定して彩度を調整します。

[色相vs彩度]を使うと、クリップ内の特定の色（ここでは赤色）だけを選択して彩度を調整できます。この例のように、赤い橋だけを鮮やかにするといったことができます。

① 彩度を調整したいクリップを選択し、[Lumetriカラー]パネルの[カーブ]を開きます❶。[色相/彩度カーブ]❷の[色相vs彩度]のスポイトマークをクリックし❸、プログラムモニター上で彩度を変更したい色をクリックします❹。ここでは赤い橋をクリックします。

② [色相vs彩度]のグラフ上に点が3つ作成されます。グラフの横軸は色相、縦軸は彩度を表しており、その点を上下にドラッグすることでそれぞれの彩度を調整できます。
彩度を高めるには上にドラッグします❺。

3つの点の真ん中がスポイトでクリックした位置の色相を表している

POINT

スポイトでプログラムモニター上をクリックするたびに点が追加されます。またグラフを直接クリックしても点が付きます。点を追加することで細かな調整が可能です。追加した点はグラフをダブルクリックすることで、リセットされます。これは[色相vs彩度]だけではなく、ほかのカーブも同様です。

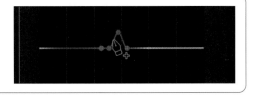

1 動画制作の基礎知識
2 プロジェクト管理と環境設定
3 カット編集
4 エフェクト
5 カラー調整
6 合成処理
7 テキストと図形の挿入
8 オーディオ機能
9 データの書き出し
10 VR動画の作成
11 他アプリとの連携
MORE

次のページへ続く ➡

［色相vs色相］を使用して特定の色相を変更する

［Lumetriカラー］の［カーブ］の［色相vs色相］を使用し、特定の色相を調整します。

［色相vs色相］を使うと、クリップ内の特定の色（ここでは赤色）だけを選択して色相を調整できます。この例のように、赤い橋を緑に変えるといったことができます。

（1）　［色相vs色相］のスポイトマークをクリックし❶、プログラムモニター上の色相を変更したい部分をクリックします❷。ここでは赤い橋をクリックします。

（2）　［色相vs色相］のグラフに3つの点が作成されます。グラフの横軸と縦軸はどちらも色相を表しており、その点を上下にドラッグすると縦軸の色相が表示されるので変えたい色相の位置に点を移動します。ここでは赤い点をドラッグして緑のあたりに移動します❸。

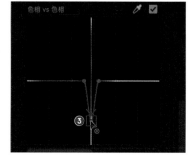

［色相vs輝度］を使用して特定の色相の輝度を変更する

［Lumetriカラー］の［カーブ］の［色相vs輝度］を使用し、特定の色相を指定して輝度を調整します。

［色相vs輝度］を使うと、クリップ内の特定の色（ここでは赤色）だけを選択して輝度を調整できます。この例のように橋の赤い部分だけを暗くするといったことができます。

1 動画制作の基礎知識

2 プロジェクト管理と環境設定

3 カット編集

4 エフェクト

5 カラー調整

6 合成処理

7 テキストと図形の挿入

8 オーディオ機能

9 データの書き出し

10 VR動画の作成

11 他アプリとの連携

MORE

① ［色相vs輝度］のスポイトマークをクリックし❶、［プログラムモニター］上の輝度を変更したい部分をクリックします❷。ここでは赤い橋をクリックします。

② ［色相vs輝度］のグラフに3つの点が作成されます。グラフの縦軸は色相、横軸は輝度を表しており、その点を上下にドラッグすることで輝度を調整します。選択した色相を明るくするには上にドラッグし、暗くするには下にドラッグします❸。

もっと
知りたい！

●［輝度vs彩度］と［彩度vs彩度］のグラフの見方

本セクションで紹介した［色相vs彩度］、［色相vs色相］、［色相vs輝度］以外にも［輝度vs彩度］、［彩度vs彩度］というカーブがあります。

「輝度vs彩度］は横軸が輝度で左から右に行くほど明るくなります。縦軸が彩度で下から上にいくほど強くなります。［彩度vs彩度］は横軸が彩度で左から右にいくほど強くなります。縦軸も彩度で下から上にいくほど強くなります。

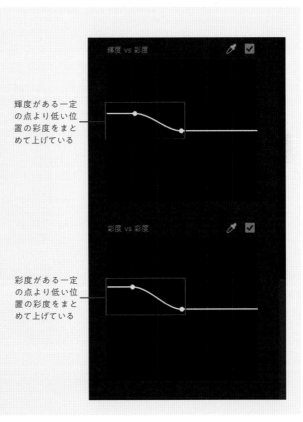

輝度がある一定の点より低い位置の彩度をまとめて上げている

彩度がある一定の点より低い位置の彩度をまとめて上げている

CHAPTER 5
SECTION
12

[HSLセカンダリ]を使って
特定の色を調整する

[HSLセカンダリ]を使って特定の色を選択し調整する方法を解説します。

肌の色はカラー調整の中でも重要視される項目の1つです。

\# Lumetriカラー　\# カラーグレーディング　\# カラーホイール

肌の色が赤みがかっている

肌の色のみ赤みを抑えた

[HSLセカンダリ]を使うと、肌の色だけを指定して、赤みを抑えた色に調整するといったことができます。

CHAPTER
5

カラー調整

HSLセカンダリとは

[HSLセカンダリ]では特定範囲の色相、彩度、輝度ごとに複雑な調整が行えます。[プログラムモニター]上で指定した範囲だけ抜き出して表示できるので調整作業をしやすいといった特徴があります。このように特定の箇所に補正を行うことは186ページでも記載した「カラーグレーディング」にあたるので、基本的には全体のホワイトバランス、明るさ、コントラスト、彩度といった調整である「カラーコレクション」が終わったあとに行います。

[Lumetriカラー]パネルの
[HSLセカンダリ]

調整したい色を選択する

[HSLセカンダリ]のスポイトを使ってプログラムモニター上で色を選択します。

① [Lumetriカラー]パネル→[HSLセカンダリ]→[キー]の[設定カラー]のスポイトをクリックして❶、調整したい色をクリックします❷。ここでは肌の色をクリックしています。

POINT

[Lumetriスコープ]を確認したうえで、調整内容を検討しましょう。

選択した範囲だけを表示する

① ［カラー/グレー］にチェックを付けると❶、ス
ポイトでクリックした部分の色と近い色だけ
が表示されます。

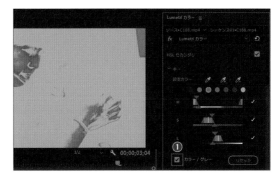

POINT

抽出がうまくいかない場合は、前ページの手順1をや
り直す、またはプラスのスポイト🖉を使って抽出する
場所を増やしたり、マイナスのスポイト🖉を使って抽
出する場所を減らしたりして調整します。また下にあ
る［H］［S］［L］のスライダーを操作して微調整もでき
ます。［H］は色相、［S］は彩度、［L］は輝度を表していて、
それぞれの範囲を調整して抽出を細かく行います。

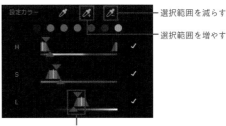

選択範囲を減らす
選択範囲を増やす

▼で選択した範囲を指定し、▲を広げる
と選択範囲の境界を滑らかにできる

選択範囲を整える

［リファイン］の［ノイズ除去］では抽出した選択範
囲の色のムラを減らし、［ブラー］では選択範囲の境
界をぼかして滑らかにします。

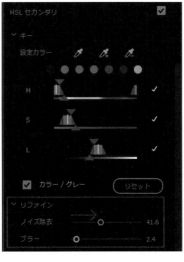

スライダーを右に
動かすほど効果が
強くなる

選択範囲を補正する

選択範囲の色を補正するには［修正］のカラーホ
イールを使います。ホイールは色相を表していて、
クリックすると選択範囲がその色相に変わります。
左のスライダーは輝度を表しており、上にいくほど
明るくなります。

① たとえば肌を赤みを抑えた色にするには中
心からやや黄色の方向をクリックします❶。

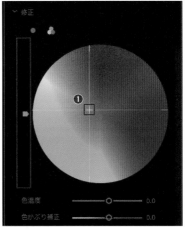

1 動画制作の基礎知識
2 プロジェクト管理と環境設定
3 カット編集
4 エフェクト
5 カラー調整
6 合成処理
7 テキストと図形の挿入
8 オーディオ機能
9 データの書き出し
10 VR動画の作成
11 他アプリとの連携
MORE

次のページへ続く ➡

[修正]のホイールは全体の色相を変更するものと、[ハイライト][ミッドトーン][シャドウ]ごとに色相を変更するものとで切り替えられます。ホイールの下にある[彩度]などでより細かな調整も可能です。

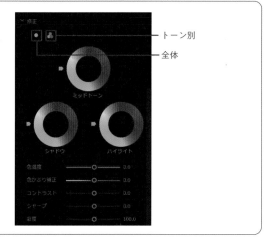

トーン別

全体

選択を解除する

調整が終わったら[カラー/グレー]のチェックを外しましょう。

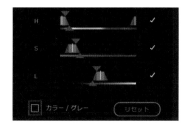

もっと
知りたい！

● ビット数について知ろう！

[HSLセカンダリ]のように特定の色相を抽出する場合、撮影素材のビット数によってその抽出のしやすさが変わってきます。これはカメラやその設定によって変わってくるものですが、ビット数が少ないとそれだけ色の階調が少ないということになります。

たとえば同じ青でも薄い青から濃い青までありますが、ビット数が多ければ多いほどその階調が多く、滑らかなグラデーションが実現できます。

したがってビット数が多いと[HSLセカンダリ]で抽出するときも、色の分離がしやすくなり、カラー調整がしやすい利点があります。撮影できる素材のビット数はカメラによって異なりますが、編集でカラー調整を細かく行いたい場合はできるだけ高いビット数で撮影するようにしましょう。

また抽出する色によっては、似たような色相まで抽出されてしまいます❶。影響が少なければそのままでかまいませんが、気になる場合はマスクを使って画面上の適用範囲を指定する方法があります。

たとえば[エフェクトコントロール]パネルの[Lumetriカラー]の[楕円形マスクの作成]を使用して顔付近にマスクを作れば[Lumetriカラー]エフェクトを顔の部分だけに適用し、その範囲の中からさらに色相を抽出できるので、顔以外を対象外にできます❷。

ただしこの方法では、[HSLセカンダリ]以外で調整した内容もマスク内だけで適用されてしまうため、マスクを使う場合はほかの項目は調整せずに、[Lumetriカラー]を複数重ねて適用するといった対応が必要となります。

詳細 ➡ 211ページ

10bit イメージ

8bit イメージ

肌以外の部分も抽出されてしまう

[Lumetriカラー]エフェクト自体の適用範囲をマスクで指定する。ただしもともと調整していた画面全体の明るさなどの調整もこの範囲だけになってしまうので注意

[Lumetriカラー]パネル>[ビネット]

フレームの四隅を暗くする

[Lumetriカラー]の[ビネット]を使用するとフレームの四隅の明るさを
変えて、暗くしたり明るくしたりできます。

\# ビネット 　\# 周辺減光 　\# ケラレ 　\# フィルムライク 　\# レトロ

レトロな雰囲気を
簡単に作れます。

ビネットとは

ビネットとは、レンズの特性により四隅が暗くなる現象のことです（周辺減光、ケラレとも呼ばれます）。
Premiere Proでは、フィルムライクでレトロな雰囲気や、視線を中央に集める演出のためこの効果をあえて発
生させることができます。暗くするだけではなく、明るくすることもできます。

四隅を暗くする演出

[ビネット]を使用してフレームの四隅の明るさを変える

適用したいクリップを選択し、[Lumetriカラー]の[ビネット]をク
リックして展開します。スライダーを左右にドラッグして、各パラ
メーターを調整します。

❶ 適用量
　ビネットの明るさを設定します。初期値は「0」でマイナスの値に
　すると暗くなり、プラスの値にすると明るくなります。

❷ 拡張
　ビネットの外周サイズを設定します。初期値は「50」です。

❸ 角丸の割合
　ビネットの角丸の度合いを調整します。初期値は「0」でマイナス
　にすると長方形に近づき、プラスにすると正円に近づきます。

❹ ぼかし
　ビネットの境界部分のぼかしを調整します。初期値は「50」で数
　値が大きいほどぼけが強くなり、小さいほど境界線がはっきりし
　ます。

Lumetri カラー ≡

ソース・C190.mp4 　chapter7・C190.mp4

fx 　　Lumetri カラー 　　　　　　 ⟲

基本補正 　　　　　　　　　　　　☑

クリエイティブ 　　　　　　　　　☑

カーブ 　　　　　　　　　　　　　☑

カラーホイールとカラーマッチ 　　☑

HSL セカンダリ 　　　　　　　　☑

ビネット 　　　　　　　　　　　　☑

① 適用量 　　　　　　　　　　−1.5
② 拡張 　　　　　　　　　　　21.2
③ 角丸の割合 　　　　　　　　54.0
④ ぼかし 　　　　　　　　　　50.0

動画制作の基礎知識 1
プロジェクト管理と環境設定 2
カット編集 3
エフェクト 4
カラー調整 5
合成処理 6
テキストと図形の挿入 7
オーディオ機能 8
データの書き出し 9
VR動画の作成 10
他アプリとの連携 11
MORE

CHAPTER 5

SECTION
14

2つのクリップの色を統一する

撮影時の天候やカメラの設定などによって映像の色味が不揃いになる場合があります。色味の異なる2つのクリップの色味を合わせましょう。

手動でも調整できますが、ここでは［カラーマッチ］という機能を使って色を合わせてみます。

Lumetriカラー　 # カラーマッチ

カラーマッチとは

カラーマッチとは複数のクリップの色味を揃える機能です。撮影機材や環境によって映像の色味は異なりますが［カラーマッチ］の機能を使うことで、クリップの色味を合わせ、統一感のある動画に仕上げられます。

左右のクリップを比べると右のクリップのほうが全体的に赤みがかっている

片方のクリップをリファレンスとして、もう片方のクリップの色味を自動的に調整する

［カラーマッチ］を使って 2つのクリップの色味を揃える

① 色を調整したいクリップがある位置に再生ヘッドを移動します❶。

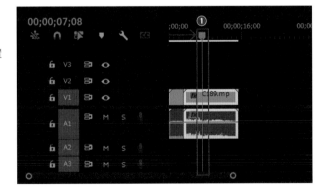

CHAPTER
5

カラー調整

1 動画制作の基礎知識

2 プロジェクト管理と環境設定

3 カット編集

4 エフェクト

5 カラー調整

6 合成処理

7 テキストと図形の挿入

8 オーディオ機能

9 データの書き出し

10 VR動画の作成

11 他アプリとの連携

MORE

② [Lumetriカラー] の [カラーホイールとカラーマッチ] ②→[比較表示] ボタンをクリックします③。

③ [プログラムモニター] 上に2つの画面が表示されます。左側に参照するクリップ、右側に調整するクリップ（タイムライン上で再生ヘッドがある）が表示されます。左側の画面の下にあるスライダーを左右に動かせば、参照したいクリップやフレームを変更できます④。

④ [一致を適用] ボタンをクリックします⑤。自動的に右側のクリップの色が左側のクリップの色に近づきます。

POINT

[顔検出] にチェックを付けると、カラー調整をする際に人の肌を優先します。

POINT

意図した色調にならない場合は、[カラーマッチ] の各カラーホイールを使って微調整します。またクリップの明るさ、コントラストが違うと色味が違って見える場合があるので、[RGBカーブ] を使って調整してみましょう。

詳細 ➡ 197ページ

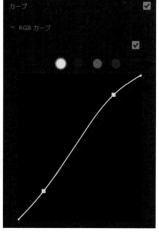

CHAPTER 5

SECTION
15

調整の前後で映像を比較する

カラー調整やエフェクトを適用するときに、変更前後のフレームを[プログラムモニター]上で並べて比較できます。

効果を確認しながら調整できるので便利です。

\# 比較表示　　\# ショットまたはフレームの比較

変更の前後を比較表示する

プログラムモニターの[比較表示]機能を使うと、カラー調整やエフェクト適用の前後を比較して確認できます。

(1) [プログラムモニター]の[比較表示]ボタンをクリックし❶、[ショットまたはフレームの比較]ボタンをクリックします❷。再生ヘッドのあるフレームが左右に並んで表示されます❸。左の画面は[適用前]、右の画面は[適用後]を表します。

(2) カラー調整など、クリップに変化を加えると右の[適用後]の画面にだけ反映されます❹。[適用前]の状態と比較しながら調整を行うことができます。

(3) 比較が終わったら[比較表示]ボタンをクリックし❺、もとの表示に戻します。

POINT

表示方法は初期設定では[左右に並べる]になっていますが、[垂直方向に分割]❶や[水平方向に分割]❷に変更できます。

もっと
知りたい！

● 別のクリップと比較する

[ショットまたはフレームの比較]をオフにすると❶、任意のショット（静止画）と再生ヘッド❷のあるフレームを比較できます。この場合、別のクリップとも比較できるので、2つのクリップの色味を合わせるときなどにも便利です。

動画制作の基礎知識	1
プロジェクト管理と環境設定	2
カット編集	3
エフェクト	4
カラー調整	5
合成処理	6
テキストと図形の挿入	7
オーディオ機能	8
データの書き出し	9
VR動画の作成	10
他アプリとの連携	11
MORE	

CHAPTER 5

SECTION 16

[Lumetriカラー]パネル

Lumetriカラーを重ねて複数個所のカラー調整を行う

Lumetriカラーは1つのクリップに複数重ねて使えます。全体を調整した結果、ほかの部分が意図しない色になった場合などに便利です。

\# HSLセカンダリ   \# Lumetriカラーエフェクトを追加

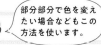

部分部分で色を変えたい場合などもこの方法を使います。

Lumetriカラーを重ねて使用するケース

[HSLセカンダリ]を使って特定の色を調整する場合、抽出できる色相はLumetriカラー1つに対して1つです。そのため、たとえば空の色と肌の色のように別の色をそれぞれ調整するには、HSLセカンダリが2つ必要となります。こういう場合はLumetriカラーをもう1つ重ねて使用します。

また、全体の明るさや彩度を調整後、マスクを使って部分的にカラー調整する場合、全体の調整用と、部分的に調整する用の2つ以上のLumetriカラーを重ねて使う必要があります。

HSLセカンダリ ➡ 204ページ
マスクを使って部分的にカラー調整する ➡ 206ページ

●全体を明るくして、さらに空を青く調整する場合

全体を明るくするLumetriカラー

空の色を調整するLumetriカラーを重ねる

[Lumetriカラー]を追加する

すでにLumetriカラーが適用されているクリップにLumetriカラーを追加するには次のように操作します。

① [Lumetriカラー]パネルの[fx]右のプルダウンメニューを開き❶、[Lumetriカラーエフェクトを追加]をクリックします❷。

次のページへ続く ➡

名前を変更する

[fx]のメニューを開くと、Lumetriカラーが2つ表示されます。追加したほうにチェックが付いています。区別しやすくするために名前を変更しましょう。

① [fx]のメニューを開き、[名前を変更]をクリックします❶。

② [アイテム名を変更]ダイアログボックスが表示されるので[新しい名前]に任意の名前を入力して❷、[OK]ボタンをクリックします❸。

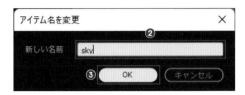

③ もとのLumetriカラーと追加したLumetriカラーは[fx]のメニューから切り替えられます。複数のLumetriカラーを重ねてそれぞれ調整を加える場合は、該当するLumetriカラーを選択し❹、調整しましょう。

新しく追加した「sky」という名前のLumertiカラーに調整を加えた例

POINT

[エフェクトコントロール]パネルおよび[Lumetriカラー]パネル上では、上から追加した順に[Lumetriカラー]が表示されます。上にあるものほど先に適用されます。クリップ全体のカラー調整と部分的なカラー調整をする場合は、上にある[Lumetriカラー]で全体のカラー調整、下の[Lumetriカラー]で部分的な調整をするようにしましょう。

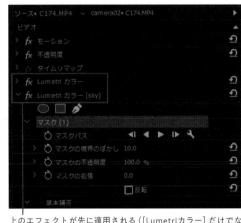

上のエフェクトが先に適用される（[Lumetriカラー]だけでなくほかのエフェクトも同様）

[エフェクトコントロール]パネルと同様の並び順で表示され、上にあるものが先に適用される

CHAPTER 5

カラー調整

動画制作の基礎知識 1

プロジェクト管理と環境設定 2

カット編集 3

エフェクト 4

カラー調整 5

合成処理 6

テキストと図形の挿入 7

オーディオ機能 8

データの書き出し 9

VR動画の作成 10

他アプリとの連携 11

MORE

[エフェクト]パネル＞[ビデオエフェクト]＞[イメージコントロール]＞[モノクロ]

CHAPTER 5

SECTION 17

モノクロにする

カラーの映像をあえてモノクロ（グレースケール）映像にすることで、クラシカルでどこか懐かしいイメージを演出できます。

モノクロ　　# 白黒　　# グレースケール

回想シーンなどでも使用できるテクニックです。

[モノクロ]エフェクトを適用

[モノクロ]エフェクトを適用する

エフェクトを適用するだけで簡単にモノクロの映像にできます。

① [エフェクト]パネル→[ビデオエフェクト]→[イメージコントロール]→[モノクロ]をクリップにドラッグ＆ドロップします❶。

もっと 知りたい！

●さらに微調整すると魅力アップ！

[モノクロ]適用後に[Lumetriカラー]を使ってコントラストを調整すると、さらに魅力的な画になります。[基本補正]のコントラストや、[RGBカーブ]を調整します。

[RGBカーブ]でS字を作り、コントラストを強めた

CHAPTER 5

SECTION
18

特定の色だけ残す

ここではクリップの特定の色だけ残し、それ以外の色をモノクロにする
方法について解説します。これを「色抜き」といいます。

特定の色に注目しても
らいたい場合などに活
用するとよいでしょう。

色抜き

バスケットゴール枠の赤だけ残してほかの色を抜いた状態

［色抜き］エフェクトを使用して特定の色だけ残す

CHAPTER
5

カラー調整

(1) ［エフェクト］パネル→［ビデオエフェクト］→［旧バージョン］→［色抜き］をクリップにドラッグ＆ドロッ
プします❶。

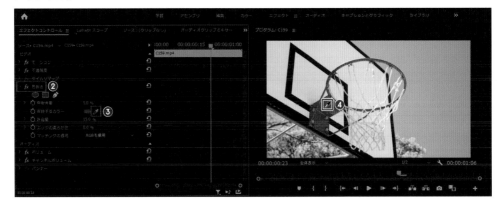

(2) ［エフェクトコントロール］パネルで［色抜き］を開き❷、［保持するカラー］のスポイトマークをクリック
し❸、プログラムモニター上の残したい色をクリックします❹。ここでは赤いゴール枠の部分をクリッ
クしました。

③ [エフェクトコントロール]パネルで[色抜き量]❺、[許容量]❻、[エッジの柔らかさ]❼を調整します。

色抜き量
数値を上げるほど、[保持するカラー]で選択した色以外の色が薄くなっていき、100％でモノクロになります。

許容量
[保持するカラー]の近似色をどれだけ残すかを設定します。数値を上げるほど残る近似色の幅が広がります。意図した色がうまく残らない場合はここを微調整してみましょう。

エッジの柔らかさ
[保持するカラー]とそれ以外の色の境目を滑らかにします。

もっと
知りたい！

●商品のPRに使ってみよう！

色抜きを行うことで特定の色だけに見ている人の目を向けることができるので、色に特徴のあるものの動画や商品のPR動画を制作するときに検討してみるのもよいでしょう。

Before

色抜き前

After（レモンを使った商品のPR）

レモンの黄色以外を抜いて、レモンを強調

POINT

同じフレーム内に類似色のものがあったり、影などが映ったりしている場合は指定した色だけを綺麗に残すのは難しくなります。その場合はマスクを利用したり、撮影時にできるだけ類似色が映らないようにしたりして工夫してみましょう。

1 動画制作の基礎知識
2 プロジェクト管理と環境設定
3 カット編集
4 エフェクト
5 カラー調整
6 合成処理
7 テキストと図形の挿入
8 オーディオ機能
9 データの書き出し
10 VR動画の作成
11 他アプリとの連携
MORE

CHAPTER 5

SECTION
19

カラー調整の設定をプリセットとして保存する

Lumetriカラーの設定内容はプリセットとして保存できます。これにより、Premiere Pro上でその効果をいつでも使えるようになります。

何度も同じ設定を
する必要がなくな
るので便利です。

プリセットの保存　# Lumetriプリセット

プリセットとして保存する

プリセットとは、あらかじめ設定値が調整された状態で記録されたファイルです。[Lumetriカラー]の[クリエイティブ]からプリセットとして保存することで、同じ設定値のカラー調整を繰り返し使えます。

① Lumetriカラーを調整後、[Lumetriカラー]パネルのメニューボタンをクリックし❶、[プリセットの保存]をクリックします❷。

② [プリセットの保存]ダイアログボックスが表示されるので、[名前]にファイル名を入力し❸、[種類]を選択して❹、[OK]ボタンをクリックします❺。
[スケール][インポイント基準][アウトポイント基準]について
➡ 184ページ

POINT

[エフェクトコントロール]パネルの[Lumetriカラー]を右クリック→[プリセットの保存]をクリックしても保存できます。

動画制作の基礎知識 1

プロジェクト管理と環境設定 2

カット編集 3

エフェクト 4

カラー調整 5

合成処理 6

テキストと図形の挿入 7

オーディオ機能 8

データの書き出し 9

VR動画の作成 10

他アプリとの連携 11

MORE

保存したプリセットを適用する

保存したプリセットはほかのプリセットと同じように［エフェクト］パネルから適用できます。

(1) ［エフェクト］パネル→［プリセット］の中から保存したプリセットを選択し❶、クリップにドラッグ＆ドロップします❷。

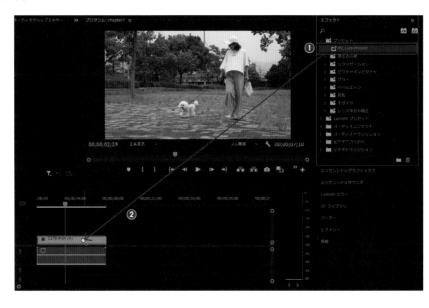

(2) 保存したプリセットでカラー調整できます。

POINT

適用したプリセットは保存時の設定値のままなので、必要に応じて再調整しましょう。

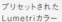

知りたい！

●もとからあるプリセットを使う

このセクションで解説したように、カラー調整はオリジナルのプリセットとして保存できますが、Premiere Proには最初からいくつかのLumetriカラーのプリセットが用意されています。［エフェクト］パネルの［Lumetriプリセット］から好きなものを選んで適用してみましょう。適用後は通常の［Lumetriカラー］と同じように［エフェクトコントロール］パネルや［Lumetriカラー］パネルで調整可能です。

プリセットされた
Lumetriカラー

CHAPTER 5

SECTION
20

LUTを適用する

LUTを適用するだけで、Log撮影をした素材をもとの色域に戻したり、演色したりできます。

カラーグレーディング # LUT # Look # カラー調整 # LUTの書き出し # LUTの登録

LUTの種類によってカラー調整の結果は異なります。

LUTとは

LUTとはLook up tableの略で、映像素材のピクセルごとのRGBの入力値をもとに、別のRGB値へ変換してくれるカラー調整を行うプリセットです。たとえば、明暗差が大きいなど、見た目どおりの撮影が難しい場合にその階調を広く撮るLog撮影というものがありますが、このLogで撮った素材は補正が前提であるためコントラストや彩度が低い状態です。これにLUTを適用することで簡単に色を戻せます。LUTにはカメラメーカーが自社のカメラで撮ったLog素材用に用意したものや、映画のような色合いにするものなどさまざまな種類があります。Premiere ProにもいくつかのLUTが用意されており、適用すると、Lumetriカラーの補正をすることなく簡単に色調を変えられます。

コントラストや彩度が低いLog素材の例

LUTを適用すると実際の見た目に近い色調に戻る

LUTとLookの違い

Premiere ProのLUTには上記で説明したようにLog素材を補正（カラーコレクション）するための「LUT」と、通常の撮影方法で撮影した素材や「LUT」を適用して補正した状態の素材をカラーグレーディングするための「Look」があります。「LUT」と「Look」は適用方法が異なります。

LUTを適用する

① クリップを選択した状態で、[Lumetriカラー]パネルの[基本補正]→[LUT設定]をクリックし❶、[参照]をクリックします❷。

POINT

LUTはカメラメーカーのWebサイトからダウンロードしましょう。SONYのカメラで撮影した素材には「S-Log」、Canonのカメラで撮影した素材には「C-Log」のように、撮影に使用したカメラによって、適切なLUTは変わります。

CHAPTER
5

カラー調整

② [LUTを選択] ダイアロ
グボックスが表示され
るので使用するLUTを
選択します❸。

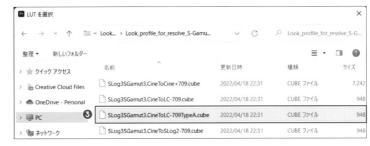

③ LUTが適用され、クリッ
プの色調が変わります。

Lookを適用する

① クリップを選択した状
態で、[Lumetriカラー]
パネルの[クリエイティ
ブ]→[Look]をクリッ
クし❶、適用したい
Lookを選択します❷。

② Lookが適用され、ク
リップの色が変わりま
す。

POINT

Lookを選択する前にプレビュー
画面の [<][>] ボタンをクリック
することで適用した場合の結果
を確認できます。

POINT

複数のクリップに同じ
LUTやLookを適用した
い場合は調整レイヤー
を使うと便利です。調
整レイヤーを作成し、
その調整レイヤーに対
してLUTやLookを適用
することで同じカラー
調整ができます。

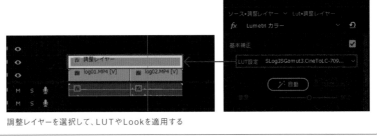

調整レイヤーを選択して、LUTやLookを適用する

動画制作の基礎知識　1

プロジェクト管理と環境設定　2

カット編集　3

エフェクト　4

カラー調整　5

合成処理　6

テキストと図形の挿入　7

オーディオ機能　8

データの書き出し　9

VR動画の作成　10

他アプリとの連携　11

MORE

次のページへ続く ➡

Premiere Proでは [Lumetriカラー] で調整した設定をLUT
ファイルとして書き出せます。LUTファイルを書き出すこと
によって、ほかのアプリケーションでも使用できるようにな
ります。Lumetriカラーを調整後、[Lumetriカラー] パネル
のメニューボタンをクリックし、[Look形式で書き出し] ま
たは [Cube形式で書き出し] をクリックして書き出します。
[Look形式で書き出し] の場合は拡張子が「.look」、[Cube
形式で書き出し] の場合は「.cube」となります。ほかのアプ
リケーションで使用する場合は [Cube形式で書き出し] で
書き出しましょう。

もっと
知りたい！

●よく使うLUTを登録しよう

よく使うLUTはPremiere Proに登録して
おくと、[参照] からファイルを探すことな
く、最初から選択肢に表示されるようにな
ります。

① エクスプローラーで、よく使うLUT
ファイル（カメラメーカーなどの
Webサイトからダウンロードした
ファイル）をコピーします。

コピー

② [PC] →[Windows(C:)] →
[Program Files] →[Adobe] →
[Adobe Premiere Pro 2022]
→ [Lumetri] フォルダ→[LUTs]
フォルダ→[Technical] フォルダ
に該当のLUTファイルをペースト
します。

Macの場合はFinderで [アプリケーション]
→ [Adobe Premiere Pro 2022] → [Adobe
Premiere Pro 2022] アイコンを右クリック
し、[パッケージの内容を表示] をクリック→
[Contents] フォルダ→ [Lumetri] フォルダ
→ [LUTs] フォルダ→ [Technical] フォルダ
に該当のLUTファイルをペーストします。

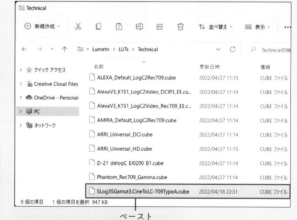

ペースト

[Technical] フォル
ダと同じ階層にあ
る [Creative] フォ
ルダには [Look] の
選択肢に表示され
るLUTが入ってい
ます。

③ Premiere Proを起動すると、
[Lumetriカラー] パネルの [LUT
設定]の選択肢にペーストしたLUT
が追加されているのが確認できま
す。

Premiere Proを起動した状態でコピー&ペー
ストを行った場合は、再起動しましょう。

新しくLUTが登録
されている

CHAPTER 6

合成処理

この章では映像に別の映像を重ねたり、
文字で映像を切り抜いたりして
合成する方法を解説します。
不自然になりがちなグリーンバックの合成なども、
ポイントをしっかり押さえて美しい合成を目指しましょう。

映像の上にほかの映像を重ねる

上のトラックにあるクリップを縮小すると下のクリップが表示され、映像の上に別の映像が合成されたような表現ができます。

> よく使うテクニックなので覚えておきましょう。

\# 表示サイズの変更　　\# ワイプ

上のトラックにあるクリップ

下のトラックにあるクリップ

画面の中に画面を表示するピクチャ・イン・ピクチャの表現ができる

上のトラックにあるクリップと下のトラックにあるクリップが重なり合う場合、下のクリップは隠れて表示されません。上のトラックにあるクリップのスケール（大きさ）を小さくすることで、2つのクリップを同時に表示できます。

合成処理

スケールを縮小する

ここでは［V2］トラックのクリップを縮小して［V1］トラックの上に重なって表示されるようにします。

① 2つのトラックにそれぞれクリップを配置します❶。

POINT

> 重ねるほうのクリップを上のトラックに配置しましょう。

② ［V2］トラックに配置したクリップを選択し❷、［エフェクトコントロール］パネル→［モーション］→［スケール］の値を小さくし❸、［位置］を調整します❹。ここでは［スケール］を「40.0」、［位置］を「540.0　380.0」に変更しました。

POINT

> 数値で指定することで、フレームに対して正確な位置に配置できます。

③ [V2] トラックのクリップが縮小され、
[V1] トラックのクリップの上に重なって
表示されます。

POINT

> 上に重ねるクリップはマスク機能を使えば自
> 由な形で切り抜けます。

POINT

[プログラムモニター] のプレビューを直接マウスで操作してスケールや位置を変更できます。プレビューをダ
ブルクリックするとフレームの周囲にハンドル○が表示されます。このハンドルをドラッグするとスケールを
変更できます。また、ハンドルが表示された状態でプレビューをドラッグすると位置を変更できます。

ハンドルをドラッグするとスケールを調整できる

プレビューをドラッグすると位置を調整できる

もっと
知りたい！

●ドロップシャドウで、映像に影を付けよう

[ドロップシャドウ]エフェクトで影を付けた例

スケールを縮小したクリッ
プに [ドロップシャドウ] エ
フェクトを適用すると影を
付けることができます。
[エフェクト]パネルから[ビ
デオエフェクト] → [遠近]
→ [ドロップシャドウ] を
クリップに適用します。[エ
フェクトコントロール] パネ
ルで [ドロップシャドウ] の
[不透明度] や [方向] などを
工夫して使ってみましょう。

---

1 動画制作の基礎知識

2 プロジェクト管理と環境設定

3 カット編集

4 エフェクト

5 カラー調整

6 合成処理

7 テキストと図形の挿入

8 オーディオ機能

9 データの書き出し

10 VR動画の作成

11 他アプリとの連携

MORE

関連 [ベジェのペンマスクの作成] を使うと自由な形で映像を切り抜くことができます。➡ 227ページ

CHAPTER 6

SECTION 2

不透明度や描画モードを利用して合成する

上のクリップの［不透明度］を下げるとクリップが透けて下のクリップと
合成できます。また描画モードでさまざまな演出効果を加えられます。

不透明度　　# 描画モード　　# 乗算

描画モードによる
表現の違いも試し
てみましょう。

上のトラックにあるクリップ

下のトラックにあるクリップ

2つのクリップが混ざり合うような表現ができる

上のトラックにあるクリップの［不透明度］や［描画モード］を変えると、下のトラックにあるクリップ
と混ざり合い、さまざまな合成効果を演出できます。ここでは［不透明度］を下げ、さらに［描画モード］
を［乗算］にすることで、2つのクリップの重なりが自然に見えるように合成します。

CHAPTER
6

合成処理

不透明度を利用して合成する

［不透明度］とはクリップの透過の度合いの
ことです。［不透明度］を下げるほどクリッ
プが透け、下のクリップが見えるようにな
ります。

① 2つのトラックにそれぞれクリップ
を配置します❶。ここでは［V2］ト
ラックのクリップを透過させて［V1］
トラックの上に重なって表示される
ようにします。

② ［V2］トラックに配置したクリップ
を選択し❷、［エフェクトコントロー
ル］パネル→［不透明度］→［不透明
度］の値を小さくします❸。ここで
は「50%」としました。

POINT

［不透明度］を0%にすると完全に透過
し、非表示になります。

③ [V2] トラックのクリップが透け、[V1] トラックのクリップと合成されて表示されます。

描画モードを変更して合成する

[描画モード] は下にあるクリップに対して上にあるクリップをどのような表現で合成するかを設定する機能です。選択するモードによって、さまざまな演出ができます。

① [エフェクトコントロール] パネルの [描画モード] からモードを選択します❶。ここでは [乗算] を選択しました。

② 2つのクリップの色が掛け合わさり、やや暗い色調になりました。

もっと
知りたい!

● よく使う描画モード

Premiere Proにはたくさんの描画モードが用意されていますが、その中でも特によく使う描画モードを紹介します。描画モードの違いによって、合成結果がどのように変化するか確認しましょう。

上のクリップ（描画モードを変更するクリップ）

下のクリップ

乗算
上と下のクリップの色相を掛け合わせて合成する。クリップを重ねるほど暗くなる

スクリーン
乗算の逆。色相の反転色を掛け合わせて合成する。クリップを重ねるほど明るくなる

オーバーレイ
暗いところは乗算、明るいところはスクリーンで合成され、全体的に鮮やかになる

関連 [不透明度] はフェードイン、フェードアウトにも使用できます。 ➡ 169ページ

1 動画制作の基礎知識
2 プロジェクト管理と環境設定
3 カット編集
4 エフェクト
5 カラー調整
6 合成処理
7 テキストと図形の挿入
8 オーディオ機能
9 データの書き出し
10 VR動画の作成
11 他アプリとの連携
MORE

映像の一部を切り抜いて合成する

マスクを使って上のトラックにあるクリップを切り抜くことで、下のクリップが表示され、映像に別の映像を重ねることができます。

> 長方形などの図形やペンツールで好きな形で映像を切り抜いて合成できます。

マスク　# 円で切り抜く

上のトラックにあるクリップ

下のトラックにあるクリップ

クリップを円形など任意の形に切り抜いて重ねることができる

クリップを切り抜くには［不透明度］のマスクを使います。マスクを使うことで、不要な部分を隠すことができます。

マスクを使って映像の一部を切り抜く

① 2つのトラックにそれぞれクリップを配置します❶。ここでは［V2］トラックのクリップを切り抜いて［V1］トラックの上に重なって表示されるようにします。

② ［V2］トラックに配置したクリップを選択し❷、［エフェクトコントロール］パネルで［不透明度］を開いて、［楕円形マスクの作成］［4点の長方形マスクの作成］［ベジェのペンマスクの作成］の中から切り抜きたい形に合わせて選択します❸。ここでは［楕円形マスクの作成］を選びました。

POINT

楕円形マスクの作成
楕円形のマスクが作成できます。
4点の長方形マスクの作成
長方形のマスクが作成できます。
ベジェのペンマスクの作成
ペンツールのようにクリックしてつないだ線の形にマスクを作成できます。

③ [V2]トラックのクリップが楕円形
で切り抜かれます。プログラムモニ
ター上の青い枠をドラッグして楕円
の形や大きさ、位置を調整して切り
抜く範囲を決めます。

POINT

[Shift] キーを押しながらドラッグする
と、切り抜く形が正円や正方形になりま
す。

ポイントをドラッグする
と形を調整できる

マウスポインターが手のひらアイコンの状態で
ドラッグするとマスクの位置を調整できる

④ 切り抜いたクリップの位置や大きさ
を調整します。[エフェクトコント
ロール] パネルの [モーション] にあ
る [位置] や [スケール] の値を調整
します。

サイズを小さくして、右下に配置した状態

もっと
知りたい!

● ペンマスクで自由に切り抜こう

楕円形や長方形ではなく、好きな形で切
り抜きたい場合は [ベジェのペンマスク
の作成] を使用しましょう。
[ペンツール] と同じように画面上にポ
イントを打って線をつないで使用しま
す。映像の動きに合わせてマスクの位置
を動かすときは [マスクパス] でキー
フレームを打ちましょう。ただし動きが複
雑な映像はグリーンバックを使った方法
がよいでしょう。

[ベジェのペンマスクの作成] で切り抜きたい範囲を作成

ペンツールの使い方 ➡ 274ページ
キーフレームの使い方 ➡ 159ページ
グリーンバッグの使い方 ➡ 230ページ
マスクをトラッキングする ➡ 140ページ

[ベジェのペンマスクの作成] で囲んだ部分が切り抜かれた

動画制作の
基礎知識 1

プロジェクト管理
と環境設定 2

カット編集 3

エフェクト 4

カラー調整 5

合成処理 6

テキストと
図形の挿入 7

オーディオ
機能 8

データの
書き出し 9

VR動画の
作成 10

他アプリとの
連携 11

MORE

CHAPTER 6

SECTION 4

クロップを使って合成する

［クロップ］を使うとクリップをトリミングできます。トリミングすることで、下のクリップが表示され、合成されたような表現になります。

アニメーションにも利用できるので活用しましょう。

\# クロップ 　\# トリミング 　\# **画面分割** 　\# シネスコ

上のトラックにあるクリップ

下のトラックにあるクリップ

上のクリップを半分にトリミングして、下のクリップと画面を2分割したような表現ができる

クリップに［クロップ］エフェクトを適用すると、映像を上下左右にトリミングできるようになります。上のトラックにあるクリップに［クロップ］を適用して半分にトリミングすると、下にあるクリップもその分だけ表示され、画面を2分割したような表現ができます。

CHAPTER
6

合成処理

クロップを使って合成する

［クロップ］エフェクトを適用すると［エフェクトコントロール］パネルにトリミングの値を設定する項目が表示されます。上下左右をどのような割合でトリミングするかを設定して、上にあるクリップの表示範囲を決めましょう。

(1) 2つのトラックにそれぞれクリップを配置します❶。ここでは［V2］トラックのクリップをトリミングして［V1］トラックと同時に表示されるようにします。

(2) ［エフェクト］パネルから［ビデオエフェクト］→［トランスフォーム］→［クロップ］を［V2］トラックのクリップへドラッグ＆ドロップします❷。

③ [エフェクトコントロール] パネルの [クロップ] を開き、[左] [上] [右] [下] のトリミングする割合の数値を調整します❸。ここでは右側半分をトリミングするので [右] を「50%」としました。

POINT

[ズーム] にチェックを付けると、トリミングした部分が画面いっぱいに拡大します。また [エッジをぼかす] の数値を調整すると、トリミングした部分の境界線をぼかすことができます。

④ [V2] トラックのクリップの右半分がトリミングされ、[V1] トラックのクリップと合成できました。

POINT

クロップするクリップの見せたい箇所がフレームの真ん中にある場合は、クロップの数値を [左] [右] それぞれ「25%」とし、[モーション] → [位置] を変更して表示場所を調整しましょう。

もっと
知りたい！

● **シネスコを再現してみよう**

クロップを使用して、画面の上下に黒い帯が入った横に長い画面サイズにできます。映画館で見る「シネスコ（シネマスコープ）」のような雰囲気の映像を表現できます。
調整レイヤーを上に重ね、[クロップ] エフェクトを適用します❶。[上] [下] に同じ数値を設定すると❷、黒い帯が表示され横に長い画面サイズになります。黒い帯の分、映像の上下が表示されなくなるので、クリップの位置を上下に調整して重要な箇所が隠れないようにしましょう。

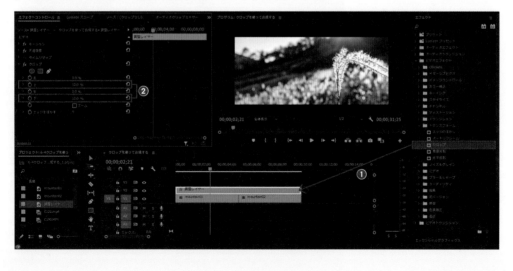

1 動画制作の基礎知識

2 プロジェクト管理と環境設定

3 カット編集

4 エフェクト

5 カラー調整

6 合成処理

7 テキストと図形の挿入

8 オーディオ機能

9 データの書き出し

10 VR動画の作成

11 他アプリとの連携

MORE

CHAPTER 6

SECTION 5

グリーンバックを使って
人物を別の背景と合成する

ここではグリーンバックで撮影された動画を別の動画に合成する方法について解説します。

グリーンバック 　# Ultraキー 　# キーイング 　# クロマキー合成

> プロの現場でも使われている便利な合成手法です。

上のトラックにあるクリップ

下のトラックにあるクリップ

緑色の背景（グリーンバック）を透明にして自然な合成ができる

映画やテレビでもよく使用されるのがグリーンバック合成です。グリーンの背景で撮影された映像をPremiere Proに取り込んで使用します。選択したカラーを透明にすることができる［Ultraキー］エフェクトを使ってグリーンの部分だけを透明にして別の映像と合成します。マスクと違い、選択したカラーが自動的に透明になるため自然な合成ができます。

グリーンバックの映像を配置する

① グリーンバック撮影されたクリップを［V2］トラックへ、背景として使用したいクリップを［V1］トラックへ並べます❶。

［Ultraキー］エフェクトを適用する

グリーンバック合成には［Ultraキー］エフェクトを使用します。

① ［エフェクト］パネルから［ビデオエフェクト］→［キーイング］→［Ultraキー］を［V2］トラックのクリップへドラッグ＆ドロップします❶。

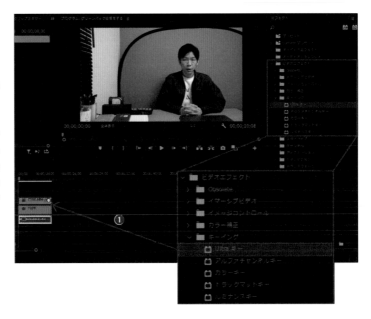

透明にする色を選択する

(1) [エフェクトコントロール]パネルの[Ultraキー]を開き、[キーカラー]のスポイトマークをクリックし❶、プログラムモニターのグリーンの箇所をクリックします❷。[V2]のクリップのグリーンの部分が透明になります。

POINT

> 抜けるところと残る部分を確認しながら調整するには[出力]を[アルファチャンネル]に切り替えます。[プログラムモニター]上で抜ける部分は黒、残る部分は白で表示されます。

合成範囲を広げる

[Ultraキー]で透明にできるのは特定の色のみです。グリーンバック以外の部分も隠したい場合はマスクを使います。

(1) [エフェクトコントロール]パネルの[不透明度]の[楕円形マスクの作成]をクリックし❶、マスクを作成します❷。マスクする範囲を調整してグリーンバック以外の部分も隠れるようにします。

POINT

> マスクの形は範囲に応じて適切なものを選びましょう。

(2) 切り抜いた人物の位置や大きさを調整します。[エフェクトコントロール]パネルの[モーション]にある[位置]や[スケール]の値を変更します❸。ここでは人物が画面右下に配置されるように調整しました。

POINT

> 人物をきれいに切り抜くには、撮影時に背景色を緑や青にします。黄や赤だと肌やくちびるの色と重なって、人物まで透過してしまうためです。

1 動画制作の基礎知識
2 プロジェクト管理と環境設定
3 カット編集
4 エフェクト
5 カラー調整
6 合成処理
7 テキストと図形の挿入
8 オーディオ機能
9 データの書き出し
10 VR動画の作成
11 他アプリとの連携
MORE

次のページへ続く ➡

Ultraキーでよく使うパラメーターを知る

色がうまく抜けない場合は、[Ultraキー]の[マットの生成]
[マットのクリーンアップ][スピルサプレッション]の各項
目を調整します。

マットの生成
❶ハイライト

キーカラーで選択した部分の明るい領域の不透明度を調整
できます。

❷シャドウ

キーカラーで選択した部分の暗い領域の不透明度を調整で
きます。

❸許容度

選択したカラーの強さや範囲を調整します。数値を上げれ
ば抜ける領域も広くなります。

❹ペデスタル

選択したカラーの範囲でノイズを除去します。

マットのクリーンアップ
❺チョーク

数値を上げると残った部分の輪郭部分が縮小します。

❻柔らかく

数値を上げると残った部分の輪郭部分にブラーがかかりま
す。

スピルサプレッション
❼スピル

キーカラーで設定した色が残っている場合にそれを除去し
ます。たとえば白い服などは反射したグリーンが残ってし
まう場合がありますが、そのような色残りを軽減します。

上記以外の項目も実際に画面を見ながら調整して効果を確
認してみましょう。

CHAPTER
6

合成
処理

POINT

映像合成技術の1つに「キーイング」があります。これは、特定の色や明るさだけを透明にする技術です。たとえば被写体の背景が青や緑一色の素材に対してキーイングを行うと、被写体以外は透明になります。グリーンバック合成はこのキーイングの代表的な手法で、色を使ったキーイングのことを「クロマキー合成」といいます。Premiere Proにはキーイングを使った合成エフェクトとして、Ultraキー、トラックマットキー、カラーキーなど多くの種類が用意されています。

●グリーンバック合成は素材の撮影が重要！

グリーンバック合成をする場合は、素材によってきれいに抜けるかどうかが変わってきます。
撮影をするときはグリーンバッグとなる背景に照明を当てるなどし、グリーンの色の明るさにムラが出ないようにしましょう。背景がボケないように撮影することも大切です。
また、被写体まで透明にならないように、背景と被写体をできるだけ切り離してグリーンが被写体に被らないようにします。身につけている服やアクセサリーについても背景の色と重ならないように気をつけましょう。

CHAPTER 6

SECTION
6

映像を文字や図形で切り抜く

トラックマットキーを使用すると文字や図形の中だけに映像を表示する
演出が行えます。

タイトルやトランジションとしても活用できる手法です。

トラックマットキー　# カラーマット　# コンポジット用マット　# ルミナンスマット

トラックマットキーとは？

トラックマットキーは、映像を図形やテキストなどの形に切り抜いて表示する機能です。切り抜きの型となる
クリップ（マット）、型の中に表示するクリップ、背景となるクリップの3つが必要です。

V3トラック
マットクリップ
（切り抜きの型）

V2トラック
背景の上に重ねるクリップ
（型の中に表示するクリップ）

V1トラック
背景クリップ

見せたいクリップ（V2のクリップ）にトラックマットキーを適用し、型となるクリップ（V3のクリップ）をマッ
トとして設定すると、マットクリップ（V3のクリップ）の黒い部分（透明部分＝アルファチャンネル）が透過し
ます。

トラックマットキーを適用する

トラックマットキーを使うには、3
つのトラックにそれぞれクリップ
を配置します。上から順に、型とな
るクリップ、型の中に表示したい映
像クリップ、背景クリップを配置し
ます。

① 切り抜きの型（ここでは
「WINTER」というテキスト
クリップ）を［V3］トラック
へ、切り抜きたいクリップを
［V2］トラックへ、背景に表
示したいクリップ（ここでは
カラーマット）を［V1］トラッ
クへ並べます①。

カラーマット ➡ 156ページ

次のページへ続く ➡

② ［エフェクト］パネルから［ビデオエフェクト］→［キーイング］→［トラックマットキー］を［V2］トラックのクリップへドラッグ&ドロップします②。

③ ［エフェクトコントロール］パネルの［トラックマットキー］→［マット］で［ビデオ3］を選択します③。

POINT

［ビデオ3］とは、［V3］トラックのことです。マットとして指定したいクリップが配置されたトラックを指定します。

④ ［V2］トラックのクリップが［V3］トラックのテキストの形で切り抜かれ、［V1］のトラックのクリップと合成されます。

POINT

テキストだけでなく、図形でも切り抜くことができます。同一クリップ内にテキストと図形の両方を作成すると、図形とテキストを組み合わせた形で切り抜けます。

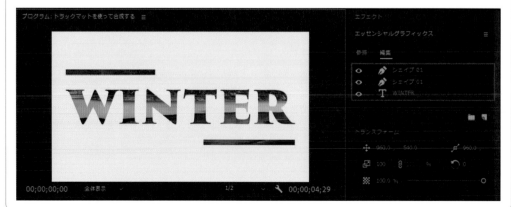

1 動画制作の基礎知識
2 プロジェクト管理と環境設定
3 カット編集
4 エフェクト
5 カラー調整
6 合成処理
7 テキストと図形の挿入
8 オーディオ機能
9 データの書き出し
10 VR動画の作成
11 他アプリとの連携
MORE

[反転]にチェックを付けると、切り抜かれる部分が反転します。この例だとテキストと図形がない部分で切り抜かれます。

もっと
知りたい！

●2種類あるマットを使い分けよう

トラックマットキーで設定できるマットには、透明部分を透過する「アルファマット」と明るい部分を透過する「ルミナンスマット」があります。ここで紹介した例では、マットクリップのオブジェクトがない部分（透明部分）を透過させるため、[アルファマット]が選択された初期状態のまま合成しました。マットの種類の切り替えは[エフェクトコントロール]パネルの[コンポジット用マット]で行います。

[ルミナンスマット]は輝度が高いほど下にあるクリップを鮮明に表示します。

たとえば右の例のようにマット素材を白黒グラデーションのグラフィッククリップとした場合、輝度が高い白い部分は下のクリップが表示され、輝度が低い黒い部分は何も表示されません。

白黒グラデーションのマット素材

[コンポジット用マット]で[ルミナンスマット]を選択　　　　黒から白のグラデーションに合わせて、合成の度合いが変化する

CHAPTER 6
SECTION 7

映像の四隅を自由変形して合成する

ここではエフェクトのコーナーピンを使用して、映像をモニターにはめ
込み合成する方法を解説します。

＃ クリップの変形　＃ コーナーピン

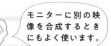

モニターに別の映
像を合成するとき
にもよく使います。

上のトラックにあるクリップ

下のトラックにあるクリップ

クリップの四隅を変形して合成できる

[コーナーピン]はクリップの四隅をドラッグして変形できる機能です。合成したいものに合わせて自
由に変形できます。

合成するクリップを配置する

ここでは[V2]トラックのクリップを変形
して[V1]トラックの映像クリップにはめ
込みます。

① 2つのトラックにそれぞれクリップ
を配置します❶。

[コーナーピン]エフェクト
を適用する

① [エフェクト]パネルか
ら[ビデオエフェクト]
→[ディストーション]→
[コーナーピン]を[V2]
トラックのクリップへド
ラッグ＆ドロップします
❶。

自由変形する

① [エフェクトコントロール]パネルで[コーナーピン]を選択すると❶、[プログラムモニター]上の映像の四隅にポイントが表示されます❷。

② ポイントをドラッグして❸、[V1]トラックの映像内にあるモニターの端に合わせます。

③ ほかのポイントも同じようにドラッグして❹、それぞれモニターの端に合わせましょう。

④ [V2]のトラックの映像がモニターにうまく合成できました。

POINT

合成する映像とモニターの縦横比が同じでないと縦横どちらかに潰れたように表示されるので注意しましょう。

1 動画制作の基礎知識
2 プロジェクト管理と環境設定
3 カット編集
4 エフェクト
5 カラー調整
6 合成処理
7 テキストと図形の挿入
8 オーディオ機能
9 データの書き出し
10 VR動画の作成
11 他アプリとの連携
MORE

次のページへ続く ➡

●自由変形を使いこなそう

テキストを変形する

［コーナーピン］はテキストにも適用できます。
タイトルを変形したり、このセクションと同じよ
うにモニターにはめ込んだりして工夫してみま
しょう。

ズームして位置を調整する

［プログラムモニター］の［ズームレベルを選択］
を使用して画面を拡大して作業を行うと細かい作
業がよりしやすくなります。

［エフェクトコントロール］パネルで調整する

四隅に表示されるポイントの位置は、［エフェクトコントロール］パネルでも操作できます。［コーナーピ
ン］の中の［左上］［右上］［左下］［右下］の数値を変更すると、ポイントの位置が移動します。大まかな位置
を［プログラムモニター］上でドラッグして決めてから、［エフェクトコントロール］パネルで微調整する
ときれいに変形できます。

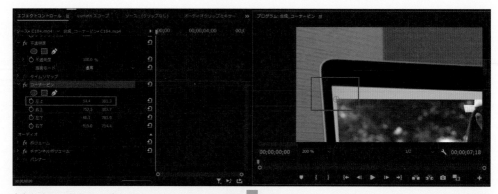

左上のポイントがモニターに合っていない

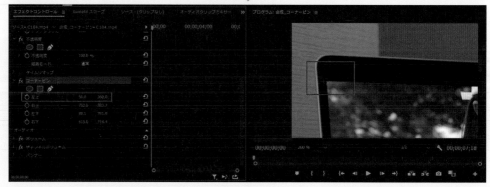

［エフェクトコントロール］パネルの数値を変更して、ポイントの位置を合わせる

エッセンシャルグラフィックス内でマスクを使用する

CHAPTER 6 SECTION 8

1つのクリップ内でタイトルやシェイプに映像を合成する方法を解説します。

1つのクリップ内で完結するので、タイムライン上の操作もしやすくなりますね。

テキストでマスク　# シェイプでマスク

タイトルなどのグラフィックと映像を合成します。233ページのトラックマットキーを使った方法でも同じ表現ができますが、このセクションで解説する方法を使うと別のトラックにある複数のクリップを合成するのではなく、1つのグラフィッククリップとして作成できます。エッセンシャルグラフィックスはレイヤーを保持できるため、動画レイヤーとグラフィックレイヤーを組み合わせて合成します。

1 動画制作の基礎知識
2 プロジェクト管理と環境設定
3 カット編集
4 エフェクト
5 カラー調整
6 合成処理
7 テキストと図形の挿入
8 オーディオ機能
9 データの書き出し
10 VR動画の作成
11 他アプリとの連携
MORE

動画を読み込む

[エッセンシャルグラフィックス]パネルで切り抜く動画を読み込みます。

① [ツール]パネルの[横文字ツール]をクリックし❶、テキストを入力します❷。

② [エッセンシャルグラフィックス]パネルの[編集]を開きます❸。[新規レイヤー]ボタンをクリックし❹、[ファイルから]をクリックします❺。

③ 読み込むファイルを指定し❻、[開く]ボタンをクリックします❼。

POINT

ここでは例として炎の動画を読み込んでいます。

POINT

[プロジェクト]パネルのクリップを[エッセンシャルグラフィックス]パネルに直接ドラッグ&ドロップしても読み込めます。

239

次のページへ続く ➡

上のクリップで下のクリップを切り抜く

切り抜かれるクリップが下になるようにレイヤーの順番を変更します。

① [エッセンシャルグラフィックス]パネルで読み込んだ動画をドラッグして、テキストレイヤーの下に移動します❶。

② テキストレイヤーを選択し❷、[アピアランス]の[テキストでマスク]にチェックを付けます❸。

POINT

テキストではなく図形を作った場合は、[アピアランス]の[シェイプでマスク]にチェックを付けます。

③ テキストで動画が切り抜かれます。動画レイヤーを選択して❹[プログラムモニター]上でドラッグし、切り抜く位置を調整します❺。

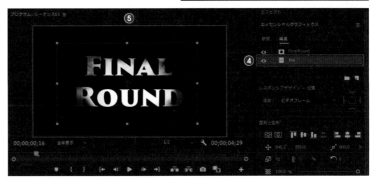

**もっと
知りたい！**

●マスクされないレイヤーを作るには？

[テキストでマスク]または[シェイプでマスク]にチェックを付けると、下にあるレイヤーすべてがマスクされます。マスクしないレイヤーを作る場合は、マスクしないレイヤー以外をグループ化します。
下のようにテキストに境界線を付けたい場合、境界線のレイヤーがマスクされないように、それ以外のレイヤーをグループ化します。

テキストマスクを適用した
レイヤーグループ

テキストに境界線を付けた
レイヤー

CHAPTER

7

テキストと図形の挿入

この章ではテキストや図形、キャプション機能を使った
字幕の挿入方法などを解説します。
挿入したテキストの装飾、文字間隔や行間などの
細かい調整も行います。

SECTION 1

テキストを入力する

映像の上にタイトルや字幕といったテキストを載せることができます。
ここでは基本的な文字の入力方法を解説します。

タイトルや見出し、字幕など、動画には欠かせない要素の1つですね。

横書き文字ツール　# テロップ　# 字幕　# タイトル

CHAPTER
7

テキストと図形の挿入

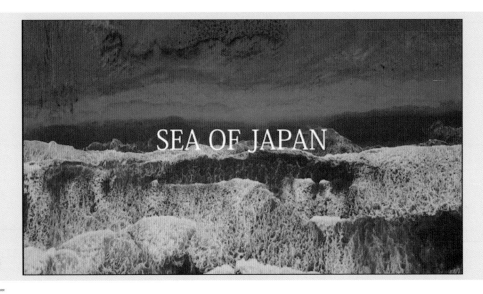

テキストを入力する

① ワークスペースを［キャプションと
グラフィック］に切り替え、［ツール］
パネルの［横書き文字ツール］をク
リックします❶。

ワークスペースの切り替え ➡ 38ページ

POINT

縦書きにしたい
場合は［横書き
文字ツール］を
長押しして、［縦
書き文字ツー
ル］を選びま
しょう。

長押し

② ［プログラムモニター］
上でクリックするとテキ
ストボックスが表示され
❷、タイムライン上の再
生ヘッドの位置にグラ
フィッククリップが作成
されます❸。

POINT

［横書き文字ツール］を選択
後、［プログラムモニター］上
をドラッグすると、テキスト
ボックスの大きさを指定で
きます。入力したテキスト
は、テキストボックスの幅で
自動的に折り返して表示さ
れます。

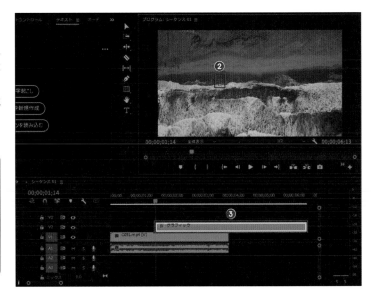

1 動画制作の基礎知識

2 プロジェクト管理と環境設定

3 カット編集

4 エフェクト

5 カラー調整

6 合成処理

7 テキストと図形の挿入

8 オーディオ機能

9 データの書き出し

10 VR動画の作成

11 他アプリとの連携

MORE

③ 文字を入力します④。ここでは「SEA OF JAPAN」と入力します。

POINT

［プログラムモニター］上でテキストを入力したり、図形を描いたりすると、自動的にタイムライン上にグラフィッククリップが生成されます。グラフィッククリップは作成したテキストや図形以外は何も表示されないクリップです。グラフィッククリップ以外を非表示にすると、テキスト（または図形など）以外は黒い表示になります。

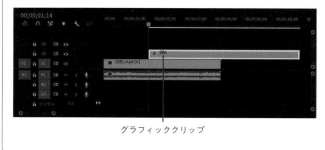

グラフィッククリップ

グラフィッククリップ以外を非表示にすると、作成したグラフィックだけが表示されることがわかる

テキストの内容を変更する

入力したテキストは、あとから変更できます。

① ［プログラムモニター］上のテキストをダブルクリックすると①、テキストが選択されます。

POINT

［エッセンシャルグラフィックス］パネルのテキストレイヤーをダブルクリックしてもテキストを選択できます。

② 入力できる状態になるので、テキストを変更します②。

CHAPTER 7

SECTION
2

テキストの位置を移動する

テキストを配置する位置は自由に決められます。ドラッグ操作で動かせるほか、数値で位置を指定することもできます。

タイトルは上下左右の中央、字幕は下部など、内容に合わせてテキストの位置を変更しましょう。

位置　# テキストボックス　# セーフマージン　# 定規　# ガイド

テキストを移動する

① ［プログラムモニター］上のテキストをクリックすると❶、テキストボックスが表示されます。

② テキストボックスをドラッグして❷、位置を移動します。

POINT

テキストの位置は［エフェクトコントロール］パネル上で［グラフィック］→［テキスト］→［トランスフォーム］→［位置］の数値で指定することもできます。

● セーフマージン、定規、ガイドを表示してみよう！

テキストの位置を決めるときに「セーフマージン」「定規」「ガイド」を表示すると配置しやすくなります。

セーフマージン

セーフマージンとはテレビのモニター画面で確実に表示される領域の目安を示したものです。パソコンのモニターとテレビのモニターでは表示範囲が違う場合があるので、セーフマージン内にテキストを配置して、テレビモニターでもきちんと表示されるようにします。セーフマージンは［プログラムモニター］下の［セーフマージン］ボタンをクリックすると❶、表示されます。内側の枠線のことを「タイトルセーフマージン」といい、テキストはこの線の内側に配置します。外側の枠線を「アクションセーフマージン」といい、テキスト以外で見せたい部分はこの範囲内に収めましょう。

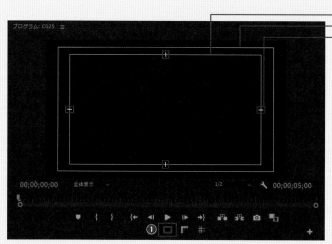

――― タイトルセーフマージン
――― アクションセーフマージン
――― 水平垂直に対して中央を示す点

POINT

YouTubeなどのWeb上で視聴する動画では意識されることが少ないですが、セーフマージン内に収めることでYouTubeの再生メニューなどにテキストが重なることがなくなります。また編集時にもセーフマージンを表示させると水平垂直に対して中央となる点が表示されるので、配置しやすくなります。

定規、ガイド

［プログラムモニター］下の［定規］ボタンをクリックすると❷、画面の左と上に定規が表示されます。定規の上から画面内に向かってドラッグすると❸、ガイドとなる青い線が表示されます。細かく位置を調整したい場合や配置する図形などの位置を揃えたいときに使用してみましょう。
一度作成したガイドは、再度ドラッグして画面外に出す、または［プログラムモニター］下の［ガイドを表示］ボタンをクリックすると❹、表示と非表示を切り替えられます。

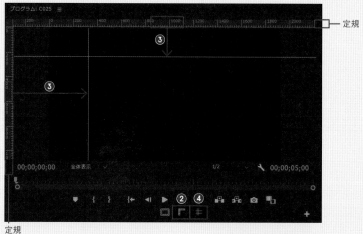

定規

定規

関連　レイヤーはグループ化できます。　➡ 278ページ
グラフィッククリップはグループ化できます。　➡ 103ページ
1つのグラフィッククリップの中に複数のテキストや図形を入れることができます。　➡ 277ページ

1　動画制作の基礎知識
2　プロジェクト管理と環境設定
3　カット編集
4　エフェクト
5　カラー調整
6　合成処理
7　テキストと図形の挿入
8　オーディオ機能
9　データの書き出し
10　VR動画の作成
11　他アプリとの連携
MORE

CHAPTER 7
SECTION 3

テキストのフォントを変更する

フォントとは文字の字体のことです。さまざまなデザインのものがあり、
使うフォントによって動画の印象ががらりと変わります。

フォントの種類　# Adobe Fonts

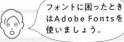

フォントに困ったとき
はAdobe Fontsを
使いましょう。

Before

After

フォント：メイリオ

フォント：Trajan pro3

テキストのフォントを変更する

(1) グラフィッククリップを選択
し❶、[エッセンシャルグラ
フィックス]パネルでフォント
を変更したいテキストのレイ
ヤーを選択します❷。

POINT

> [プログラムモニター]上で該当の
> テキストをクリックしても選択で
> きます。

(2) [テキスト]の[フォント]の
[∨]をクリックし❸、リストか
らフォントを選択します❹。

コンピューターにインストールされているフォントの一覧が表示される

③ フォントを変更できました。

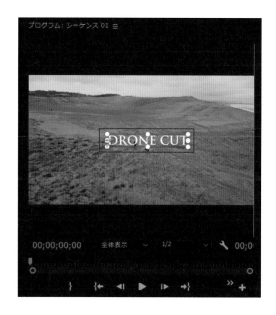

もっと
知りたい！

● Adobe Fontsを利用しよう

イメージに合ったフォントがない場合は、インターネットからフォントを探してパソコンにインストールすることで使用できます。Premiere Proを利用していれば、Adobeが提供しているAdobe Fontsが利用できます。欧文フォントはもちろん、日本語フォントも数多く提供されており、商用利用も可能です。Adobe FontsのWebサイト（https://fonts.adobe.com/）にアクセスし、使いたいフォントをアクティベートすることで使えるようになります。

① 使いたいフォントを探し、［ファミリーを表示］をクリックします❶。

② 太さ別にフォントが表示されるので、使いたい太さのフォントの［アクティベート］をオンにします❷。

1 動画制作の基礎知識
2 プロジェクト管理と環境設定
3 カット編集
4 エフェクト
5 カラー調整
6 合成処理
7 テキストと図形の挿入
8 オーディオ機能
9 データの書き出し
10 VR動画の作成
11 他アプリとの連携
MORE

テキストのサイズを変更する

テキストのサイズは［プログラムモニター］上で簡単に変更できます。動
画の雰囲気に合わせて調整しましょう。

見出しは大きく、セリフは小さくするなど工夫しましょう。

フォントサイズ　# スケール　# バウンディングボックス

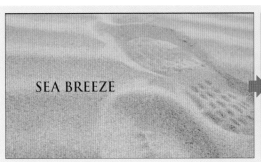

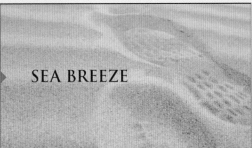

テキストのサイズを変更する

① グラフィッククリップを選択
し❶、［エッセンシャルグラ
フィックス］パネルでサイズ
を変更したいテキストのレイ
ヤーを選択します❷。

POINT

［プログラムモニター］上で直接テ
キストをクリックしても選択でき
ます。

② ［プログラムモニター］上のテ
キストにバウンディングボッ
クスが表示されるので、白い丸
にマウスポインターを合わせ
て、マウスポインターが↖↘の状
態でドラッグします❸。

POINT

マウスポインターの矢印は合わせ
る場所によって方向が変わり、そ
の方向にドラッグできます。

③ テキストのサイズが変更され
ます。

POINT

テキストのサイズは [エフェクトコントロール] パネルからも変更できます。
[エフェクトコントロール] パネルの [グラフィック] → [テキスト（入力した
文字）] → [トランスフォーム] → [スケール] の数値を入力して変更します。[縦
横比を固定] のチェックを外すとテキストの縦横比も変えられます。

もっと
知りたい！

● **テキストそのもののサイズを変更するには？**

このセクションではクリップの [スケール] を調整してテキストのサイズを変更しています。[スケール]
はもとの大きさに対する比率を指定する機能です。テキストの本来のサイズを変更しているわけではあり
ません。テキストの本来のサイズを変更するには以下の方法で [フォントサイズ] を変更します。

**[エッセンシャルグラフィックス] パネルでフォ
ントサイズを変更する**

[エッセンシャルグラフィックス] パネルの [テ
キスト] にある [フォントサイズ] の値を調整す
るとテキストの本来のサイズが変わります❶。

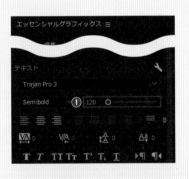

**[エフェクトコントロール] パネルでフォントサ
イズを変更する**

[エフェクトコントロール]パネルの [グラフィッ
ク] → [テキスト] → [ソーステキスト] の [フォ
ントサイズ] の値を調整するとテキストの本来の
サイズが変わります❷。

POINT

キーフレームを作成してアニメーションを付
ける場合などには [スケール] を使い、テキス
トスタイルのスタイルを保存する場合などに
は [フォントサイズ] を調整しましょう。

1 動画制作の基礎知識

2 プロジェクト管理と環境設定

3 カット編集

4 エフェクト

5 カラー調整

6 合成処理

7 テキストと図形の挿入

8 オーディオ機能

9 データの書き出し

10 VR動画の作成

11 他アプリとの連携

MORE

テキストを回転する

テキストは自由な角度に回転できます。テキストを選択したときに表示
されるバウンディングボックスの四隅をドラッグして回転します。

\# バウンディングボックス \# 回転 \# アンカーポイント

拡大・縮小・回転が
すべてドラッグ操作
でできます。

Before

もとの状態

After

回転した（傾けた）状態

テキストを回転する

① グラフィッククリップを選択
し①、［エッセンシャルグラ
フィックス］パネルで回転した
いテキストのレイヤーを選択
します②。

② ［プログラムモニター］上のテ
キストにバウンディングボッ
クスが表示されるので、四隅の
白い丸にマウスポインターを
近づけて、マウスポインターが
↰になったところで回転した
い方向にドラッグします③。

③ テキストが回転します。

POINT

回転の軸となるのはアンカーポイントと呼ばれる
点です。初期状態ではテキストボックスの左下に
アンカーポイントがありますが、位置は自由に変え
られます。

アンカーポイントの変更方法 ➡ 130ページ

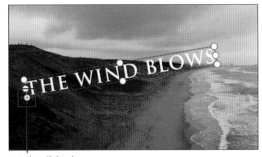

アンカーポイント

もっと 知りたい！

● 正確な数値で回転しよう

このセクションでは［プログラムモニター］上でテキストをドラッグして回転しましたが、［エフェクトコ
ントロール］パネルの［グラフィック］→［テキスト（入力した文字）］→［トランスフォーム］→［回転］の数
値を変更しても回転できます。決まった角度で回転したり、キーフレームを作成して、1秒間で〇〇度回転
するというアニメーションを付けたりする場合は［エフェクトコントロール］パネルの［回転］の数値を変
更しましょう。

1 動画制作の基礎知識

2 プロジェクト管理と環境設定

3 カット編集

4 エフェクト

5 カラー調整

6 合成処理

7 テキストと図形の挿入

8 オーディオ機能

9 データの書き出し

10 VR動画の作成

11 他アプリとの連携

MORE

SECTION
6

テキストボックス内で文字の配置を変更する

テキストボックス内の文字の配置は必要に応じて変更できます。左揃え、中央揃えなど、デザインや見やすさを考えて変更しましょう。

見出しや説明文など内容によって配置を考えてみましょう。

\# テキストの揃え方

Before

「左揃え」にすると段落が左に揃う

After

「中央揃え」にすると段落が左右の中央に揃っ

テキストの配置を変更する

① グラフィッククリップを選択し❶、［エッセンシャルグラフィックス］パネルで配置を変えたいテキストレイヤーを選択します❷。

② ［テキスト］の［テキストを左揃え］［テキストを中央揃え］［テキストを右揃え］の中から使用したい配置をクリックします❸。ここでは［テキストを中央揃え］をクリックします。テキストの配置が中央揃えになります。

POINT

テキストの配置を変更すると、テキストの基準点が変わるため、［プログラムモニター］上のテキストの位置が変わってしまいます。その場合は位置をあらためて調整しましょう。

1 動画制作の基礎知識

2 プロジェクト管理と環境設定

3 カット編集

エフェクト 4

カラー調整 5

合成処理 6

7 テキストと図形の挿入

オーディオ機能 8

データの書き出し 9

VR動画の作成 10

他アプリとの連携 11

MORE

もっと
知りたい！

●テキストの揃え方、配置の仕方を覚えよう

テキストはこのセクションで解説した揃え方以外にも、テキストボックス内で均等に配置したり、テキストボックスの下に揃えたりできます。それぞれの違いを見てみましょう。

❶テキストを左揃え

各行の先頭がテキストボックスの左に揃います。初期設定で選択されています。

❷テキストを中央揃え

各行がテキストボックスの中央で揃います。

❸テキストを右揃え

各行の終わりがテキストボックスの右に揃います。

❹均等配置（最終行左揃え）

テキストボックスの幅いっぱいにテキストが揃うように文字間隔が調整されます。行の途中までしかないテキストは左に揃います。

❺均等配置（最終行中央揃え）

テキストボックスの幅いっぱいにテキストが揃うように文字間隔が調整されます。行の途中までしかないテキストは中央に揃います。

❻均等配置

すべての行でテキストボックスの幅いっぱいにテキストが揃うように文字間隔が調整されます。

❼均等配置（最終行右揃え）

テキストボックスの幅いっぱいにテキストが揃うように文字間隔が調整されます。行の途中までしかないテキストは右に揃います。

❽テキストの上揃え

垂直方向に対してテキストボックスの上端に揃います。初期設定で選択されています。

❾テキストを垂直方向に中央揃え

垂直方向に対してテキストボックスの中央に揃います。

❿テキストの下揃え

垂直方向に対してテキストボックスの下端に揃います。

CHAPTER 7

SECTION 7

テキストの文字間隔を変更する

動画の雰囲気や読みやすさなどを考えて文字間隔を変えましょう。

\# トラッキング　　\# カーニング

細かな調整が映像の最終的なクオリティにも影響します。

文字間隔が狭い

文字間隔が広い

文字の間隔を変更する

① タイムライン上のグラフィッククリップを選択し❶、[エッセンシャルグラフィックス]パネルより文字間隔を変更したいテキストのレイヤーを選択します❷。

POINT

[プログラムモニター]上で該当のテキストをクリックしても選択できます。

② [テキスト]の[トラッキング]の数値を変更します❸。数値が大きいほど広くなります。ここでは数値を「200」に変更します。テキストの文字間隔が変更されます。

POINT

トラッキングとは選択した範囲の文字間隔を調整する機能です。似た機能にカーニングがあります。カーニングはカーソルの位置の文字間隔を調整します。[トラッキング]横の██が[カーニング]の設定です。

[エッセンシャルグラフィックス]パネル

テキストの行間を変更する

テキストの行間によって見た目の美しさ、読みやすさが変わります。バランスのよい行間に設定しましょう。

複数行にわたる場合は行間の調整を行いましょう。

行間

行間が狭い

行間が広い

テキストの行間を変更する

ここでは行間を広げてみましょう。

① グラフィッククリップを選択し ①、[エッセンシャルグラフィックス]パネルで行間を変更したいテキストのレイヤーを選択します ②。

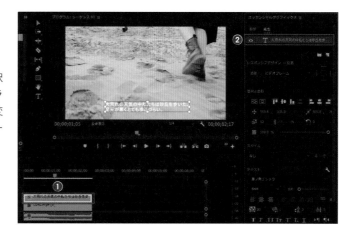

② [テキスト]の[行間]の数値を変更します ③。数値が大きいほど広くなります。ここでは数値を「100」に変更します。

③ テキストの行間が変更されます。

1 動画制作の基礎知識

2 プロジェクト管理と環境設定

3 カット編集

4 エフェクト

5 カラー調整

6 合成処理

7 テキストと図形の挿入

8 オーディオ機能

9 データの書き出し

10 VR動画の作成

11 他アプリとの連携

MORE

CHAPTER 7

SECTION
9

テキストの書式を変更する

テキストはフォントに関係なく、太くしたり、傾けたり、下線を付けたり
できます。

太字　# 斜体　# 下線

一部のテキストだ
け目立たせたい場
合などにこの方法
を使いましょう。

書式設定なしの状態

太字、斜体、下線の書式を設定した状態

書式を設定する

① グラフィッククリップを選択
し❶、［エッセンシャルグラ
フィックス］パネルで形を変更
したいテキストのレイヤーを
選択します❷。

② ［テキスト］セクション下部の
ボタンの中から使用したい書
式をクリックします❸。ここ
では［太字］［斜体］［下線］をク
リックします。太字で斜体、下
線が追加されたテキストにな
ります。

太字　斜体　　　　下線

[エッセンシャルグラフィックス]パネル

テキストの色を変更する

テキストの色は変更できます。背景になじませたり、目立たせたりしたい
場合は色を変更しましょう。

カラーピッカー 　# アピアランス 　# Webセーフカラーのみに制限

> テキストの色選びもテロップやタイトル作成の重要な要素です。

1 動画制作の基礎知識

2 プロジェクト管理と環境設定

3 カット編集

4 エフェクト

5 カラー調整

6 合成処理

7 テキストと図形の挿入

8 オーディオ機能

9 データの書き出し

10 VR動画の作成

11 他アプリとの連携

MORE

背景になじんだテキストカラー

テキストを青色に変更した

テキストの色を変える

(1) グラフィッククリップを選択し①、[エッセンシャルグラフィックス]パネルで色を変更したいテキストのレイヤーを選択します②。

(2) [アピアランス]の[塗り]の色をクリックします③。

POINT

[塗り]の右側にあるスポイトマークをクリックすると、画面上の好きな部分の色を抽出できます。

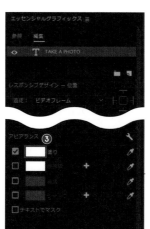

257

次のページへ続く ➡

③ ［カラーピッカー］ダイアログ
ボックスが表示されます。スラ
イダーで色を選択し④、その色
の明るさと鮮やかさを決め⑤、
変更前後の色を確認したら⑥、
［OK］ボタンをクリックします
⑦。

POINT

⑥の部分で変更前後の色を確認で
きます。下にあるのが変更前の色、
上にあるのが変更後の色です。

④ テキストの色が変わります。

POINT

［カラーピッカー］ダイアログボッ
クスでは、色相やRGBの値を調整
したり①、カラーコードを直接入
力したりして②、色を変えること
ができます。
また、スポイトマークをクリック
すると③、編集画面上の任意の色
を選ぶこともできます。
［Webセーフカラーのみに制限］に
チェックを付けると④、Windows
やmacOSなど異なる環境でも同
一に表現可能な色のみ選択できま
す。

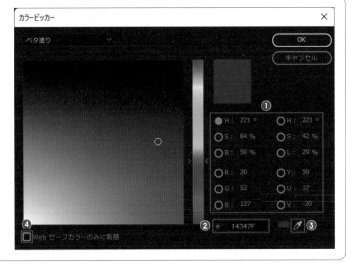

[エッセンシャルグラフィックス]パネル

テキストをグラデーションにする

テキストの色はグラデーションにできます。[カラーピッカー]ダイアロ
グボックスでグラデーションの種類を選びましょう。

\# グラデーションの形　\# グラデーションの方向　\# グラデーションの不透明度

> グラデーションを使う
> と、より華やかな印象
> になりますね。

ベタ塗りの状態

グラデーションにした状態

1 動画制作の基礎知識

2 プロジェクト管理と環境設定

3 カット編集

4 エフェクト

5 カラー調整

6 合成処理

7 テキストと図形の挿入

8 オーディオ機能

9 データの書き出し

10 VR動画の作成

11 他アプリとの連携

MORE

テキストの色をグラデーションにする

[カラーピッカー]ダイアログボックスで[ベタ塗り]を[線形グラデーション]に変更して色を設定します。

（1）グラフィッククリップを選択し❶、[エッセンシャルグラフィックス]パネルでグラデーションにしたいテキストのレイヤーを選択します❷。[アピアランス]の[塗り]の色をクリックします❸。

（2）[カラーピッカー]ダイアログボックスが表示されるので[塗りオプション]をクリックして❹、[線形グラデーション]もしくは[円形グラデーション]を選択します❺。ここでは[線形グラデーション]を選択します。

POINT

[線形グラデーション]は直線状に色が変化し、[円形グラデーション]は中心から外側に向かって色が変化します。

259

次のページへ続く➡

③ グラデーションの始点の色を
設定します。グラデーション
スライダーの下にある[カラー
分岐点]をクリックして❻、カ
ラーを選びます❼。

テキストの上側の色が変わる

④ グラデーションの終点の色を
設定します。反対側の[カラー
分岐点]もクリックして❽、カ
ラーを選び❾、[OK]ボタンを
クリックします❿。

テキストの下側の色が変わる

⑤ テキストにグラデーションが
適用されます。

POINT

カラーの変わり目を示す[カラー分岐
点]❶、グラデーションの中間点を示
す[カラー中間点]❷の位置は左右にド
ラッグして移動できます。グラデーショ
ンスライダー下の[場所]❸の数値を変
更しても移動できます。

POINT

グラデーションの角度は[Angle]の値で
調整できます。初期状態では90°で垂直
方向のグラデーションになっています。

180°にすると
水平方向のグラ
デーションになる

テキストのグラデーションの色を追加する

初期状態ではグラデーションは2色で構成されていますが、[カラー分岐点]を追加することで色を増やせます。

(1) グラデーションスライダー上の何もないところをクリックすると❶、[カラー分岐点]が追加されます❷。

POINT

追加した分岐点も、色を変更できます。

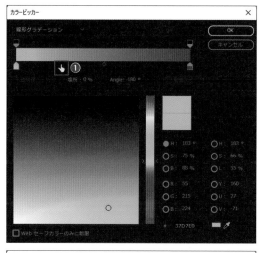

(2) 前ページの手順3を参考にカラーを選び、[OK]ボタンをクリックします。

テキストのグラデーションの不透明度を変更する

テキストのグラデーションは不透明度を調整し、透過させることができます。

(1) グラデーションスライダーの上部にある[不透明度の分岐点]をクリックし❶、[不透明度]の数値を変更します❷。

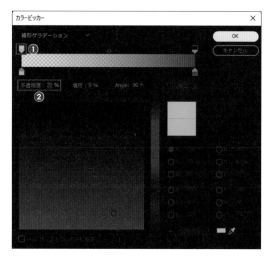

(2) [不透明度]を変更したほうの色だけが半透明になります。

POINT

[不透明度の分岐点]も[カラー分岐点]と同じように位置を移動できます。イメージに合わせて調整しましょう。

動画制作の基礎知識 1

プロジェクト管理と環境設定 2

カット編集 3

エフェクト 4

カラー調整 5

合成処理 6

テキストと図形の挿入 7

オーディオ機能 8

データの書き出し 9

VR動画の作成 10

他アプリとの連携 11

MORE

CHAPTER 7

SECTION
12

テキストを縁取る

テキストに縁取りを付けることができます。縁取りは［境界線］を設定することで自由な色や太さにできます。

袋文字　# アピアランス　# ラウンド結合

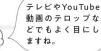

テレビやYouTube
動画のテロップな
どでもよく目にし
ますね。

境界線がない状態

黒い境界線を加えた状態

テキストに境界線を加える

① グラフィッククリップを選択し❶、［エッセンシャルグラフィックス］パネルで境界線を加えたいテキストのレイヤーを選択します❷。

② ［アピアランス］の［境界線］にチェックを付け❸、色をクリックして［カラーピッカー］ダイアログボックスで設定します❹。

色の設定 ➡ 257ページ

線の太さを設定する

①　[境界線の幅]の値を大きくするほど太くなります❶。

②　テキストが縁取られます。

2つ目の境界線

もっと
知りたい！

●丸みを帯びた境界線にしよう

使用しているフォントによっては、追加した境界線の角が尖った形になる場合があります。
丸みを帯びた形にしたい場合は、[エッセンシャルグラフィックス]パネルの[アピアランス]にある[グラフィックプロパティ]ボタンをクリックします❶。[グラフィックプロパティ]ダイアログボックスが表示されるので、[線の結合]を[マイター結合]から[ラウンド結合]に変更して❷、[OK]ボタンをクリックします❸。
これで境界線の尖った部分が丸みを帯びた形に変更することができます。

先端が尖っている

1　動画制作の基礎知識

2　プロジェクト管理と環境設定

3　カット編集

4　エフェクト

5　カラー調整

6　合成処理

7　テキストと図形の挿入

8　オーディオ機能

9　データの書き出し

10　VR動画の作成

11　他アプリとの連携

MORE

CHAPTER 7

SECTION
13

テキストに背景を加える

テキストには背景を追加できます。背景は色や形、サイズを調整できます。

アピアランス　# 背景

作りたい雰囲気に合わせて、テキストの色と背景の色の組み合わせを考えましょう。

背景のない状態

背景を付けて読みやすくした状態

テキストに背景を加える

① グラフィッククリップを選択し❶、［エッセンシャルグラフィックス］パネルで背景を加えたいテキストのレイヤーを選択します❷。

② ［アピアランス］の［背景］にチェックを付け❸、色をクリックして［カラーピッカー］ダイアログボックスで設定します❹。

色の設定 ➡ 257ページ

背景は色、不透明度、大きさ、角丸の半径を設定できる

③ テキストに背景が付きます。

CHAPTER 7

SECTION
14

文字数に合わせて背景の長さを増減する

テキストの文字数に合わせて図形の大きさが自動で調整される設定について解説します。

背景が図形のテロップなどは設定しておくと便利です。

レスポンシブデザイン　# 追従

レスポンシブデザイン（位置）とは

同じグラフィッククリップ内にあるテキストや図形に親子関係を持たせ、親のサイズや位置と連動して、子のサイズや位置も自動的に調整されるようにできます。この機能を「レスポンシブデザイン（位置）」といいます。たとえば背景に図形を敷いた上にテキストを入力する際、テキストの文字数に合わせて背景図形の長さを自動的に変化させたい場合に便利です。

入力した文字数に合わせて自動的に背景図形が大きくなる

親子を設定する

ここではテキストの文字数に合わせて背景図形のサイズが変わるようにしたいので、テキストが親、背景図形が子となるように設定します。

① グラフィッククリップを選択し❶、［エッセンシャルグラフィックス］パネルで子となるレイヤーを選択します❷。ここでは図形をテキストに追従させるので、シェイプレイヤーを選びます。

POINT

レスポンシブデザイン（位置）を設定する前にテキストと図形を中央揃えにすると、両端の余白を保ったままきれいに追従できます。

1 動画制作の基礎知識
2 プロジェクト管理と環境設定
3 カット編集
4 エフェクト
5 カラー調整
6 合成処理
7 テキストと図形の挿入
8 オーディオの機能
9 データの書き出し
10 VR動画の作成
11 他アプリとの連携
MORE

次のページへ続く ➡

（2）［レスポンシブデザイン−位置］の［追従］から親レイヤーを選択します❸。ここではテキストレイヤーを選択します。

POINT

［追従］で［ビデオフレーム］を選択すると、シーケンスのフレームの大きさに追従します。たとえばシーケンス設定でフレームのサイズを変更すると、それに合わせてサイズが変化します。

追従する方向を設定する

親レイヤーの位置やサイズを変更したときに子レイヤーをどの方向に追従させるかを設定します。上下左右すべての方向を追従させる場合は中央をクリックします。

（1）［追従］の［親レイヤーのどのエッジに固定するかを選択］ボタンの中から固定したい位置をクリックします❶。ここでは中央をクリックします。

（2）テキストの長さを変えると、テキストの長さに合わせて図形も自動的に追従するようになります。

テキストの位置を変えると、図形の位置も追従して変わる

POINT

たとえば［親レイヤーのどのエッジに固定するかを選択］を右側だけ設定すると❶、文字数を増やした場合、図形自体のサイズは変わらず、テキストと図形の右側の距離だけ保たれたまま図形の位置がずれていきます。どの方向に追従させると、どういう挙動になるかを実際に試しながら感覚をつかんでいきましょう。

テキストと図形の右側との距離だけが
保たれるサイズは変わらない

CHAPTER 7

SECTION
15

テキストに影を付ける

テキストに影を加えると、浮かび上がったような表現や、立体的な表現が
できます。影のぼかし具合や色などは細かく調整できます。

シャドウ 　 # アピアランス

文字の視認性を上げる
効果もありますね。

動画制作の
基礎知識　1

プロジェクト管理
と環境設定　2

カット編集　3

エフェクト　4

カラー調整　5

合成処理　6

テキストと
図形の挿入　7

オーディオ
機能　8

データの
書き出し　9

VR動画の
作成　10

他アプリとの
連携　11

MORE

影がない状態

影を付けた状態

テキストに影を付ける

① グラフィッククリップを選択
し❶、［エッセンシャルグラ
フィックス］パネルで影を付け
たいテキストのレイヤーを選
択します❷。

② ［アピアランス］の［シャドウ］
にチェックを付けます❸。色、
不透明度、角度、距離、大きさ、
ぼかしをそれぞれ設定します
❹。

③ テキストに影が付きます。

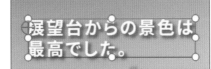

SECTION
16

テキストの不透明度を変更する

テキストの不透明度を変更するとテキストを透過できます。背景の映像をテキストで隠したくないときなどに使いましょう。

キーフレームを作成すると、フェードインフェードアウトさせることもできます。

\# アニメーションの不透明度を切り替え　\# 不透明度

テキストの不透明度を変更する

① タイムライン上のグラフィッククリップをクリックします❶。

POINT

1つのクリップに複数のテキストレイヤーを作成している場合、テキストレイヤーを選択しないと、クリップに含まれるすべてのテキストが選択されている状態になります。

② ［エッセンシャルグラフィックス］パネルで透過させたいテキストのレイヤーを選択します❷。［整列と変形］の［アニメーションの不透明度を切り替え］のスライダーを左にドラッグします❸。ここでは「50%」にします。

POINT

［プログラムモニター］で該当のテキストを直接クリックしても選択できます。

POINT

不透明度の初期状態は100％（透過していない状態）です。数字を小さくするほど透過の度合いが増します。

③ テキストが透過します。

POINT

［エフェクトコントロール］パネルの［グラフィック］→［テキスト（入力した文字）］→［トランスフォーム］→［不透明度］の数値を調整してもテキストの不透明を変更できます。

CHAPTER 7

SECTION
17

テキストのスタイルを保存する

フォントや色、サイズなど、テキストの設定は保存できます。保存したスタイルを別のクリップで使う方法も解説します。

複数のテキストクリップに、まとめて同じ設定を適用したい場合に便利です。

\# スタイルを作成 \# スタイルの適用

テキストのスタイルを保存する

テキストに設定したフォントやサイズ、色などは「スタイル」として保存できます。

① グラフィッククリップを選択し❶、［エッセンシャルグラフィックス］パネルで保存したいスタイルのテキストのレイヤーを選択します❷。

保存したいテキストの設定

② ［エッセンシャルグラフィックス］パネルの［スタイル］から［スタイルを作成］を選択します❸。

③ ［新規テキストスタイル］ダイアログボックスが表示されるので、［名前］にわかりやすい名前を入力して❹、［OK］ボタンをクリックします❺。

④ 入力した名前のスタイルクリップが［プロジェクトパネル］に作成されたのを確認します❻。

POINT

テキストのサイズのスタイル保存、更新は［エッセンシャルグラフィックス］パネルの［テキスト］、または［エフェクトコントロール］パネルの［テキスト（入力した文字）］→［ソーステキスト］から変更した場合にのみ可能です。たとえば［プログラムモニター］上のバウンディングボックスをドラッグしたり、［エフェクトコントロール］パネルの［テキスト（入力した文字）］→［トランスフォーム］→［スケール］からサイズを調整したりした場合、スタイルの保存や更新はできないので注意しましょう。

1 動画制作の基礎知識
2 プロジェクト管理と環境設定
3 カット編集
4 エフェクト
5 カラー調整
6 合成処理
7 テキストと図形の挿入
8 オーディオ機能
9 データの書き出し
10 VR動画の作成
11 他アプリとの連携
MORE

次のページへ続く ➡

テキストのスタイルを使用する

作成したテキストスタイルはほかの
テキストクリップに適用できます。
ここでは2つのテキストクリップに
まとめて適用してみましょう。

① タイムライン上で、保存したス
タイルを適用したい複数のテ
キストクリップを選択します
❶。

② [プロジェクト]パネルにある
スタイルクリップをタイムラ
イン上の選択したクリップに
ドラッグ&ドロップします❷。

③ 保存したスタイルが適用され
ます。

テキストのスタイルを更新する

保存したテキストのスタイルはあと
から更新できます。更新するとその
スタイルが適用されているテキスト
はすべて自動的に更新されます。

① タイムライン上で更新したい
スタイルが適用されているク
リップを選択して❶、テキスト
の設定を変更します❷。ここで
は[塗り]の色を変更します。

② [スタイル]の[トラックまたは
スタイルに押し出し]ボタンを
クリックします❸。

CHAPTER
7

テキストと図形の挿入

動画制作の基礎知識 1

プロジェクト管理と環境設定 2

カット編集 3

エフェクト 4

カラー調整 5

合成処理 6

テキストと図形の挿入 7

オーディオ機能 8

データの書き出し 9

VR動画の作成 10

他アプリとの連携 11

MORE

③ スタイルが更新され、同じスタイルが適用されているすべてのテキストが更新されます。

もっと
知りたい！

●テキストスタイルを別のプロジェクトで使用するには？

作成したテキストスタイルはファイルとして書き出すことで、別のプロジェクトで使用できます。

① [プロジェクト]パネルで作成したスタイルクリップを選択して右クリックし❶、[テキストスタイルを書き出し]をクリックします❷。

POINT

複数のスタイルをまとめて書き出す場合は、複数選択します。

② [テキストスタイルを書き出し]ダイアログボックスで、保存場所❸、ファイル名❹を設定し、[保存]ボタンをクリックします❺。

ファイルの拡張子は「.prtextstyle」

③ 別のプロジェクトで使用するときは映像や音声の素材と同じように[プロジェクト]パネルに読み込み、テキストに読み込んだスタイルを適用します。

別のプロジェクト

CHAPTER 7

SECTION
18

図形を挿入する

長方形、楕円といった図形を映像の中に挿入する方法について解説します。これらの図形のことを「シェイプ」といいます。

長方形 # 楕円形 # 多角形 # シェイプ

テキストの背景など図形の挿入はよく使用します。

［長方形ツール］を使うと、正方形や長方形、［楕円ツール］を使うと正円や楕円、［多角形ツール］を使うと、三角形などの多角形が作成できます。

図形を挿入する

① ［ツール］パネルの［長方形ツール］［楕円ツール］［多角形ツール］から描く図形のツールを選びます❶。ここでは［長方形ツール］を選択します。

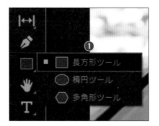

② ［プログラムモニター］上をドラッグして❷、図形を描きます。

POINT

［楕円ツール］を選択して［プログラムモニター］上をドラッグすると円が描けます。

POINT

Shift キーを押しながらドラッグすると正方形が描けます。

③ 図形を挿入できました。タイムライン上ではグラフィッククリップが作成されていることが確認できます❸。

POINT

多角形を作成する場合は［ツール］パネルから［多角形ツール］を選択し❶、［プログラムモニター］上をドラッグします❷。三角形が作成されますが、［エッセンシャルグラフィックス］パネルの［整列と変形］にある［角数］の数値を変えると❸、入力した角数の多角形になります。

動画制作の基礎知識 1

プロジェクト管理と環境設定 2

カット編集 3

エフェクト 4

カラー調整 5

合成処理 6

テキストと図形の挿入 7

オーディオ機能 8

データの書き出し 9

VR動画の作成 10

他アプリとの連携 11

MORE

図形のスタイルを変更する

挿入した図形はテキストと同様に色を変えたり境界線や影を加えたりできます。

(1) [プログラムモニター]上で変更を加える図形を選択し❶、[アピアランス]でそれぞれ調整します❷。

POINT

> 挿入した図形は[エッセンシャルグラフィックス]パネルで「シェイプ」レイヤーとして表示されます。

POINT

> 作成した図形はテキストと同様に移動、回転、大きさを変えることができます。[プログラムモニター]上でバウンディングボックスを操作して行うか、[エフェクトコントロール]パネルの[グラフィック]→[シェイプ]→[トランスフォーム]の数値を変更します。ただし、テキストと違い図形を[プログラムモニター]上でドラッグしてサイズを調整した場合、[スケール]の値は連動しません。

 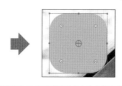

プログラムモニター上でサイズを変更しても連動しない

POINT

> 角を丸くしたい場合は、[選択ツール]で図形をクリックし、角の部分にあるウィジェットを内側にドラッグします。

ウィジェット

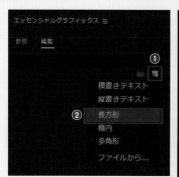

もっと知りたい！

●[エッセンシャルグラフィックス]パネルから図形を挿入しよう

長方形や楕円は[エッセンシャルグラフィックス]パネルから挿入することもできます。
[エッセンシャルグラフィックス]パネルの[編集]タブで[新規レイヤー]ボタンをクリックして❶、[長方形]または[楕円]を選択します❷。するとプログラムモニター上に長方形が挿入されます。

CHAPTER 7
SECTION
19

［ペンツール］の使い方を理解する

自由な形を描くためのツールが「ペンツール」です。シェイプのほか、マスクを作成する場合にも活用できます。

ペンツール 　# 図形 　# マスク

被写体の輪郭など複雑な形を作る場合はペンツールを使いましょう。

［ペンツール］で直線の図形を描く

［ペンツール］で［プログラムモニター］をクリックする操作を繰り返して図形を描きます。

① ［ツール］パネルで［ペンツール］を選択します❶。［プログラムモニター］の画面をクリックすると点が打たれます❷。この点が図形の頂点となります。

② さらに別の場所をクリックすると頂点同士が直線でつながります❸。

③ この操作を繰り返すことで直線で構成された図形を作成できます。最初の頂点をクリックすると閉じた図形になります❹。

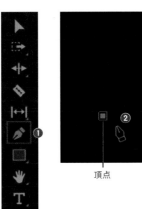
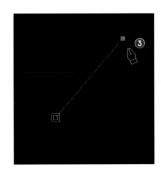

頂点

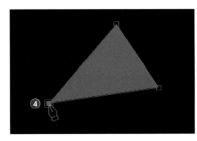

POINT

途中で描画を終える場合は、選択ツールに切り替えて何もない部分をクリックして選択を解除します。

ペンツールで曲線を描く

曲線を描くには、頂点からハンドルを伸ばします。ハンドルの長さや方向によって線の曲がり具合が変化します。

① 頂点を打ち、そのままドラッグすると❶、ハンドルが伸びて頂点を結ぶ線が曲線になります。

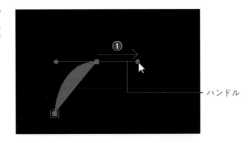

ハンドル

② 次の頂点を打つと❷、曲線でつながります。

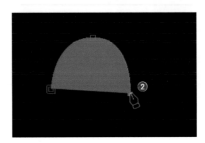

POINT

ハンドルの端をドラッグ
すると方向や長さを変え
られます。それに合わせ
て曲線の方向や長さも変
わります。

ハンドルが長いとカーブがきつくなる

ハンドルの方向によって
カーブの山の頂の位置
が変わる

POINT

ハンドルは図形を描き終えたあとでもドラッグして調整できます。
Alt（option）+ Shift キーを押しながらドラッグすると、ドラッグ
したほうのハンドルのみを45度きざみで動かせます。一度動かすと、
そのあとはドラッグ操作のみで角度を変えられます。

Alt（option）+
Shift キーを押
しながらドラッグ

頂点を移動する

図形や線を描き終えたあとに頂点を移動する
ことで形を変えられます。

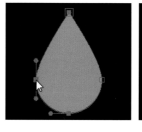
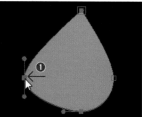

① ［ペンツール］で頂点をドラッグします
❶。頂点が移動し、図形の形が変わりま
す。

頂点を追加、削除する

頂点は追加したり削除したりできます。頂点
の数が多いほど、複雑な図形を描けます。

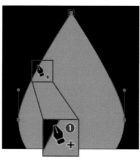
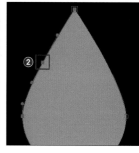

① ［ペンツール］のマウスポインターを線
の上に近づけるとマウスポインターの
形が🖊₊に変わります❶。その状態でク
リックすると、頂点を追加できます❷。

POINT

線が見づらい場
合は、表示倍率
を上げましょう。

② ［ペンツール］で Ctrl（⌘）キーを押し
ながらマウスポインターを線の上に近
づけるとマウスポインターの形が🖊₋に
変わります❸。その状態でクリックす
ると、頂点を削除できます❹。

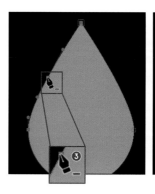
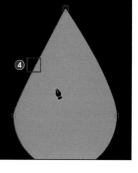

1 動画制作の基礎知識
2 プロジェクト管理と環境設定
3 カット編集
4 エフェクト
5 カラー調整
6 合成処理
7 テキストと図形の挿入
8 オーディオ機能
9 データの書き出し
10 VR動画の作成
11 他アプリとの連携
MORE

ハンドルの有無を切り替える

ハンドルはあとから追加や削除ができます。頂点のつなぎ目をあとで曲線に変えたい場合などはハンドルの有無を切り替えて調整しましょう。

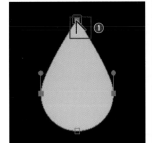
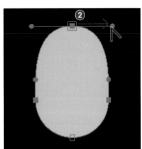

① ［ペンツール］で Alt （ option ）キーを押しながらマウスポインターを頂点に近づけるとマウスポインターの形が▷に変わります❶。その状態でドラッグすると❷、ハンドルが伸びます。

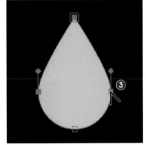
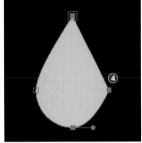

② ［ペンツール］で Alt （ option ）キーを押しながらマウスポインターを頂点に近づけるとマウスポインターの形が▷に変わります❸。その状態でクリックすると❹、ハンドルが削除されます。

> もっと
> ## 知りたい！

● 長方形や楕円を［ペンツール］で変形しよう

［ペンツール］を使用すれば［ペンツール］を使って作成した図形だけでなく、［長方形ツール］［楕円ツール］で作成した図形に対しても頂点を追加したりハンドルを操作したりして形を変えられます。

四角形を三角形にする

［ペンツール］で Alt （ option ）を押しながら四角形の頂点をクリックすると、三角形にできます。

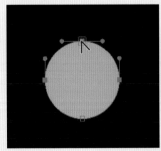
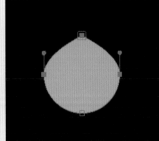

正円をしずく型にする

［ペンツール］で Alt （ option ）を押しながら正円の上側の頂点をクリックすると、ハンドルが消えます。ハンドルの消えた頂点を上へドラッグすると、しずく型になります。

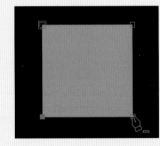
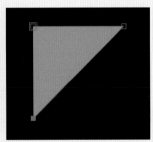
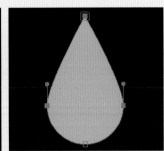

関連 ［ベジェのペンマスクの作成］を使うと複雑な形のマスクが作れます。 ➡ 227ページ

CHAPTER 7

SECTION 20

1つのクリップに
複数のテキストや図形を作成する

テキストや図形は、1つのクリップ内にまとめて作成できます。

レイヤー　　# 重なり順の変更　　# レイヤーのグループ化

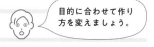

目的に合わせて作り
方を変えましょう。

1つのクリップ内に複数のテキストや図形を作成する

グラフィッククリップを選択した状態でテキストを入力したり図形を描いたりすると、1つのクリップ内にテキストや図形が作成されます。アニメーションや効果をまとめてかけたい場合は、この方法で作成します。

① グラフィッククリップを選択し❶、図形を描きます❷。ここでは［長方形ツール］で長方形を描きました。

② ［エッセンシャルグラフィックス］パネルの［編集］タブにシェイプとあらかじめ入力してあったテキストが表示されています❸。これは選択した1つのクリップの内容を表しており、シェイプとテキストがレイヤーという層で分かれていることを示しています。

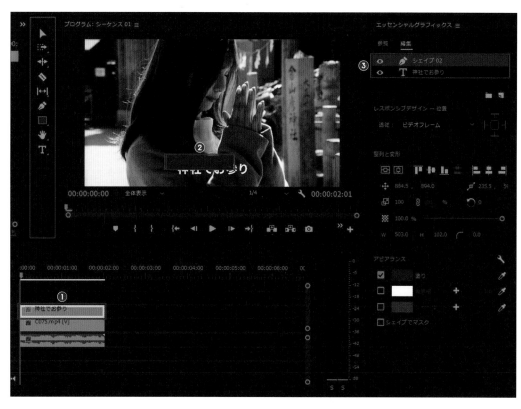

POINT

テキストを複数同じクリップに入れたい場合も同様の操作です。

POINT

クリップを選択せずに、テキストや図形を描くと、別のグラフィッククリップとして作成されます。

動画制作の基礎知識　1

プロジェクト管理と環境設定　2

カット編集　3

エフェクト　4

カラー調整　5

合成処理　6

テキストと図形の挿入　7

オーディオ機能　8

データの書き出し　9

VR動画の作成　10

他アプリとの連携　11

MORE

次のページへ続く ➡

テキスト、図形の重なり順を変更する

1つのグラフィッククリップで作る図形やテキストはあとから作ったものが上に重なっていきます。レイヤーをドラッグすると重なり順を変更できます。

① 下にあるテキストレイヤーをシェイプレイヤーの上にドラッグすると❶、テキストとシェイプの重なり順が入れ替わり、テキストが表示されるようになります❷。

[編集] タブの使い方

[編集] タブでレイヤーを選択すると❶、そのレイヤーにあるテキストや図形が操作できます。目のアイコンをクリックすると❷、表示と非表示を切り替えられます。

テキストはT字のアイコン、シェイプはペンツールのアイコンが表示される

もっと知りたい！

●レイヤーをグループ化しよう

1つのクリップ内でレイヤーが増えてくると管理が煩雑になります。そういう場合はレイヤーをグループ化すると、内容を把握しやすくなります。

① グループ化したいレイヤーを複数選択（ Shift キーを押しながらレイヤーをクリック）し❶、[グループを作成] ボタンをクリックします❷。

② グループが作成されました❸。

POINT

グループを解除したい場合は、[編集] タブで解除したいレイヤーをグループ外にドラッグ&ドロップします。

グループやレイヤーを右クリックして [名前を変更] を選択すると名前を変更できる

CHAPTER 7

SECTION 21

テキストや図形を画面の中央に配置する

テキストや図形は画面［プログラムモニター］に対して中央に配置できます。

タイトルや字幕は整列機能を使って画面中央に配置することが多いです。

垂直方向中央　　# 水平方向中央

テキストと図形が画面の左上に配置されている

テキストと図形が画面の中央に配置されている

テキスト、図形を画面中央に配置する

① グラフィッククリップを選択します❶。

② ［エッセンシャルグラフィックス］パネルで中央に配置したい図形やテキストのレイヤーを選択します❷。ここではテキストと図形の2つのレイヤーを選択します。

POINT

複数選択する場合は Ctrl （ ⌘ ）キーを押しながらクリックします。

③ 上下の中央に配置したい場合は［整列と変形］の［垂直方向中央］をクリックします❸。左右の中央に配置したい場合は［整列と変形］の［水平方向中央］をクリックします❹。

POINT

［プログラムモニター］で直接テキストや図形をクリックしても選択できます。

④ テキスト、図形がそれぞれ画面の中央に配置されます。

1 動画制作の基礎知識

2 プロジェクト管理と環境設定

3 カット編集

4 エフェクト

5 カラー調整

6 合成処理

7 テキストと図形の挿入

8 オーディオ機能

9 データの書き出し

10 VR動画の作成

11 他アプリとの連携

MORE

テキストや図形同士を整列する

1つのクリップ内にある複数のテキストや図形は、基準となる位置に整列したり均等に配置したりできます。

整列 　# 分布

> 複数のテキストや図形は、あとでまとめて整列するのが効率的です。

2つのテキストの位置がずれている

2つのテキストの位置が左に揃っている

テキスト、図形間で整列する

① 整列したいグラフィッククリップを選択します❶。

② ［エッセンシャルグラフィックス］パネルで整列したいレイヤーを選択します❷。ここでは2つのテキストレイヤーを選択します。

POINT

［プログラムモニター］で直接テキストや図形をクリックしても選択できます。

③ ［整列と変形］の中から整列の種類を選択します❸。ここでは［左揃え］をクリックします。

POINT

選んだレイヤーが1つだけの場合は、画面に対して整列します。

動画制作の基礎知識 1

プロジェクト管理と環境設定 2

カット編集 3

エフェクト 4

カラー調整 5

合成処理 6

テキストと図形の挿入 7

オーディオ機能 8

データの書き出し 9

VR動画の作成 10

他アプリとの連携 11

MORE

④ 選んだテキストが左揃えになります。

POINT

テキストや図形同士の整列は1つのクリップ内でのみ適用されます。クリップが分かれている場合は適用できません。

整列と配置の種類

このセクションでは[左揃え]を例に整列の方法を紹介しましたが、そのほかの整列方法についても覚えておきましょう。ここでは図形を例に整列と配置方法を紹介します。

❶上揃え
上端に整列します。

❷垂直方向に整列
中央を基準に垂直方向に整列します。

❸下揃え
下端に整列します。

❹垂直方向に均等配置
図形やテキスト同士の間隔が垂直方向に均等になります。整列させる対象が3つ以上の場合に適用できます。

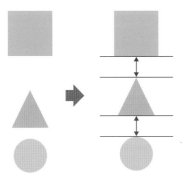

❺左揃え
左端に整列します。

❻水平方向に整列
中央を基準に水平方向に整列します。

❼右揃え
右端に整列します。

グラフィックをテンプレートとして保存する

作成したテキストや図形をモーショングラフィックステンプレートとして書き出すと、別プロジェクトでも使えるようになります。

\# モーショングラフィックステンプレートとして書き出し

> タイトルなどをテンプレートとして保存しておくと便利です。

モーショングラフィックステンプレートとは

タイトルテロップなどのグラフィックを作成したあと、別のプロジェクトでまた同じものを使いたいときに毎回同じものを作成するのは手間と時間がかかります。そういう場合は、グラフィックを「モーショングラフィックステンプレート」として保存しましょう。モーショングラフィックステンプレートとは、アニメーションを含むグラフィックをテンプレート化する機能です。

作成したタイトルグラフィックをテンプレートとして保存する

別のプロジェクトでテンプレートを使用できる

モーショングラフィックステンプレートとして保存する

ここではタイトルを作成したあとにモーショングラフィックステンプレートとして書き出してみます。

① 保存したいグラフィッククリップを右クリックし❶、［モーショングラフィックステンプレートとして書き出し］をクリックします❷。

1

動画制作の
基礎知識

2

プロジェクト管理
と環境設定

3

カット編集

4

エフェクト

5

カラー調整

6

合成処理

7

テキストと
図形の挿入

8

オーディオ
機能

9

データの
書き出し

10

VR動画の
作成

11

他アプリとの
連携

MORE

(2) [モーショングラフィックステンプ
レートとして書き出し]ダイアログ
ボックスが表示されるので、以下を
参考に各項目を設定して❸、[OK]ボ
タンをクリックします❹。

名前

テンプレートの名前です。テンプレートの参照画面
で表示されます。

保存先

テンプレートをPCのどこに保存するかを設定しま
す。

ビデオサムネールを含める

参照画面でサムネールを表示するかどうかを指定し
ます。わかりやすいようにチェックを付けておきま
しょう。

互換性

フォントがない場合などに警告を表示するかを設定
します。

キーワード

参照画面でテンプレートを検索するときにヒットす
るキーワードを指定できます。

(3) 書き出しが始まり、しばらく待つと
保存が完了します。

モーショングラフィックステンプレートを使用する

保存したモーショングラフィックステンプレートを呼び出
して使用してみましょう。同じプロジェクトでも別のプロ
ジェクトでも使用できます。

(1) [エッセンシャルグラフィックス]パネルの[参照]タ
ブをクリックします❶。検索フォームに作成したテ
ンプレートの名前を入力し❷、[Enter]キーを押しま
す。

POINT

[モーショングラフィックステンプレートとして書き出
し]ダイアログボックスで[キーワード]に指定した文字
を入力しても検索できます。

283

次のページへ続く ➡

② 保存したテンプレートが表示
されるので、それをタイムラ
インのビデオトラックにドラッ
グ&ドロップします❸。

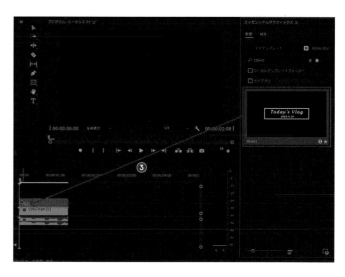

③ 保存したテンプレートが表示
されます。テンプレートは通常
のテキストや図形と同じよう
に編集可能です。

— 適用後に日付だけ
変更した

もっと
知りたい！

●モーショングラフィックステンプレートの外部連携

モーショングラフィックステンプレートはインターネットでも配布されています。デザイン性にすぐれた
ものも多いので探してみてもよいでしょう。また、After Effectsで書き出したものも使用できます。テン
プレートを使うことで、複雑なアニメーションなども手軽に利用可能です。[エッセンシャルグラフィック
ス] パネルの [参照] タブで [モーショングラフィックステンプレートをインストール] ボタンをクリック
し、ダウンロードしたテンプレートファイル（*.mogrt）を開いて利用します。

— [モーショングラフィックステンプレートをインストール] ボタン

CHAPTER 7

SECTION 24

キャプション機能を使って字幕を作成する

通常のテキストを使っても字幕は作成できますが、キャプション機能を
使用すればより効率的に字幕を作成できます。

> インタビュー動
> 画などの字幕を
> 付けるのにも活
> 躍します！

字幕　# キャプショントラック　# SRTファイルに書き出し　# テキストファイルに書き出し

キャプショントラックを作成する

キャプション専用のトラックを作成し、キャプションを入力する土台を整えます。

① ［テキスト］パネルの［キャプショントラックを新規作成］をクリックします❶。

POINT

［キャプションとグラフィック］ワークスペースに切り替えると画面左上に［テキスト］パネルが表示されます。

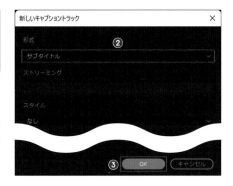

② ［新しいキャプショントラック］ダイアログボックスが表示されるので、［形式］から［サブタイトル］を選択して❷、［OK］ボタンをクリックします❸。タイムライン上にキャプション用のトラックが追加されます❹。

POINT

字幕は再生ヘッドの位置に入力されます。必要に応じて再生ヘッドを移動しておきましょう。

③ ［テキスト］パネルの［新しいキャプションセグメントを追加］ボタンをクリックします❺。キャプショントラック上の再生ヘッドの位置にキャプションクリップが作成され❻、［テキスト］パネルにテキストが入力できる状態になります❼。また［プログラムモニター］にもテキストが表示されます❽。

1 動画制作の基礎知識

2 プロジェクト管理と環境設定

3 カット編集

4 エフェクト

5 カラー調整

6 合成処理

7 テキストと図形の挿入

8 オーディオ機能

9 データの書き出し

10 VR動画の作成

11 他アプリとの連携

MORE

285

次のページへ続く ➡

キャプションを作成する

テキストを入力します。字幕の場合は、プレビューしながら音声に合わせてテキストを入力しましょう。

① [テキスト] パネルでテキストを入力します①。[プログラムモニター]に、入力したテキストが表示されます②。

POINT

作成した [プログラムモニター] 上のテキストをクリックすると、テキストボックスが点線で表示されます。この枠をドラッグするとテキストボックスの大きさを変えられます。

POINT

初期設定ではキャプションが画面の中央下に表示されますが、[エッセンシャルグラフィックス] パネルにある [整列と変形] の [ゾーン] で□をクリックすると、クリックした位置にキャプションを移動できます。

ゾーンは画面を縦3×横3に区切ったもので、□をクリックするとキャプションがその位置に移動する

デュレーションを変更する

映像クリップや音声クリップと同じようにクリップの長さを変えてデュレーション（字幕を表示する時間）を変更できます。

① キャプションクリップの端をドラッグして①、キャプションのデュレーションを変更します。

POINT

デュレーションを変更後、続けてキャプションを作成する場合も285ページの手順3と同じように、再生ヘッドを移動し、[新しいキャプションセグメントを追加] ボタンをクリックして作成します。また、タイムライン上のクリップを分割すると①、[テキスト] パネル上のキャプションが複製されます。字幕のように連続でキャプションが必要な場合は、このようにキャプションを複製して、複製したキャプションに新しいテキストを入力してもよいでしょう。

キャプションのフォントや色を変える

通常のテキストと同じように [エッセンシャルグラフィックス] パネルでキャプションのフォントや色を変えたり、背景を付けたりできます。

フォントの種類や色を変更した状態

フォントを変える ➡ 246ページ
フォントの色を変える ➡ 257ページ

スタイルを作成する

キャプションのフォントサイズや色などの書式を変更した場合、スタイルとして登録しておくと、その書式を同じトラックのほかのキャプションにも適用できます。

① [エッセンシャルグラフィックス]パネルの[トラックスタイル]で[スタイルを作成]を選択します❶。

② [新規テキストスタイル]ダイアログボックスが表示されるのでスタイルの名前を入力し❷、[OK]ボタンをクリックします❸。

POINT

キャプションクリップごとにフォントや色を変えたい場合は[スタイルを作成]を行わず個別に調整しましょう。

③ 同じキャプショントラック上にあるほかのキャプションクリップにスタイルが反映されます。

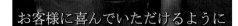

別のトラックにスタイルを適用する

テキストスタイルは別のキャプショントラックにも適用できます。

別のキャプショントラックのキャプション

① スタイルを作成したトラックとは別のトラックにあるキャプションクリップを選択し❶、[トラックスタイル]で作成したテキストスタイルをクリックします❷。

POINT

スタイルは複数登録できます。キャプショントラックごとにスタイルを変えたり、複数パターンのスタイルを比較したりしたい場合に活用しましょう。

② 同じキャプショントラック上にあるすべてのキャプションにスタイルが反映されます。

もっと
知りたい!

●キャプションをテキストとして書き出そう

[テキスト]パネル右上の[…]ボタンをクリックし❶、[SRTファイルに書き出し]または[テキストファイルに書き出し]をクリックすると❷、キャプションをテキストとして書き出せます。
ナレーション原稿としてテキストを共有したいときなどに役立ちます。

1 動画制作の基礎知識

2 プロジェクト管理と環境設定

3 カット編集

4 エフェクト

5 カラー調整

6 合成処理

7 テキストと図形の挿入

8 オーディオ機能

9 データの書き出し

10 VR動画の作成

11 他アプリとの連携

MORE

クローズドキャプションを作成する

視聴者側が表示・非表示を切り替えられる字幕（クローズドキャプション）の作成方法を解説します。

YouTubeやFacebook
などのSNSでも活用で
きます。

\# 字幕　　\# YouTube

クローズドキャプションとは

クローズドキャプションとは視聴者側が表示・非表示を切り替えられる字幕のことです。耳の不自由な人への配慮や、海外の人向けの動画などに使用されることもあります。
Premiere Proではこのクローズドキャプションを作成できます。
たとえばYouTubeでは字幕のオンオフを切り替えられますが、クローズドキャプションを作成しておくと、字幕オン時に自分で作成したキャプションを表示できます。クローズドキャプションを作成していない場合、YouTubeが自動作成した字幕が表示されます。

字幕オン

クローズドキャプションを作成する

クローズドキャプションを作成するには、キャプショントラックの形式を「CEA-708」に設定します。

① ［テキスト］パネルの［キャプション］タブを表示して❶、［キャプショントラックを新規作成］をクリックします❷。すると［新しいキャプショントラック］ダイアログボックスが表示されるので、［形式］を［CEA-708］にして❸、［OK］ボタンをクリックします❹。

② キャプションを作成します❺。
キャプションの作成方法 ➡ 285ページ

POINT

クローズドキャプションの形式は、CEA-708のほかにCEA-608があります。フレームサイズがHD以上の場合はCEA-708を選択し、SD以下の場合はCEA-608を設定しましょう。

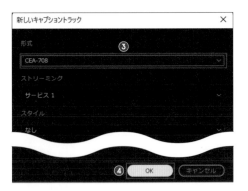

ファイルを書き出す

① [ファイル]メニュー→[書き出し]→[メディア]をクリックします❶。

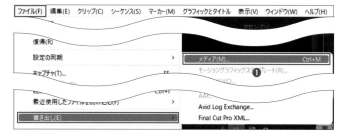

② 書き出し設定を行い❷、[キャプション]タブを開き❸、[書き出しオプション]を[サイドカーファイルの作成]にして❹、[ファイル形式]を[W3C/SMPTE/EBU タイム付きテキストファイル(.xml)]にします❺。[フレームレート]は編集した動画のシーケンスに合わせ❻、[書き出し]ボタンをクリックします❼。動画ファイルとキャプションファイルがそれぞれ書き出されます。

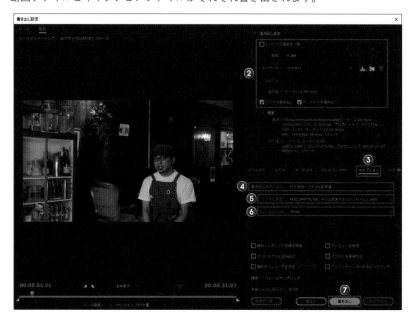

POINT

サイドカーファイルとは、動画そのものに付随して作成されるファイルのことで、ここでは字幕ファイルのことを表しています。
[ファイル形式]では、YouTubeを含む一般的な動画キャプションの形式であるxml形式を選択しています。xml形式は、タイミング情報、テキスト情報のほか、装飾したスタイルなども保持できます。srt形式も一般的な動画キャプション形式ですが、タイミング情報とテキスト情報のみ保持できます。mcc形式はMacCaptionというソフトで使われている形式です。

字幕を確認する

字幕が正しく表示されるか確認します。ここでは動画ファイル(mp4)とキャプションファイル(xml)をYouTubeにアップして表示・非表示を切り替えてみましょう。

① 動画ファイルを先にアップロードしたら、YouTube Studioの該当動画の設定画面から[字幕]をクリックします❶。言語を設定して❷、[確認]をクリックします❸。

動画ファイルをYouTubeにアップロードする
➡ 326ページ

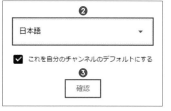

動画制作の基礎知識 1
プロジェクト管理と環境設定 2
カット編集 3
エフェクト 4
カラー調整 5
合成処理 6
テキストと図形の挿入 7
オーディオ機能 8
データの書き出し 9
VR動画の作成 10
他アプリとの連携 11
MORE

② ［追加］ボタンをクリックします❹。

③ ［ファイルをアップロード］をクリックすると❺、［字幕のファイル形式を選択］ダイアログボックスが表示されるので、タイムコードの有無を選択し❻、［続行］をクリックします❼。

④ 書き出した字幕ファイル（.xml）を選択して❽、［開く］をクリックします❾。

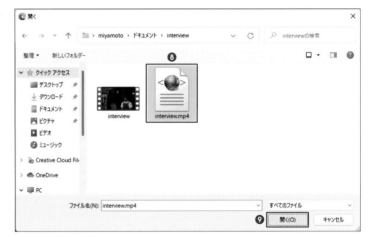

⑤ 字幕が設定されるので確認したうえで［公開］ボタンをクリックします❿。公開された動画を視聴する際に、［CC］ボタンをクリックすると字幕の表示と非表示を切り替えられます。

動画制作の基礎知識 1
プロジェクト管理と環境設定 2
カット編集 3
エフェクト 4
カラー調整 5
合成処理 6
テキストと図形の挿入 7
オーディオ機能 8
データの書き出し 9
VR動画の作成 10
他アプリとの連携 11
MORE

CHAPTER 7

SECTION 26

[テキスト]パネル

自動文字起こし機能を使って
キャプションを作成する

自動文字起こしの機能を使うと、音声クリップ内の音声を認識して自動的にテキストを作成できます。

インタビュー動画などでセリフを簡単に文字に起こせます。

自動文字起こし # 音声認識 # 字幕 # キャプションを分割 # キャプションを結合

自動文字起こし機能で文字を起こす

① [テキスト]パネルを開き、[キャプション]タブの[シーケンスから文字起こし]ボタンをクリックします❶。

② [自動文字起こし]ダイアログボックスが表示されるので、[言語]を設定し❷、[トラック上のオーディオ]から文字を起こしたい音声クリップのあるトラックを選び❸、[文字起こし開始]ボタンをクリックします❹。音声の解析が始まります。

POINT

解析に時間がかかる場合があります。[テキスト]パネルに進捗状況が表示されるのでしばらく待ちましょう。

③ [テキスト]パネルに文字起こしされたテキストが表示されます。

POINT

テキストをダブルクリックすると編集できる状態になります。必要に応じて、テキストを編集しましょう。

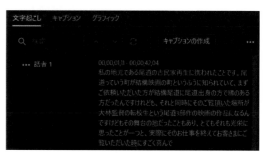

キャプションクリップを作成する

作成したテキストをキャプションクリップにしてタイムラインに並べます。

① [テキスト]パネルの[文字起こし]タブにある[キャプションの作成]をクリックします❶。

次のページへ続く ➡

② [キャプションの作成]ダイアログボックスが表示されるので、[文字の最大長]［秒単位の最小期間］［キャプション（フレーム）間のギャップ]を設定し❷、[作成]ボタンをクリックします❸。

文字の最大長
キャプションテキストの1行あたりの最大文字数を設定します。

秒単位の最小期間
キャプションを表示しておく最小時間を設定します。

キャプション（フレーム）間のギャップ
キャプションクリップの間に設けるフレーム数を設定します。

③ タイムラインにキャプションクリップが並びます❹。

再生ヘッドの位置にあるキャプションは[テキスト]パネルの[キャプション]タブで青いラインが付く

POINT

キャプションクリップは分割したり結合したりできます。[テキスト]パネルの[キャプション]タブでテキストを選択し❶、[キャプションを分割]ボタンをクリックすると❷、分割されます。複数のクリップを1つにまとめたい場合は、まとめたいクリップを [Shift] キーを押しながら選択し❸、[キャプションを結合]ボタンをクリックしましょう❹。

CHAPTER

8

オーディオ機能

この章ではBGMや会話音声など、
音に関するデータの編集方法を解説します。
音量の調整やノイズの除去に加え、Premiere Pro上で
音声を録音する方法も紹介します。

SECTION 1

BGMや効果音を挿入する

動画にはBGMや効果音といった音声（オーディオ）をあとから追加できます。ここでは基本的なオーディオの扱い方を解説します。

音声クリップ　# 読み込み

BGMも映像クリップと同じように読み込んでタイムラインに配置します。

音声ファイルを読み込む

音声ファイルの挿入方法は動画ファイルと同じです。まずは［プロジェクト］パネルにファイルを読み込みます。

①　［プロジェクト］パネルをダブルクリックすると❶、［読み込み］ダイアログボックスが表示されるので音声ファイルを選択し読み込みます。

POINT

エクスプローラーやFinderの音声ファイルを［プロジェクト］パネルに直接ドラッグしても読み込めます。

音声クリップをオーディオトラックに追加する

読み込んだ音声クリップをタイムラインのオーディオトラック（「A」と表示されたトラック）に追加します。

①　音声クリップをタイムラインのオーディオトラックにドラッグします❶。

POINT

動画クリップに音声が含まれている場合など［A1］トラックに音声クリップがあるときは、［A2］など空いているオーディオトラックにドラッグします。

②　タイムラインに音声クリップが追加されます。動画クリップと同じようにタイムライン上を移動してタイミングなどを調整できます❷。

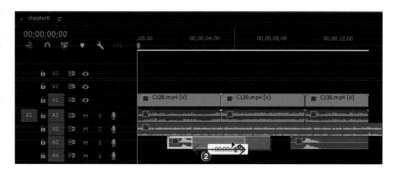

CHAPTER 8

SECTION
2

オーディオトラックのミュートとソロを切り替える

オーディオトラックはミュート（消音）したり、ソロ（単独）で再生したりできます。

複数の音声クリップをトラック別に配置している場合にミュートやソロを使いましょう。

トラックをミュート　# ソロトラック

オーディオトラックをミュートする

特定トラックの音をミュートすることで、ほかの音声を確認しやすくなります。

① オーディオトラックヘッダーの［トラックをミュート］ボタンをクリックします❶。

② ミュートがオンになり、ボタンの色が明るい緑になります❷。

POINT

ミュートを解除するには再度ボタンをクリックします。

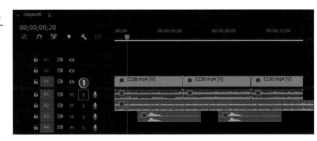

オーディオトラックをソロ再生する

複数のトラックのうち、特定のトラックの音声だけ聞きたい場合は、［ソロトラック］の機能を使います。

① オーディオトラックヘッダーの［ソロトラック］ボタンをクリックします❶。

② ソロトラックがオンになり、ボタンの色が黄色になります❷。この状態で再生すると、音声はこのトラックのみ再生されます。

POINT

ソロトラックを解除するには再度ボタンをクリックします。

POINT

ミュートとソロトラックは複数のトラックに適用できます。また、ミュートとソロトラックをどちらもオンにした場合は、ミュートが優先されます。

1 動画制作の基礎知識
2 プロジェクト管理と環境設定
3 カット編集
4 エフェクト
5 カラー調整
6 合成処理
7 テキストと図形の挿入
8 オーディオ機能
9 データの書き出し
10 VR動画の作成
11 他アプリとの連携
MORE

CHAPTER 8

SECTION
3

ミキサーを理解する

ミキサーは、複数の音源のバランスを整える機能です。トラックごと、ク
リップごとにミキサーが用意されています。

> ミキサーを使うこ
> とで、複数の音源を
> 俯瞰しながら音量
> バランスを整えら
> れます。

オーディオトラックミキサー　# オーディオクリップミキサー

[オーディオトラックミキサー]パネル

シーケンスに含まれる各オーディオト
ラックの入出力、音量、パン、エフェク
ト、オートメーションなどをまとめて
操作できます。全体の音量バランスを
整えて最終的なミックスを仕上げま
す。オーディオトラックミキサーのパ
ラメーターはタイムラインのオーディ
オトラックに対する操作と連動してい
ます。

POINT

[オーディオトラックミキサー]パ
ネルはワークスペースを[オーディ
オ]に切り替えると表示される。

❶エフェクトとセンドの表示／非表示

展開するとオーディオエフェクトとセンド（オー
ディオ信号の経路）を設定できます。

[fx]内にある
▼からオーディ
オエフェクトを
選択できる

❷入出力

上の[V]で入力元、下の[V]で出力先を設定できます。

❸パン（バランスコントロール）

音の定位を設定します。つまみをL側に動かすと左、
R側に動かすと右に定位が移動します。右クリックす
ると[書き込み中保護]モードに切り替えられ、オー
トメーションが反映されなくなります。

❹ミュート、ソロ、録音

[M]（トラックをミュート）、[S]（ソロトラック）、[R]
（このトラックに録音）を設定します。

参照 ➡ 295ページ

❺フェーダー、メーター

左側のつまみ（フェーダー）を上下して音量を調整し
ます。右側のメーターは音量レベルに連動して動き
ます。下の数字は増減レベルをdBで表しています。
右クリックするとメーターの表示範囲の変更やパラ
メーターのリセットができます。

❻トラック名

オーディオトラック名を設定できます。

❼ミックストラック

各トラックをまとめた全体のミックスバランスです。

❽再生、停止など

再生、停止、録音、イン点やアウト点へ移動などがで
きます。

❾オートメーションモード

オートメーションとは、音量やパンニングの操作を
キーフレームに記録し、再生時に制御を自動化する
機能です。再生時にオートメーションのオン・オフを
切り替えられるほか、記録方法を設定できます。

なし

オートメーションをオフにして再生します。

読み取り

記録されたオートメーションを反映して再生します。

ラッチ

フェーダー操作が記録されます。フェーダーから手
を離すと、その位置が記録され続けます。

タッチ

フェーダー操作を記録します。フェーダーから手を
離すと記録が解除され、以降はキーフレームに従っ
て制御されます。

書き込み

以前のオートメーションを破棄して新規にオート
メーションを作成します。

［オーディオクリップミキサー］パネル

［オーディオクリップミキサー］パネルではクリップごとの音量調整や確認ができます。タイムライン上の各操作と連動しており、タイムライン上で音量を調整したときの値は、［オーディオクリップミキサー］パネルに反映されます。［オーディオトラックミキサー］と違い、エフェクトの適用はできません。

POINT

> ［オーディオトラックミキサー］パネルはワークスペースを［オーディオ］に切り替えると表示されます。

❶ パン（バランスコントロール）

音の定位を設定します。つまみをL側に動かすと左、R側に動かすと右に定位が移動します。

音の振り分け ➡ 319ページ

❷ ミュート、ソロ、キーフレーム

［M］（トラックをミュート）、［S］（ソロトラック）、［◇］（キーフレームを書き込み）を設定します。

［M］や［S］はクリップ単体ではなくトラックに影響するので注意しましょう。［キーフレームを書き込み］ボタンについては「もっと知りたい！」を参照してください。

❸ フェーダー、メーター

左側のつまみ（フェーダー）を上下して音量を調整します。このつまみは298ページで紹介するタイムラインのクリップ上のラバーバンドと連動しています。右側のメーターは音量レベルに連動して動きます。下の数字は増減レベルをdBで表しています。右クリックするとメーターの表示範囲の変更やパラメーターのリセットができます。

❹ トラック名

オーディオトラック名を設定できます。

もっと知りたい！

●再生しながら音量のキーフレームを作成しよう

［オーディオクリップミキサー］パネルの［キーフレームを書き込み］ボタンをオンにして❶、再生しながら音量のフェーダー（つまみ）を上下にドラッグすると❷、その動きがキーフレームとして保存されます❸。［オーディオトラックミキサー］パネルの［オートメーションモード］がトラック単位でキーフレームを作成できるのに対して、この機能はクリップ単位で書き込みができます。BGMなどの音量を細かく調整するのにも便利です。

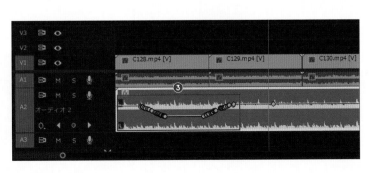

1 動画制作の基礎知識
2 プロジェクト管理と環境設定
3 カット編集
4 エフェクト
5 カラー調整
6 合成処理
7 テキストと図形の挿入
8 オーディオ機能
9 データの書き出し
10 VR動画の作成
11 他アプリとの連携
MORE

CHAPTER 8

SECTION
4

出力ボリュームを調整する

ここではタイムライン上で音声クリップのボリュームを変更する方法を
解説します。

\# 音量調整　　\# ラバーバンド　　\# dB（デシベル）

音量の調整は複数
のパネルで行えま
すが、まずはタイム
ラインで調整して
みましょう。

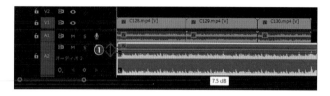

ラバーバンドを操作して
音量を調整する

タイムライン上のクリップには「ラバー
バンド」と呼ばれる音量を調整するた
めの線があります。このラバーバンドを上
下に動かして音量を調整します。

①　ボリュームを調整したいオーディ
オクリップのラバーバンドを上下
にドラッグしてボリュームを調整
します❶。上にドラッグするとボ
リュームが上がり、下にドラッグす
ると下がります。

POINT

ラバーバンドが見えない場
合はトラックの縦幅を広げ
ましょう。なお、音声がステ
レオの場合は、左右チャンネ
ルまとめて1本のラバーバン
ドで調整します。

POINT

音量を表す単位にdB（デシ
ベル）があります。通常、dB
の数値は特定の音量に対す
る相対的な音量の差を表し
ます。たとえばもとの音量の
最大値を0dBとした場合に、
そこからどれだけ増減する
かを表します。

②　ボリュームを調整できました。

POINT

ボリュームはエフェクトの一種です。
そのため［エフェクトコントロール］
パネルの［ボリューム］→［レベル］の
数値で調整可能です。ほかに［オーディ
オクリップミキサー］パネルでフェー
ダーを使った調整もできます。

ラバーバンドとエフェクト
コントロールのレベルは連
動している。レベルには最初
からキーフレームが作成
されるようにストップウォッ
チアイコンがオンになって
いる

ラバーバンドとオーディオ
クリップミキサーのフェー
ダーは連動している

もっと
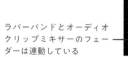
知りたい！

● ボリュームとゲインの違いを知ろう

ボリュームと似た機能にゲインがあります（299ページ）。
「ボリューム」はノイズ処理などのエフェクトを適用後に最
終出力される音量を増減して調整するもので、「オーディオ
ゲイン」はクリップ自体に含まれる信号の大きさそのものを
調整するのに使用します。オーディオゲインを変更すると
クリップに表示される波形の大きさが変わります。

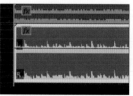

もとの波形

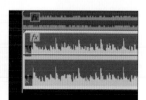

ゲインで調整した波形

CHAPTER
8

オーディオ機能

CHAPTER 8

SECTION 5

オーディオゲインで音量を調整する

298ページで紹介したボリュームではなく、オーディオゲインで音量を調整することもできます。

> 音声クリップごとのそもそもの音量にばらつきがあるときなど、ボリュームでは整えきれない場合にゲインを調整します。

オーディオゲイン

ゲインを調整して音量を調整する

オーディオゲインとはクリップに含まれるオーディオ信号の大きさを調整するもので、クリップ単体の調整だけでなく、複数クリップのノーマライズにも使用できます。

① 音量を調整したいオーディオクリップ上で右クリックし❶、［オーディオゲイン］をクリックします❷。

② ［オーディオゲイン］ダイアログボックスが表示されるので、必要に応じて以下の項目を調整して❸［OK］ボタンをクリックします❹。

> ［ピークの振幅］は、現在の波形の最大値（ピーク）を表している。この数字を参考に調整する

ゲインを指定
クリップのもとの音量を「0dB」として、指定した数値分調整します。たとえば「5dB」と指定すると、クリップのもとの音量から5dB大きくなります。「0dB」と指定すると、もとのクリップの音量に戻ります。

ゲインの調整
現在の音量を基準にゲインを増減できます。たとえば「5dB」にすると現在の音量から5dB大きくなり、「-5dB」とすると現在の音量（5dB大きい状態）から5dB小さくなります。

最大ピークをノーマライズ
波形の最大値を指定した値にします。通常は全体の音量を一定範囲に収めたい場合に使います。複数のクリップを選択してノーマライズした場合は、複数クリップ中の最大値を基準にすべてのクリップが調整されます。

すべてのピークをノーマライズ
波形の最大値を指定した値にし、それ以外のピーク（波形の山の部分）との差を平準化します。通常は、最大値を小さくしそれ以外の音量との差をなくしたい場合に使います。複数クリップを選択してノーマライズした場合は、それぞれのクリップのピークを基準に調整されます。　詳細 ➜ 301ページ

POINT

> もともとの音量が小さい場合、ゲインを大きくすると「サー」というノイズが増える可能性があります。また、増加幅によっては音割れを起こす可能性もあるため、最大ピークが0dBを超えない範囲で調整しましょう。

次のページへ続く ➡

③ クリップに収録されたもともとの音量が変更されます。オーディオクリップの波形も変化していることがわかります。

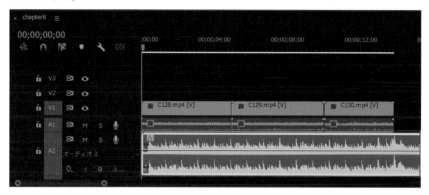

POINT

ゲインを調整する場合、クリップに極端に大きな音が含まれていないか波形をチェックする必要があります。極端に大きな音がそのままピークとなるため、ピークを基準にゲインを調整するノーマライズを行っても意図したような平準化はできません。極端な波形は切り離してから音量を調整するようにしましょう。

もっと
知りたい！

● 適切な音量の大きさとは？

Premiere Proで音量を設定する際に、自分の耳で聞いた感覚で設定する人が多いですが、音量は数値で表す（単位はdB）ことができるので、感覚ではなく実際に再生される環境に合わせて適切な音量に設定するようにしましょう。

まず、前提として音量は0dBを超えないように設定します。0dBを超えてしまうと音割れが発生する可能性があります。[タイムライン]横のオーディオメーター、または[オーディオトラックミキサー]パネルの各メーターを確認して必ず0dBを超えないように調整します。

トラックミキサーの詳細 ➡ 296ページ

また、dBとは別に適切な音量の概念として「ラウドネス」というものがあります。そのラウドネスに合わせるように会話やナレーション、BGM、効果音それぞれの音量を調整していきます。慣れないうちはラウドネスを合わせる調整は難しいと思います。簡単な方法としては一度それぞれの音量を適度に調整し、最後の書き出し時にラウドネスを調整するやり方があります。

ラウドネスの詳細 ➡ 321ページ
書き出し時にラウドネスを調整する ➡ 334ページ

[タイムライン]横のオーディオメーター

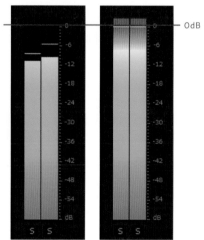

正常範囲内 　　　音割れの可能性がある

POINT

筆者の場合はそれぞれの音量は以下のように調整することが多いです。
会話、ナレーション：-5db ～ -10db
BGM：-18db ～ -30db
効果音：-5db ～ -12db
あくまで目安ですので、使用するBGMなどに合わせて調整してみましょう。

1 動画制作の基礎知識
2 プロジェクト管理と環境設定
3 カット編集
4 エフェクト
5 カラー調整
6 合成処理
7 テキストと図形の挿入
8 オーディオ機能
9 データの書き出し
10 VR動画の作成
11 他アプリとの連携
MORE

CHAPTER 8

SECTION
6

［タイムライン］パネル

複数のクリップの音量を均一化する

バラバラの音量で録音されたクリップの音声のピーク（最大音量）を揃えてクリップ間の音量を均一化（ノーマライズ）する方法を解説します。

 収録時の環境によってはクリップによって音量にバラつきが出ることがあります。

ノーマライズ 　# オーディオゲイン

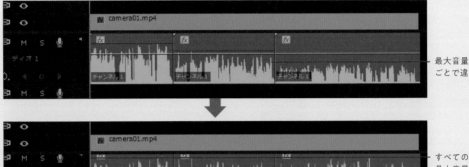

最大音量がクリップごとで違う

すべてのクリップの最大音量を揃えて均一化する

オーディオゲインを利用して音量を均一化する

① 音量を均一化させたい複数のクリップを選択して右クリックし❶、［オーディオゲイン］を選択します❷。

② ［オーディオゲイン］ダイアログボックスが表示されるので、［すべてのピークをノーマライズ］を選択し、値を入力して❸、［OK］ボタンをクリックします❹。

③ すべてのクリップの最大値が指定した数値になります。

最大値が指定した値になり、かつほかのピークとの差が平準化する

知りたい！

●すべてのクリップの音量を同じだけ変更するには？

［オーディオゲイン］ダイアログボックスで、［最大ピークをノーマライズ］を選択すると、選択したクリップの中で一番大きなピークが入力した数値に引き上げられ、その増減分がほかのクリップにも反映されます。たとえば入力値を「-3db」に設定したことで最も大きなピークを持つクリップが5dB上がったとすると、ほかのクリップも5dB上がります。この方法を使用すると各クリップ同士の音量差は変わりません。クリップ間の音量の差がない場合で、最大ピークを指定して抑えたい場合に使いましょう。

CHAPTER 8
SECTION 7

トラック単位で音量を調整する

ここではトラックごとに音量を調整する方法について解説します。

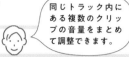

同じトラック内にある複数のクリップの音量をまとめて調整できます。

ラバーバンド　# ボリューム　# トラックのキーフレーム

トラックのラバーバンドを表示する

トラック単位で音量を調整するには、トラックのラバーバンドを表示します。

① オーディオトラックヘッダーの[キーフレームを表示]をクリックし❶、[トラックのキーフレーム]→[ボリューム]を選択します❷。

音量を調整する

ラバーバンドを上にドラッグすると音量が大きく、下にドラッグすると音量が小さくなります。

① ラバーバンドを上下にドラッグします❶。

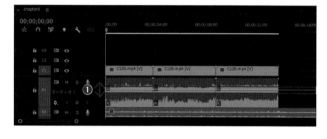

② トラックの音量が調整されます。

POINT

クリップ単位のラバーバンドに戻すには、[キーフレームを表示]→[クリップのキーフレーム]をクリックします。

POINT

トラックの音量は[オーディオトラックミキサー]パネルで該当のトラックのフェーダーを上下にドラッグしても調整できます。

オーディオトラックミキサーの詳細
➡ 296ページ

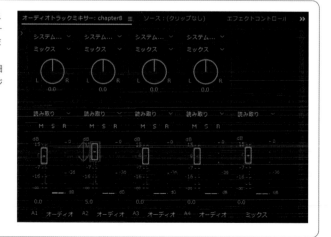

CHAPTER 8
SECTION 8

［エッセンシャルサウンド］パネルの概要

［エッセンシャルサウンド］パネルには編集する音声の種類ごとにいろいろなエフェクトが用意されています。

感覚的に音声の編集ができるので便利です。

会話　# ミュージック　# 効果音　# 環境音

［エッセンシャルサウンド］パネル

［エッセンシャルサウンド］パネルとは、音声を編集するためのさまざまなエフェクトプリセットが集約されたパネルです。編集する音声クリップの種類を［会話］［ミュージック］［効果音］［環境音］の中から選ぶと、それぞれに適したエフェクトが表示されます。たとえばBGMなどの音声クリップであれば［ミュージック］を選択します。すると、BGMの編集に適した、ラウドネスやリミックス、ダッキングなどの機能にすぐアクセスできます。

POINT

［エッセンシャルサウンド］パネルは［オーディオ］ワークスペースに切り替えるか、［ウィンドウ］メニューから表示できます。

［会話］

インタビューやナレーションなど人の声が収録された音声クリップを編集するときは［会話］を選択します。するとパネルの表示が切り替わり［ラウドネス］［修復］［明瞭度］［クリエイティブ］［クリップボリューム］が表示されます。

ラウドネス
選択した複数のクリップのレベルを統一します。

詳細 ➡ 321ページ

修復
音声に含まれる歯擦音などさまざまな種類のノイズを除去します。

詳細 ➡ 311ページ

明瞭度
音声のダイナミックレンジ（音の強弱）を調整できます。音声をより明瞭にしたいときに使います。またイコライザー（EQ）を使って指定した周波数帯域の音質を補正できます。

クリエイティブ
音声にリバーブ（残響）を追加できます。プリセットから、場所ごとにシミュレートした残響を選択できます。

クリップボリューム
クリップの音量を調整できます。ミュートの設定も行えます。

［オーディオタイプをクリア］をクリックすると、［会話］［ミュージック］［効果音］［環境音］の選択画面に戻る

POINT

［プリセット］を選択すると、シチュエーション別に［ラウドネス］［修復］［明瞭度］［クリエイティブ］が自動的に調整されます。

1 動画制作の基礎知識
2 プロジェクト管理と環境設定
3 カット編集
4 エフェクト
5 カラー調整
6 合成処理
7 テキストと図形の挿入
8 オーディオ機能
9 データの書き出し
10 VR動画の作成
11 他アプリとの連携
MORE

次のページへ続く ➡

［ミュージック］

BGMなどを編集するときは［ミュージック］を選択します。するとパネルの表示が切り替わり［ラウドネス］［デュレーション］［ダッキング］［クリップボリューム］が表示されます。

デュレーション
音声クリップをリミックスしたり、ストレッチしたりして長さを編集できます。

詳細 ➡ 324ページ

ダッキング
音声の切れ目に、別のクリップの音声を大きくする機能です。

詳細 ➡ 310ページ

クリップボリューム
クリップの音量を調整できます。ミュートの設定も行えます。

［効果音］

演出効果として加える爆発音やクラクションなどの効果音を編集するときは［効果音］を選択します。するとパネルの表示が切り替わり［ラウドネス］［クリエイティブ］［パン］［クリップボリューム］が表示されます。

クリエイティブ
リバーブを追加できます。プリセットからヘビーリバーブ（深い残響）、ライトリバーブ（軽い残響）、屋外、室内を選択できます。

パン
音の定位（方向）を変更できます。

クリップボリューム
クリップの音量を調整できます。ミュートの設定も行えます。

［環境音］

街の喧騒や川を流れる水の音など、背景で流れている音を編集するときは［環境音］を選択します。するとパネルの表示が切り替わり［ラウドネス］［クリエイティブ］［ステレオ幅］［ダッキング］［クリップボリューム］が表示されます。

クリエイティブ
リバーブを追加できます。プリセットから広い部屋、屋外、部屋、風エフェクトなどリバーブの種類を選択できます。

ステレオ幅
ステレオ幅を広げるほど、音に包み込まれるような臨場感のある音響になります。

クリップボリューム
クリップの音量を調整できます。ミュートの設定も行えます。

動画制作の
基礎知識 1

プロジェクト管理
と環境設定 2

カット編集 3

エフェクト 4

カラー調整 5

合成処理 6

テキストと
図形の挿入 7

オーディオ
機能 8

データの
書き出し 9

VR動画の
作成 10

他アプリとの
連携 11

MORE

CHAPTER 8

SECTION 9

［エッセンシャルサウンド］パネル

ソースに応じて音量を自動的に調整する

［エッセンシャルサウンド］パネルでは、オーディオのタイプごとに自動的に最適なオーディオゲインに調整できます。

自動で調整後に、手動で微調整するのがよいでしょう。

オーディオタイプ　# ラウドネス　# オーディオゲイン

音声クリップとオーディオタイプを選択する

ミュージック、会話、環境音（自然の音）、効果音（サウンドエフェクトなど）といった音声クリップの種類を選ぶだけで自動的に最適なオーディオゲインに調整します。

① 音量を調整したい音声クリップをクリックします❶。

POINT

［ウィンドウ］メニューの［エッセンシャルサウンド］にチェックを付けてもパネルを表示できます。

② ［エッセンシャルサウンド］パネルでオーディオタイプを選択します❷。

POINT

インタビューなど、声の音声クリップは［会話］、演出のために入れる効果音は［効果音］のように内容によってオーディオタイプを選択しましょう。

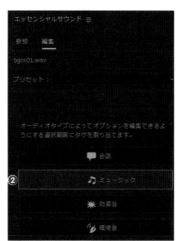

③ ［ラウドネス］をクリックして展開し❸、［自動一致］をクリックします❹。

POINT

［自動一致］をクリックすることで、選択したオーディオタイプに最適なラウドネスが適用されます。
ラウドネスの詳細 ➡ 321ページ

④ オーディオゲインが自動調整されます。

POINT

自動調整をリセットする場合は、［オーディオタイプをクリア］をクリックして、手順2からやり直します。

音をフェードイン／フェードアウトする

ここではオーディオトランジションを使って音をフェードイン、フェードアウトする方法について解説します。

> 音量が徐々に大きくなり、徐々に小さくなる効果です。

コンスタントパワー　# デフォルトのトランジション　# デュレーション　# ノイズ

デフォルトのトランジションを適用する

フェードイン、フェードアウトは使用頻度が高いため、［デフォルトのトランジション］として右クリックからすばやく適用できます。

① フェードインしたいクリップのイン点を右クリックして❶、［デフォルトのトランジションを適用］をクリックします❷。

② フェードインが適用された部分がベージュ色になり、「コンスタントパワー」と表示されたことを確認します❸。同じ操作をアウト点に行うとフェードアウトが適用されます❹。再生すると、始まりはだんだんと音が大きくなっていき、終わりはだんだんと小さくなっていくことがわかります。

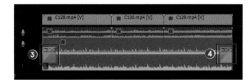

POINT

タイムライン上でクリップを選択して Shift + D キーを押すと、イン点とアウト点にコンスタントパワーを設定できます。ただしビデオクリップとリンクされている場合はビデオ側にもトランジションが適用されます。

デュレーションを変更する

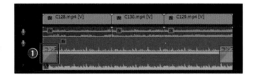

① フェードインやフェードアウトの継続時間を変えるにはクリップ上の［コンスタントパワー］をダブルクリックします❶。

② ［トランジションのデュレーションを設定］ダイアログボックスが表示されるので、［デュレーション］を設定して❷、［OK］ボタンをクリックします❸。

もっと
知りたい！

●［コンスタントパワー］でノイズをなくそう

カット編集をしていると、クリップとクリップのつなぎ目にプチッとノイズが入ってしまうことがあります。その場合はつなぎ目を瞬間的にフェードアウト、フェードインしましょう。これによってそのノイズをピンポイントで消去できます。クリップとクリップのつなぎ目に［コンスタントパワー］を適用し、デュレーションを2フレームほどに短くします。

CHAPTER 8

SECTION
11

キーフレームで音量を細かく変化させる

ラバーバンドにキーフレームを打つことで、フレーム単位で細かく音量
を調整できます。

> 音のフェードイン、
> フェードアウトな
> どもこの方法で再
> 現できます。

キーフレーム　# ペンツール　# レベル

ボリュームにキーフレームを作成する

[ペンツール]を使ってタイムラインのオーディオク
リップのラバーバンドにキーフレームを作成します。

① [ツール]パネルの[ペンツール]を選択します❶。

② ラバーバンド上にマウスポイン
ターを合わせて、マウスポインター
の形が ✎ になったタイミングでク
リックします❷。

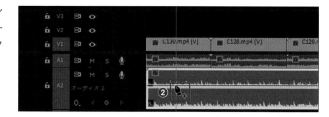

③ キーフレームが作成されます❸。

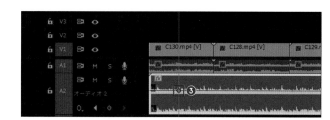

④ 手順2と同様に音量を変化させた
いポイントにキーフレームを追加
します❹。

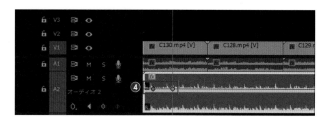

POINT

[エフェクトコントロール]パネ
ルの[ボリューム]→[レベル]で
[キーフレームの追加/削除]をク
リックしてもキーフレームを作成
できます。[アニメーションのオン
/オフ]ボタンがオンになってい
る場合は数値を変更するだけで自
動的にキーフレームが作成されま
す。

次のページへ続く ➡

サイドタブ（上から下）:
1 動画制作の基礎知識
2 プロジェクト管理と環境設定
3 カット編集
4 エフェクト
5 カラー調整
6 合成処理
7 テキストと図形の挿入
8 オーディオ機能
9 データの書き出し
10 VR動画の作成
11 他アプリとの連携
MORE

音量を調整する

キーフレームを上にドラッグすると音量
が上がり、下にドラッグすると音量が下
がります。左右にドラッグすると、キーフ
レームの位置を変更できます。

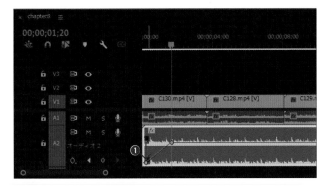

① キーフレームをドラッグします❶。
するとほかのキーフレームを基点
に音量やキーフレームの位置を調
整できます。

POINT

ここで作成したキーフレームに対する操
作は、アニメーションやエフェクトなどと
同様に［エフェクトコントロール］パネル
でも行えます。数値を入力して細かく調
整した場合などは［エフェクトコントロー
ル］パネルを活用しましょう。

（もっと）
知りたい！

●キーフレームを使って音をフェードイン、フェードアウトさせよう

4つのキーフレームでフェードイン、フェードアウトを表現できます。

① オーディオクリップの始め
の位置に2か所、終わりの
位置に2か所のキーフレー
ムを作成します❶。

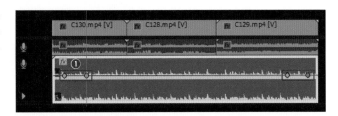

② 最初と最後のキーフレーム
を下にドラッグして、音量
を下げると❷、フェードイ
ン、フェードアウトが表現
できます。

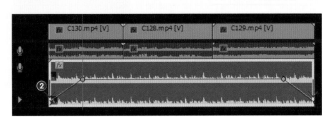

CHAPTER
8

オーディオ機能

関連　エフェクトを使って音をフェードイン、フェードアウトさせることもできます。➡306ページ

CHAPTER 8

SECTION
12

会話の切れ目にBGMを大きくする

ダッキングの機能を使うと、ナレーション中はBGMを小さくし、ナレーションの切れ目にBGMを大きくするといった調整を自動で行えます。

インタビュー映像などで流れるBGMの調整に使えます。

\# ダッキング　　\# キーフレーム

クリップにオーディオタイプを設定する

ここでは会話の収録された音声クリップとBGMクリップでダッキングを設定します。まずはクリップのオーディオタイプを設定します。なお、すでにオーディオタイプを設定済みの場合はこの操作は不要です。

① タイムラインで会話音声のクリップを選択し❶、［エッセンシャルサウンド］パネルで［会話］を選択します❷。

POINT

右の画面では、会話のクリップ（interview.mp4）が間隔を空けて3つ配置してあります。ターゲットにしたいクリップはすべて選択しましょう。

② タイムラインでBGMクリップを選択し❸、［エッセンシャルサウンド］パネルで［ミュージック］を選択します❹。

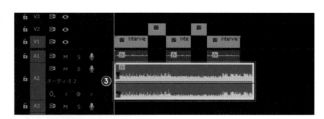

1 動画制作の基礎知識

2 プロジェクト管理と環境設定

3 カット編集

4 エフェクト

5 カラー調整

6 合成処理

7 テキストと図形の挿入

8 オーディオ機能

9 データの書き出し

10 VR動画の作成

11 他アプリとの連携

MORE

次のページへ続く ➡

ダッキングを設定する

2つのクリップの音量を交互に調整する機能を「ダッキング」といいます。ダッキングの設定では、主として聞きたい音声を「ターゲット」とします。たとえば会話中はBGMを下げて会話が聞き取れるようにする場合は会話がターゲットとなります。

① BGMクリップを選択した状態で[ダッキング]にチェックを付けます❶。

② [ダッキングターゲット]を[会話クリップに対してダッキング]にして❷、[キーフレームを生成]をクリックします❸。

③ BGMクリップにキーフレームが作成されます❹。会話に設定したクリップがある部分はボリュームが下がり、それ以外の部分ではボリュームが上がっていることがわかります。

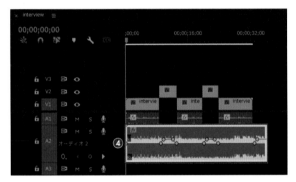

もっと 知りたい！

●ダッキングの詳細設定を使いこなす

ダッキングには[感度][ダッキング適用量][フェード]の3つの詳細設定があります。それぞれ設定後に[キーフレームを生成]をクリックすると、クリップに反映されます。

❶感度

ダッキングを適用する感度を設定します。高くすると応答性が高くなり、[会話]に設定したクリップに対してより細かいキーフレーム作成を行います。

❷ダッキング適用量

ダッキング時の音の増減の量を指定します。

❸フェード

音量が変わる前後のフェード（徐々に上がったり下がったりする）の長さを調整します。

1 動画制作の基礎知識

2 プロジェクト管理と環境設定

3 カット編集

4 エフェクト

5 カラー調整

6 合成処理

7 テキストと図形の挿入

8 オーディオ機能

9 データの書き出し

10 VR動画の作成

11 他アプリとの連携

MORE

CHAPTER 8
SECTION 13

音声に含まれるノイズを除去する

撮影時の環境によっては音声にサー、ザーといったノイズが入る場合があります。ここではノイズを簡単に除去する方法を解説します。

> ノイズは作品のクオリティに大きく影響するので、できるだけ除去しましょう。

\# 修復　\# ノイズを軽減　\# 雑音を削減　\# ハムノイズ音を除去　\# 歯擦音を除去　\# リバーブを低減

[ノイズを軽減]を適用する

[エッセンシャルサウンド]パネルにはさまざまなノイズに対応したエフェクトが用意されています。ここでは使用する頻度の高い[ノイズを軽減]を適用します。

① [オーディオ]ワークスペースに切り替え、ノイズを除去したいクリップを選択します❶。[エッセンシャルサウンド]パネルの[編集]タブにあるオーディオタイプの[会話]をクリックします❷。

② [修復]の[ノイズを軽減]にチェックを付けると❸、ノイズを軽減できます。スライダーを左右にドラッグして軽減量を調整します❹。

POINT

[エッセンシャルサウンド]パネルでチェックを付けると、該当するエフェクトを適用した状態になります。[ノイズを軽減]にチェックを付けると、それに該当する[クロマノイズ除去]エフェクトを適用した状態となり[エフェクトコントロール]パネルにも反映されます。

POINT

数値を上げすぎると違和感のある音になってしまうので注意しましょう。またノイズを軽減すると、音量も小さくなってしまうので、音量調整とバランスをとりながら調整します。

もっと
知りたい！

●[修復]機能を使いこなそう

[エッセンシャルサウンド]パネルの[修復]には、[ノイズを軽減]以外にも音質を上げる機能が用意されています。それぞれの違いを理解して、目的に合わせて使いましょう。

❶ノイズを軽減
マイクの背景音やクリック音などの不要なノイズを軽減します。

❷雑音を削減
80Hz以下の超低周波数のノイズを削減します。

❸ハムノイズ音を除去
50Hzまたは60Hzの電源周波数に起因する、「ジジジ」「ブーン」といった雑音を除去します。

❹歯擦音を除去
サ行を発音するときに発生する「シー」「スー」といった高周波数の歯擦音を除去します。

❺リバーブを低減
残響音を低減します。

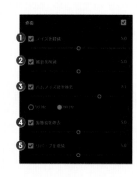

CHAPTER 8
SECTION 14
映像に合わせて音声を録音する

ボイスオーバー機能を使うとPremiere Proで編集をしながら音声を追加
できます。

> 動画に合わせてナレー
> ションを追加したり、
> アテレコをしたりする
> ときなどに使います。

アテレコ　# 環境設定　# ボイスオーバー

オーディオの設定をする

まずは下準備として、収録中の音声がス
ピーカーから出て、それを拾ってしまう
フィードバックやエコーの発生を防ぐた
めの設定をします。

① [編集]メニュー(Macの場合は
[Premiere Pro]メニュー)→[環
境設定]→[オーディオ]をクリッ
クします❶。

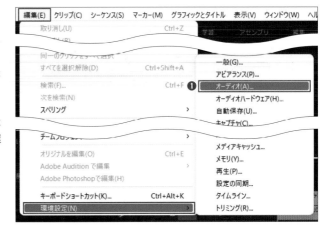

② [環境設定]ダイアログボックスが
表示されるので、[オーディオ]タブ
の[タイムラインへの録音中に入力
をミュート]にチェックを付けて❷
[OK]ボタンをクリックします❸。

ボイスオーバーを設定する

ボイスオーバー録音の設定をします。動
画の再生のタイミングと合わせて音声を
録音する場合、カウントダウン後に再生と
録音が始まるようにすると便利です。ま
ずカウントダウンの設定を行いましょう。

① オーディオトラック上でオーディ
オを追加したいオーディオトラック
ヘッダーの上で右クリックし❶、[ボ
イスオーバー録音設定]をクリック
します❷。

1 動画制作の基礎知識

2 プロジェクト管理と環境設定

3 カット編集

4 エフェクト

5 カラー調整

6 合成処理

7 テキストと図形の挿入

8 オーディオ機能

9 データの書き出し

10 VR動画の作成

11 他アプリとの連携

MORE

② [ボイスオーバー録音設定]ダイアログボックスが表示されます。[Source]と[Input]で使用するマイクなどの入力装置を選択し❸、カウントダウン音などのオプションを設定します❹。設定したら[Close]ボタンをクリックします❺。

Countdown Sound Cues(カウントダウン音)

録音が始まるまでのカウントダウン時に音が鳴ります。

Preroll(プリロール)

録音が始まる前のカウントダウンの秒数です。0にすると[ボイスオーバー録音]ボタンをクリックしたタイミングで録音が始まります。

Postroll(ポストロール)

録音範囲が指定されている場合に、終わるタイミングのカウントダウンの秒数です。録音範囲はタイムライン上でイン点とアウト点を打って設定できます。

録音を開始する

① [ボイスオーバー録音]ボタンをクリックします❶。Prerollに設定した秒数のカウントダウンが[プログラムモニター]に表示され❷、録音が始まります。

POINT

> ほかのトラックに音声クリップがある場合、それが再生されて録音されてしまいます。録音するトラックの[ソロトラック]をオンにする、またはほかのトラックの[ミュート]をオンにしてほかの音が録音されないようにしましょう。
> [ソロトラック]と[ミュート]について
> ➡ 295ページ

② 音声を入力します。録音中はプログラムモニターの下部に「レコーディング中」と表示されます❸。

次のページへ続く ➡

録音を停止する

録音範囲を設定していない場合は、停止の操作を行って録音を終えます。

① [プログラムモニター]の[再生／停止]ボタンをクリックします❶。

ショートカット **再生／停止**
Space

② タイムライン上に音声クリップが作成されます❷。[プロジェクト]パネルにも音声クリップが作成されていることが確認できます❸。

POINT

録音はタイムライン上の[再生ヘッド]がある位置、またはイン点が設定されている場合はその位置から開始されます。アウト点も設定されている場合は、その点までが録音の範囲となります。

ショートカット **イン点の設定**
I

再生ヘッドがある位置から録音が開始される

ショートカット **アウト点の設定**
O

イン点とアウト点が設定されている場合はその範囲が録音の対象となる

[タイムライン]パネル

モノラルとステレオを使い分ける

音声にはチャンネル数の違いによってモノラルとステレオの2種類があります。オーディオトラックでのこれらの扱い方を理解しましょう。

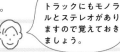

Premiere Pro では トラックにもモノラルとステレオがありますので覚えておきましょう。

\# トラックの追加   \# プロパティ

音声のチャンネルを理解する

映像制作では、使用する音声のチャンネル（ch）数も大切な要素です。チャンネルとは入出力の経路数のことで、たとえば音声を1本のマイクで入力（収録）すれば1ch、2本であれば2ch、となります。複数のチャンネルで音声を収録することで、臨場感を表現できます。2chで作成された音源であれば、出力も2chにしないとその効果を得られません。

Premiere Proでは、音声クリップをタイムラインに配置すると、もとの音源のチャンネル数に自動的に設定されますが、オーディオトラックごとにあらかじめチャンネル数を設定することもできます。映像制作／オーディオ制作アプリケーションによっては、1トラック1チャンネルで扱うものもあります。Premiere Proで作成したデータをそのようなアプリケーションで開くと、オーディオトラックが意図と異なる構成になる場合があるため、外部とやりとりする可能性があるプロジェクトでは、オーディオトラックのチャンネル数を決めておく必要が生じます。

モノラル

ステレオ

POINT

1chで作成された音源を「モノラル」、2chで作成された音源を「ステレオ」といいます。出力数によって、2.1chや5.1chなどもあります。2.1chは、左右2つのスピーカーに低音再生用のウーファーが1つ、5.1chは前方左右、後方左右、低音再生用ウーファー、という組み合わせになります。1本のスピーカーが1ch、ウーファーが0.1chという数え方です。

モノラルかステレオか確認する

使用しているクリップの音声がモノラル、ステレオどちらで収録されているかは[プロジェクト]パネル上で確認できます。

① [プロジェクト]パネルに読み込んだ映像クリップ、またはオーディオクリップを右クリックし❶、[プロパティ]をクリックします❷。

② [プロパティ]画面の[ソースのオーディオ形式：]にモノラルかステレオかが表示されます❸。

1 動画制作の基礎知識

2 プロジェクト管理と環境設定

3 カット編集

4 エフェクト

5 カラー調整

6 合成処理

7 テキストと図形の挿入

8 オーディオ機能

9 データの書き出し

10 VR動画の作成

11 他アプリとの連携

MORE

次のページへ続く ➡

POINT

[プロジェクト]パネルで映像ク
リップまたはオーディオクリッ
プをダブルクリックして[ソー
ス]パネルに表示させて波形を確
認してもモノラルかステレオか
を確認することができます。

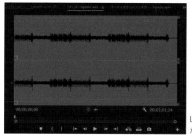

LとRで分かれているのでステレオ
だとわかる

トラック追加時にモノラル、ステレオを選ぶ

オーディオトラックにはモノラル用のトラック
とステレオ用のトラックがあります。追加する
オーディオトラックの種類を選択して、モノラ
ルはモノラル用のトラック、ステレオはステレ
オ用のトラックに配置するようにしましょう。

(1) オーディオトラックヘッダー上で右ク
リックし❶、[複数のトラックを追加]を
クリックします❷。

(2) [トラックの追加]ダイアログボックスが
表示されるので[オーディオトラック]
の[追加]に追加したいトラック数を入
力し❸、[トラックの種類]を選択します
❹。[標準]がステレオトラック、[モノラ
ル]がモノラルトラックを指します。ここ
では[モノラル]を選択しました。最後に
[OK]ボタンをクリックします❺。

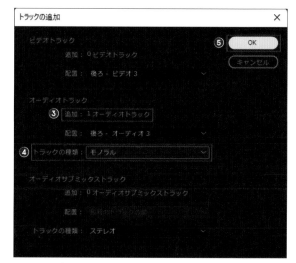

(3) モノラルトラックが追加されます❻。

モノラルトラックのアイコン
(ステレオトラックの場合は
アイコンが表示されない)

動画制作の
基礎知識 1

プロジェクト管理
と環境設定 2

カット編集 3

エフェクト 4

カラー調整 5

合成処理 6

テキストと
図形の挿入 7

オーディオ
機能 8

データの
書き出し 9

VR動画の
作成 10

他アプリとの
連携 11

MORE

CHAPTER 8

SECTION
16

[プロジェクト]パネル

ステレオクリップの左右のチャンネルを分離する

ステレオクリップは左右のチャンネルを分離して、モノラルクリップに変換し、トラックを分けて配置することができます。

ステレオ # モノラル # オーディオチャンネル

> 音声がステレオのままだと編集しづらい場合があります。

モノラルとステレオを変換するケース

対談の音声などを収録する場合に、送信機2つ、受信機が1つのワイヤレス型のマイクを使って2人の声を同時に収録することがあります。収録する形式をステレオにした場合、2人の声がL（左）とR（右）それぞれのチャンネルに入るので、Premiere Proのタイムラインに並べると、1つのトラックに読み込まれます。音声の形式をモノラルに変更することでLとRが別のトラックに配置され個別に調整できるようになります。

ステレオのため、2人の会話が1つのトラックに入っている（LとR）ので、それぞれの調整ができない

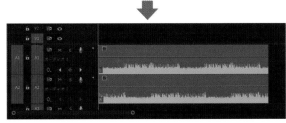

音声を分離することでLとRでトラックが分かれ、それぞれの調整ができる

ステレオのチャンネルを分離する

ステレオ音声の左右チャンネルを分離し、それぞれモノラル音声としてタイムラインに並べます。

① [プロジェクト]パネルの音声クリップを右クリックし❶、[変更]→[オーディオチャンネル]をクリックします❷。

② [クリップを変更]ダイアログボックスが表示されるので、[プリセット]を[モノラル]に変更します❸。クリップ1とクリップ2に分かれ、それぞれLとRが割り振られているのを確認して❹、[OK]ボタンをクリックします❺。

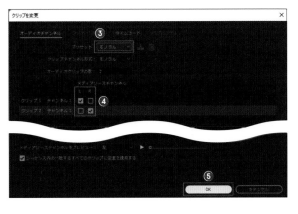

POINT

クリップの変更をした際、すでに同じクリップがタイムラインに並んでいる場合、次のような表示が出ます。この操作は、すでにタイムラインへ並べているクリップへは対応していないのでクリップをタイムラインに並べる前に変換をしておきましょう。

次のページへ続く➡

③ タイムラインにドラッグすると⑥、トラックが分かれて並べられます。

POINT

モノラルにしたクリップは、モノラル用のトラックを追加して、そこに配置するようにしましょう。
モノラル用のトラックを追加する ➡ 316ページ

もっと
知りたい！

●ステレオクリップを分割してモノラルクリップにしよう

このセクションで説明した方法は、音声クリップ自体はステレオのまま、タイムラインに配置時にモノラルトラックに分離する方法ですが、クリップ自体を左右チャンネルで2つに分離する方法もあります。

① [プロジェクト]パネルでモノラルに分割したいステレオのクリップを選択します❶。

② [クリップ]メニューの[オーディオオプション]→[モノラルクリップに分割]を選択します❷。

③ [プロジェクト]パネルに[○○右][○○左]という名前の新しいクリップが作成されます❸。

④ モノラルトラックにそれぞれ配置して使用できます。

音声を左右に振り分ける

音声は、トラックごとに左右または中央に振り分けて再生できます。

Aさんの声は左から、Bさんの声は右からというようにスピーカーの向きを変えたい場合に使います。

\# オーディオトラックミキサー　　\# パン　　\# パンニング

音の再生される向きを調整する

音声には聞こえてくる方向があります。これを「定位」といい、定位を設定する機能を「パン」、定位を設定することを「パンニング」といいます。パンニングによって左右の音量バランスを調整したり、トラックごとに音声を左右に振り分けたりすることができます。

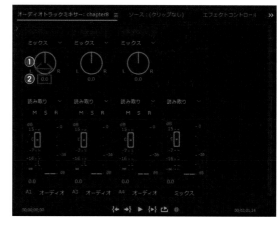

① ［オーディオトラックミキサー］パネルを表示します。

② パンつまみを左右にドラッグするか❶、数値を入力して❷、再生しながら目的の定位になるよう調整します。パンの数値は中央が0、右が100、左が-100です。100または-100にすると、反対側からは完全に聞こえなくなります。

POINT

> センターに戻すには、0と入力するかつまみをダブルクリックします。

POINT

> LとRどちらかを100にする場合、つまみの左右にあるLとRそれぞれをクリックすれば一度で100（Lの場合 − 100）に調整することが可能です。

もっと
知りたい！

●オーディオメーターでチェックする

［オーディオトラックミキサー］パネルの右端にある［ミックス］のメーターは、すべてのトラックをまとめた左右の再生音量を表しています。このメーターの左右の振れ幅がなるべく同じになるように調整すると、バランスがとれたミックスになります。

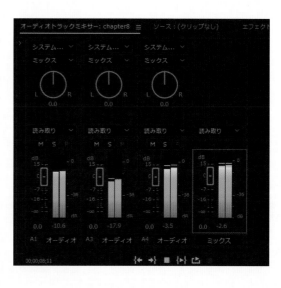

1 動画制作の基礎知識

2 プロジェクト管理と環境設定

3 カット編集

4 エフェクト

5 カラー調整

6 合成処理

7 テキストと図形の挿入

8 オーディオ機能

9 データの書き出し

10 VR動画の作成

11 他アプリとの連携

MORE

CHAPTER 8

SECTION
18

片方しか出ない音を両方出るようにする

マイクの不調などで、再生したときに左右どちらかのスピーカーからしか音が出ない場合があります。音を振り分けて調整しましょう。

両方のスピーカーから音が出るようにする対処法を知っておきましょう。

\# 左チャンネルを右チャンネルに振る

オーディオクリップの波形、オーディオクリップミキサー（オーディオトラックミキサーどちらでも）を見ても片方からしか音が出ていないことがわかる

エフェクトを使用して片方の音をもう片方に振る

［左チャンネルを右チャンネルに振る］エフェクトを使用して、音が入っていない右チャンネルに左チャンネルの音を入れて両方から出るようにします。

① ［エフェクト］パネルより［オーディオエフェクト］→［スペシャル］→［左チャンネルを右チャンネルに振る］エフェクトをタイムライン上の片方（左）しか音が出ないオーディオクリップにドラッグ＆ドロップします❶。

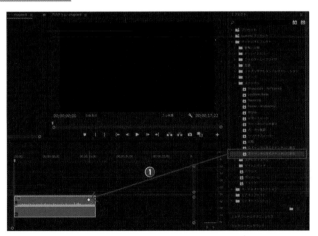

POINT

右側しか音が入っていないときは［右チャンネルを左チャンネルに振る］を使用しましょう。逆になると両方から音が出なくなりますので注意しましょう。

② 再生すると左右チャンネルから音が出ます。オーディオクリップの波形は変わらず左側のみ表示されています。

POINT

タイムラインのクリップを見ると、波形は変わっていないことがわかります。このエフェクトは、もとの音声は変更せずに再生される音を振り分けているだけです。

SECTION
19

ラウドネスを計測する

ラウドネスを計測して、編集中の動画が納品先や公開先の規格に沿った
ものになっているかを確認しましょう。

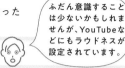

ふだん意識すること
は少ないかもしれま
せんが、YouTubeな
どにもラウドネスが
設定されています。

ラウドネスメーター   # ターゲットラウドネス

ラウドネスとは

「ラウドネス」とは人間の耳に聞こえる音の大きさを表す概念で、業界や媒体ごとに標準的なラウドネスが数値
として定められています。たとえばテレビでは、番組やCMなどさまざまな動画が放映されますが、どの動画も
音量は均一化されています。これはテレビで流す動画のラウドネスが-24 LUFS（LUFSはラウドネスを表す単
位。LKFSと表記する場合もある）と定められているためです。これによって、制作者ごとに音量のばらつきが
生じないようになっているのです。ラウドネスの大きさは各クリップやトラックの音量（ボリュームやゲイン）
を調整することによって変化します。

［ラウドネスメーター］を
表示する

ラウドネスの値は［ラウドネスメー
ター］から確認できます。

① ［オーディオトラックミキサー］
パネルの［エフェクトとセン
ドの表示／非表示］ボタンをク
リックします❶。

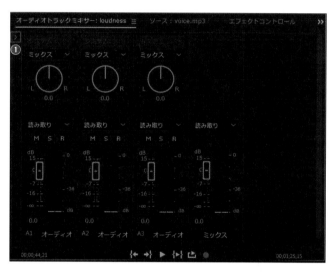

② エフェクト表示に切り替わり
ます。一番右にあるマスタート
ラックの▼ボタンをクリックし
❷、［スペシャル］→［ラウドネ
スメーター］を選択します❸。

POINT

> ミックストラック以外の［ラウドネ
> スメーター］を開くと、トラック単
> 体でのラウドネスを測れます。

③ 追加された［ラウドネスメー
ター］をダブルクリックします
❹。

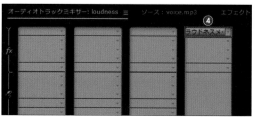

1 動画制作の基礎知識
2 プロジェクト管理と環境設定
3 カット編集
4 エフェクト
5 カラー調整
6 合成処理
7 テキストと図形の挿入
8 オーディオ機能
9 データの書き出し
10 VR動画の作成
11 他アプリとの連携
MORE

次のページへ続く ➡

ラウドネスを計測する

再生すると計測が始まります。計測結果によって、クリップの音量を変更するなどして目的のラウドネスになるように調整しましょう。

① [ラウドネスメーター]ダイアログボックスの[レベルメーター]タブが表示されている状態で❶、タイムラインの再生ヘッドをスタート位置に移動して[プログラムモニター]の[再生]ボタンをクリックします❷。

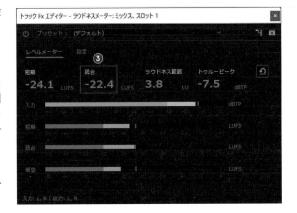

② 自動的に計測が始まります。[プログラムモニター]の[停止]ボタンをクリックするか、最後まで再生すると、計測が終了します。

③ [統合]の数値がラウドネスの大きさを表します❸。

POINT

目標としている数値と異なる場合は、クリップやトラックのボリュームを調整してみましょう。
たとえばYouTube用の動画を作成する場合は-14LUFSあたりを目安にし、計測結果がそれより小さい場合は、ボリュームを上げて調整します。

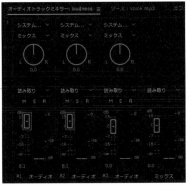

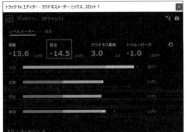

ボリュームなどを調整して目標の数値に近づける

POINT

調整後、再び計測するときは[ラウドネスメータ]ダイアログボックスの[メーターをリセット]ボタンをクリックしましょう。クリックせずに計測すると、以前のデータに上乗せしたデータが計測されてしまいます。

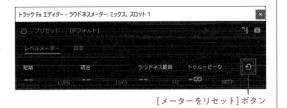

[メーターをリセット]ボタン

(関連) 書き出すときにラウドネスを設定することもできます。 ➡ 334ページ

音楽を動画のデュレーションに合わせてリミックスする

リミックスの機能を使うと、動画の長さに合わせてBGMなどの音声クリップの長さを自動的に調整できます。

リミックスツール # ストレッチ

音声クリップのデュレーションを変更するだけで簡単にできます。

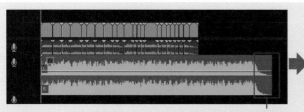

音が小さくなって終わる

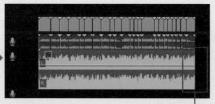

カットしたため不自然な終わり方

映像の尺に対してBGMの尺が長い場合、後ろをカットすると曲の終わり方が変わってしまう

通常、動画の長さにBGMの長さを揃えるには、BGMを途中でフェードアウトさせたり、音声クリップをカット編集してつなぎ合わせて長さを揃えるという作業が必要でした。後者の場合、不自然にならないようにユーザーがカット編集を行う必要がありましたが、リミックス機能を使うと、AIが自動的に自然な形にカット編集してくれます。

[リミックスツール] を使うと終わり方を変化させずに全体の尺を調整できる

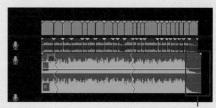

音が小さくなって終わる

リミックス機能を使う

リミックス機能はBGMなどの音声クリップをAIが分析して、自動的に動画のデュレーションに合わせる機能です。

① [ツール] パネルの [リップルツール] を長押しして [リミックスツール] を選択します❶。

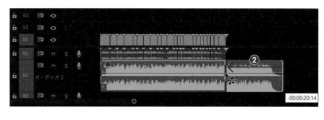

② 音声クリップのアウト点にマウスポインターを合わせると♫の形になります。その状態で必要な長さまでドラッグします❷。

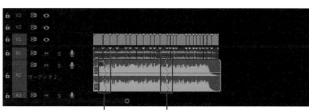

③ 音声クリップがリミックスされます。

自動的にカット編集される

POINT

リミックスされた音声クリップのデュレーションは指定したデュレーションに対して+-5秒内の差が出ます。ピッタリ合わせたい場合は映像クリップ側のデュレーションを調整しましょう。

1 動画制作の基礎知識
2 プロジェクト管理と環境設定
3 カット編集
4 エフェクト
5 カラー調整
6 合成処理
7 テキストと図形の挿入
8 オーディオ機能
9 データの書き出し
10 VR動画の作成
11 他アプリとの連携
MORE

次のページへ続く ➡

リミックスの内容を調整する

リミックスの内容は[エッセンシャルグラフィックス]パネルであとから調整できます。カットされる部分の数や場所が変わるので、実際に再生して音楽を聴きながら調整してみましょう。

① リミックスした音声クリップを選択します❶。

② [エッセンシャルサウンド]パネルの[Customize]を展開し❷、[セグメント]❸や[バリエーション]❹のスライダーをドラッグして調整します。

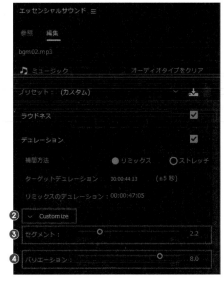

セグメント

リミックスで作成される編集箇所を調整できます。値を小さくすると、必要最低限の編集になり、大きくすると編集箇所が増え、より柔軟にリミックスできます。

バリエーション

メロディまたはハーモニーどちらよりのリミックスにするかを調整できます。値を小さくするとメロディが自然になるように、大きくするとハーモニー(和音)が自然になるようにリミックスされます。ソロ楽器を使った音声であれば、値を小さくしメロディよりに、オーケストラなどハーモニーの強い音声であればハーモニーよりの数値にするとよい結果が得られます。

POINT

初期設定では[セグメント][バリエーション]の数値は「5.0」になっています。

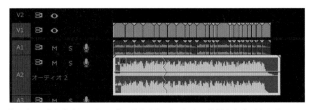

[セグメント]や[バリエーション]の値を変えると、カットの位置や内容が変わる

●[ストレッチ]を使ってデュレーションを変えよう

[ストレッチ]の機能を使うと指定したデュレーションの範囲内で早送り、またはスローにできます。

① [リミックスツール]でデュレーションを変更後、[エッセンシャルサウンド]パネルで[デュレーション]の[補間方法]を[ストレッチ]にします。

デュレーションを短く調整した場合は早送りに、長くした場合は、スローになります。

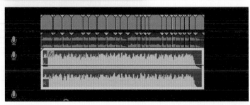

デュレーションを短くした分早送りになっている

Chapter
8

オーディオ機能

324

CHAPTER

9

データの書き出し

この章ではPremiere Proで編集した動画を1つのファイルとして
書き出す方法を解説します。
編集した動画のうち、部分的に書き出したり、
音声だけを書き出したりもできます。

CHAPTER 9

SECTION
1

動画を書き出す

シーケンスに含まれるさまざまなクリップは、書き出しを行うことで1本の動画ファイルになります。

> パソコンやスマートフォンで視聴したり、YouTubeにアップロードするにもこの作業が必要です。

\# YouTube用に書き出し　\# 形式　\# プリセット　\# H.264

書き出しとは

Premiere Proで作成したシーケンスには、複数のクリップやトラックが含まれていて、このままではPremiere Pro上でしか再生できません。これらを1つの動画ファイルとしてまとめる作業を「書き出し」といいます。汎用的なファイルとして書き出すことで、さまざまなプラットフォーム（媒体）で再生できるようになります。

書き出し設定画面に切り替える

書き出しはシーケンス単位で行います。[タイムライン]パネルで書き出したいシーケンスを選択し、書き出し設定の画面に切り替えます。

① [タイムライン]パネルで書き出したいシーケンス名をクリックし❶、ヘッダーバーの[書き出し]タブをクリックします❷。

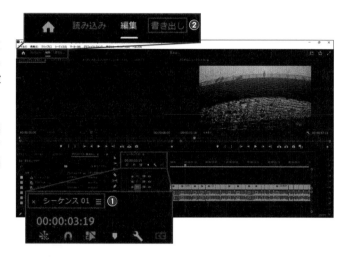

書き出しの設定を行う

書き出し設定の画面で書き出し先や、プリセット、形式を選択します。

① 真ん中の列で[ファイル名][場所][プリセット][形式]を選択します❶。

POINT

左の列からYouTubeやVimeoなどのプラットフォームを選択すると、[パブリッシュ]タブからアップロードに必要な設定ができます。

② 詳細を設定したら❷、[書き出し]ボタンをクリックします❸。

詳細設定について
➡ 328ページ（もっと知りたい！）

左の列：出力先を選択する
中央の列：書き出しの設定を行う
右の列：書き出す内容のプレビュー、範囲の設定を行う

1 動画制作の
基礎知識

2 プロジェクト管理
と環境設定

3 カット編集

4 エフェクト

5 カラー調整

6 合成処理

7 テキストと
図形の挿入

8 オーディオ
機能

9 データの
書き出し

10 VR動画の
作成

11 他アプリとの
連携

MORE

③ エンコードが始まり、進捗率が100%になったら動画が書き出されます。

④ 手順1で指定した場所に動画ファイルが作成されているので、ファイルを開いて再生してみましょう。

POINT

[プリセット]には、書き出すときに設定する各項目の内容があらかじめ調整された状態でセットされており、目的に合わせて選びます。プリセットを選択すると、それに合わせて[形式]も設定されます。たとえばここで選択されているH.264とは動画ファイルの圧縮方法の1つで、高画質ながらもファイルサイズを小さくできる形式です。YouTubeをはじめ各種SNSでよく利用されています。

POINT

[プリセット]のリストにある[その他のプリセット]をクリックすると❶、[プリセットマネージャー]が表示され、さらに多くのプリセットの中から選べます。その際に名前の先頭にある★のマークをオンにすると❷、お気に入りとして登録され、次回からプリセット一覧に表示されるようになります。また[プリセットマネージャー]でプリセットの読み込みや書き出しもできます。

プリセットを読み込んだり、書き出したりできる

クイック書き出しをする

詳細設定が不要な場合はクイック書き出しを利用しましょう。ファイル名、書き出し先、プリセットを設定するだけですばやく書き出しを行えます。

① ワークスペースで、[クイック書き出し]ボタンをクリックします❶。[クイック書き出し]ダイアログボックスが表示されるので[ファイル名と場所]、[プリセット]を選択し❷、[書き出し]ボタンをクリックします❸。

次のページへ続く ➡

● 書き出しの詳細設定

書き出し設定画面の中央部分で詳細設定が行えます。詳細設定は、書き出し設定画面の左側でオンにした
メディアごとに設定できる項目が変わります。ここでは［メディアファイル］をオンにした場合の設定項
目について説明します。

ビデオ

［ビデオ］タブの［基本ビデオ設定］ではフレームサイズ
などの基本的な設定を行います。初期設定ではシーケン
スの設定が反映されており、各項目のチェックを外すと
設定を変更できます。
［ビットレート設定］では以下を設定して書き出す動画の
画質を調整できます。

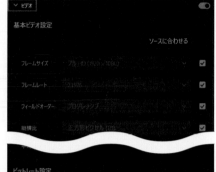

❶［ビットレートエンコーディング］

ビットレートの種類を選択できます。

CBR……固定ビットレート。すべてのシーンで同じビッ
トレートが適用されるので、シーンによっては圧縮によ
る品質低下が発生します。セミナー動画など動きが少な
い場合に選びます。

VBR、1パス……可変ビットレート。動きの激しいシーン
では高ビットレート、そうでないところは低ビットレー
トになります。動画解析をせずにシーンを予測しながら
エンコードを行うため、突然シーンが切り替わると画面
が粗くなることがあります。

VBR、2パス……可変ビットレート。動画を解析後にエン
コードを行うため、シーンごとに適切なビットレートが
適用されます。総合的な品質が一番よいですが（質の低
下を感じにくい）、解析を行う分、エンコードに時間がか
かります。

❷［ターゲットビットレート（Mbps）］

書き出したファイルに適用するビットレート
を指定します。

❸［最大ビットレート（Mbps）］

ビットレートの最大値を設定できます。

オーディオ

書き出すオーディオの形式やコーデックを選択できます。

マルチプレクサー

映像と音声を1つのファイルに統合するかどうか選択し
ます。［マルチプレクサー］を［なし］にすると映像と音声
が別ファイルとして書き出されます。

キャプション

編集でキャプションを使用した場合に使用します。

エフェクト

書き出す際に全体にLUTを適用したり、動画にタイム
コードを付けたりできます。
ラウドネスの設定も可能です。

詳細 ➡ 334ページ

メタデータ

書き出すファイルに含めるデータを選択できます。

一般

書き出したファイルをプロジェクトに読み込んだり、書
き出しにプレビューやプロキシを使用してエンコード速
度を早くしたりできます。

CHAPTER 9
SECTION
2

範囲を指定して動画を書き出す

ここではシーケンス全体ではなく、指定した一部の範囲のみ動画を書き
出す方法について解説します。

確認用に動画の一部
を書き出すこともあ
るので覚えておきま
しょう。

部分書き出し　　# インをマーク　　# アウトをマーク

範囲を指定する

書き出す範囲の始点と終点を「イン点」
「アウト点」として設定します。

① タイムライン上で再生ヘッドを書
き出す範囲の始点まで移動します
❶。ルーラー上で右クリックし❷、
[インをマーク]を選択します❸。

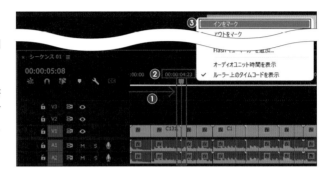

② タイムライン上で再生ヘッドを書
き出す範囲の終点まで移動します❹。
ルーラー上で右クリックし、[アウト
をマーク]をクリックします❺。

ショートカット　インをマーク
[I]

ショートカット　アウトをマーク
[O]

指定した範囲を書き出す

① ワークスペース左上の[書き出し]
をクリックします❶。

② 書き出し設定画面で[範囲]が[ソー
スイン/アウト]になっていること
を確認し❷、[書き出し]ボタンを
クリックします❸。

POINT

書き出し設定画面でも書き出す範囲を
指定できます。 プレビュー下の再生
ヘッドを書き出す範囲の始点に移動
し、[I]キーを押し、終点で[O]キーを押
します。この操作をすると[範囲]が[カ
スタム]になります。

1 動画制作の基礎知識

2 プロジェクト管理と環境設定

3 カット編集

4 エフェクト

5 カラー調整

6 合成処理

7 テキストと図形の挿入

8 オーディオ機能

9 データの書き出し

10 VR動画の作成

11 他アプリとの連携

MORE

SECTION 3

書き出し設定をプリセットとして保存する

カスタマイズした書き出し設定を繰り返し使う場合は、プリセットとして保存しておきましょう。

書き出し時にユーザー自身で行った設定は保存していつでも使えるようにしておくと便利です。

\# プリセット保存　　\# お気に入り登録

プリセットとして保存する

① 書き出し設定画面で各項目を調整後、[プリセット]横にある[…]ボタンをクリックし❶、[プリセットの保存]を選択します❷。

POINT

任意の[プリセット]を選択していても、各項目を調整すると[プリセット]の選択が[カスタム]に変わります。カスタマイズしたプリセットを保存する場合は、この状態で保存しましょう。

② [プリセットを保存]ダイアログボックスが表示されるので、プリセットの名前を入力し❸、[OK]ボタンをクリックします❹。

③ 保存したプリセットはお気に入りに登録され、[プリセット]の選択肢に表示されます。

POINT

保存したプリセットを削除する場合は[プリセットマネージャー]の[カスタムプリセット]タブから削除できます。

書き出し設定画面

SECTION 4 設定の異なるファイルを一括で書き出す

書き出し設定の画面で保存先を追加することで、1つのシーケンスから設定の異なる複数のファイルを一括で書き出せます。

1つはYouTube用、1つはTwitter用などプリセットを変えて同時に書き出せます。

\# メディアファイルの保存先を追加　　\# 一括書き出し

保存先を追加する

① 書き出し設定画面左上の[…]をクリックし❶、[メディアファイルの保存先を追加]をクリックします❷。

② [メディアファイル]が追加されます❸。追加した[メディアファイル]のファイル名や保存先を設定し❹、[書き出し]ボタンをクリックします❺。

POINT

[メディアファイル]は複数追加できます。書き出すファイル数に合わせて追加しましょう。

③ 複数のファイルを一括で書き出すことができます。

POINT

ファイルによってインとアウトの位置を変更して、書き出す範囲を変えることもできます。

CHAPTER 9

SECTION
5

動画から音声のみを書き出す

書き出し時に「MP3」などのオーディオファイル形式を選択することで、
編集中の動画から音声のみを書き出すことができます。

動画の音楽や声だけを抜き出したいというケースもありますよね。

音の抜き出し　# MP3　# AAC　# WAV

動画から音声のみ書き出す

書き出し設定画面の形式からMP3などのオーディオファイル形式を選択するとオーディオファイルとして書き出せます。必要に応じてプリセットからビットレートなども設定できます。

① 書き出し設定画面で［ファイル名］［場所］を設定します❶。［形式］を［AACオーディオ］［AIFF］［MP3］［WAV］のいずれかに設定し❷、［プリセット］を選択します❸。ここでは［MP3］を選択し、［MP3 256 kbps 高品質］を選択します。

AACオーディオ
非可逆圧縮形式で、MP3の後継として誕生したフォーマットです。MP3と比べると音質がよくデータサイズも大きくなります。現在は地上デジタル放送やBSデジタル放送の音声はこの形式が使われています。

AIFF
アップルが開発した非圧縮の音声ファイルフォーマットです。WAVと同様に高音質ですが、その分容量も大きくなります。

MP3
非可逆圧縮形式で最もよく使われるフォーマットです。

WAV
非圧縮のフォーマットで、WAVE形式またはリニアPCMとも呼ばれます。ほかの形式のもとになるもので、一番音質がよいですが、その分データ量は大きくなります。

② ［書き出し］ボタンをクリックします❹。

POINT

> プリセット選択後でも、オーディオのビットレート（オーディオに取り込むデータ量）などは変更可能です。

③ 設定した保存先にMP3形式のファイルができていることを確認します。

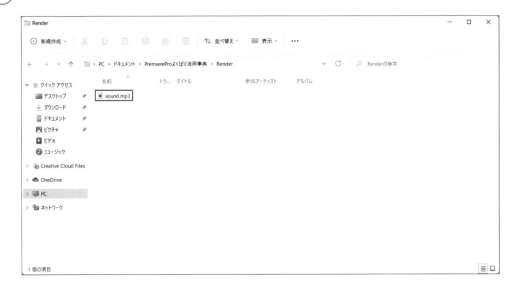

もっと
知りたい!

●指定した範囲の音声やBGMを書き出そう

映像と同じように、タイムライン上でイン点とアウト点を設定すると、指定した範囲のみ音声を書き出すことができます。

指定した範囲を書き出す ➡ 329ページ

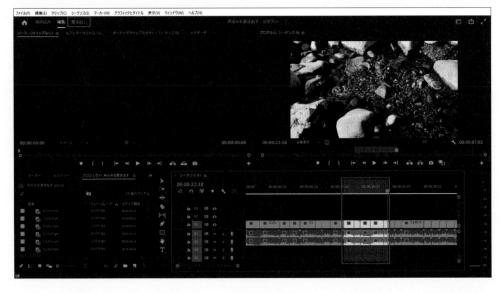

動画制作の基礎知識 1

プロジェクト管理と環境設定 2

カット編集 3

エフェクト 4

カラー調整 5

合成処理 6

テキストと図形の挿入 7

オーディオ機能 8

データの書き出し 9

VR動画の作成 10

他アプリとの連携 11

MORE

SECTION 6 書き出し時にラウドネスを調整する

ここでは動画を書き出す際にラウドネスを調整する方法を解説します。

ラウドネス　# YouTubeのラウドネス

YouTubeなどの動画投稿プラットフォームにもラウドネスの概念は適用されています。

動画の書き出し時にラウドネスを調整する

ラウドネスの調整は書き出し設定画面の[エフェクト]で行います。ここではYouTube用のプリセットで書き出す設定でラウドネスを調整します。

ラウドネスについて ➡ 321ページ

① 書き出し設定画面で[エフェクト]をクリックし❶、[ラウドネスの正規化]にチェックを付けます❷。

② [ラウドネス標準]を[ITU BS.1770-3]に変更し❸、目標ラウドネスの数値を「-14」LUFSに変更します❹。調整できたら、[書き出し]ボタンをクリックします。

POINT

書き出し時に設定するラウドネスは動画全体の音に対して行われるものなので、動画の音声(声、BGM、効果音それぞれ)の音量バランスは書き出す前の動画編集時点で調整しておくようにしましょう。

POINT

[ラウドネスの正規化]で設定できる各項目についても理解しておきましょう。

ラウドネス標準
ATSC A/85‥‥‥アメリカの放送局などが採用している規格で、目標ラウドネスが「-24」に設定されます。
EBU R128‥‥‥欧州の放送局などが採用している規格で、目標ラウドネスが「-23」に設定されます。
ITU BS.1770-3‥‥‥ITU-R(国際電気通信連合)が国際標準規格として勧告したラウドネスアルゴリズムの第3改訂版で、一般的には、目標ラウドネスが「-24」に設定されます。

目標ラウドネス
[ラウドネス標準]で「ITU BS.1770-3」を設定した場合に目標ラウドネスの値を設定します。YouTube用には「-14」に設定するのが一般的です。

許容量
目標ラウドネスに対して許容できる誤差の数値を設定します。基本的には初期状態のままでよいでしょう。

最大トゥルーピーク
「0dB」を超えないように音量調整をしても、動画を書き出すと実は超えている場合があります。これは編集時に一般的なオーディオメーターでは検知できない隠れたピーク(トゥルーピーク)が存在し、書き出し時に圧縮することでそのピークが顕在化するためです。[最大トゥルーピーク]に適切な数値を設定することによりリミッターがかかり、トゥルーピークによる音の歪みを抑制できます。日本のTV放送や多くのストリーミングサービスでは「-1.0 dBTP」に設定するよう定められています。

もっと知りたい！

●YouTubeでラウドネスを確認しよう

YouTubeでは再生中の動画のラウドネスが、YouTubeが設定している推奨ラウドネスに対して大きいのか小さいのかを確認できます。

① 再生中の動画の上で右クリックをして［詳細統計情報］をクリックします❶。

② 動画の情報が掲載されているパネルが表示されるので、Volume / Normalizedの項目を確認します❷。

「○○%/○○%(content loudness ○db)」の左側の%の数値はユーザーが再生しているYouTube動画のボリュームを表しています。

それに対して右側の%の数値は、アップした動画のラウドネスがどのくらいの割合で再生されているかを表しており、これが左側の数値より小さい場合はアップした動画のラウドネスがYouTubeの推奨ラウドネスより大きいことを表します。その差分は「content loudness ○db」表記の＋数値で表され、その数値分YouTube側でラウドネスを下げていることがわかります。

一方で左側と右側の%の数値が同じ場合は、アップした動画のラウドネスがYouTube推奨のラウドネスより小さい、または適切ということを表しています。このときcontent loudness ○db」表記の数値は0もしくは－の値が入っていて、－の場合はその数値分アップした動画のラウドネスが小さいといえます。

ラウドネスが小さい場合はYouTube側で音量調整はされないため、そのまま再生されます。

100%/100%となっていて(content loudness)の値も－0.5dbと0に近いのでアップした動画はYouTube推奨のラウドネスに近いということがわかる

1 動画制作の基礎知識
2 プロジェクト管理と環境設定
3 カット編集
4 エフェクト
5 カラー調整
6 合成処理
7 テキストと図形の挿入
8 オーディオ機能
9 データの書き出し
10 VR動画の作成
11 他アプリとの連携
MORE

Media Encoderを使って動画を書き出す

Media Encoderを使用して書き出しを行うと、書き出し中にPremiere Proを使用したり、複数のシーケンスをまとめて書き出したりできます。

> 通常の書き出しでは、書き出し中はPremiere Proを操作できません。

\# Media Encoder \# キュー

Media Encoderを立ち上げる

Media EncoderはPremiere ProやAfter Effectsなどの動画編集アプリで編集した動画を書き出せるアプリケーションです。Premiere Proの書き出し設定画面から立ち上げられます。

① 326ページを参考に、書き出し設定画面で[ファイル名][場所][プリセット][形式]を設定し、右下の[Media Encoderに送信]ボタンをクリックします❶。

POINT

複数のシーケンスをまとめて書き出す場合は[プロジェクト]パネルで書き出すシーケンスをまとめて選択し、[書き出し設定]ダイアログボックスを表示します。

② Media Encoderが起動します。

1 動画制作の基礎知識

2 プロジェクト管理と環境設定

3 カット編集

4 エフェクト

5 カラー調整

6 合成処理

7 テキストと図形の挿入

8 オーディオ機能

9 データの書き出し

10 VR動画の作成

11 他アプリとの連携

MORE

Media Encoderで動画を書き出す

① Media Encoderの［キュー］パネルに前のページの手順1で設定したデータの行（キューと呼ぶ）があることを確認し❶、［キューを開始］ボタンをクリックします❷。

POINT

［キュー］パネルには書き出すシーケンスの一覧が表示されます。［キューを開始］ボタンをクリックすると、［ステータス］が［準備完了］になっているものがまとめて書き出されます。

② 書き出しが始まります。

③ 指定した場所に動画が書き出されます。

知りたい！

● Media Encoder上で保存場所やプリセットを設定しよう

Media Encoder上でもファイルの保存場所や、形式、プリセットなどを変更することができます。［キュー］パネルの［形式］、［プリセット］列の青いテキストをクリックすると［書き出し設定］ダイアログボックスが表示され、［出力ファイル］の青いテキストをクリックすると［別名で保存］ダイアログボックスが表示されます。それぞれを必要に応じて変更できます。

CHAPTER 9

SECTION
8

静止画を書き出す

編集中の動画の指定したフレームをJPEGやPNGといった画像ファイル
として書き出すことができます。

画像として保存　# フレームを書き出し　# JPEG　# PNG　# サムネール

> YouTubeなどのサムネール画像を作るのにも便利です。

書き出したいフレームを決める

［プログラムモニター］でプレビューしながら静止画として書き出したいフレームを決めましょう。

① ［プログラムモニター］の再生ヘッドを静止画として書き出したいフレームに移動します❶。

② ［プログラムモニター］の［フレームを書き出し］ボタンをクリックします❷。
　［フレームを書き出し］ボタンがない場合
　➡ 66ページ

③ ［フレームを書き出し］ダイアログボックスが表示されるので、［名前］を入力し❸、書き出すファイル形式を［形式］から選択します❹。［参照］ボタンから保存場所を指定して❺、［OK］ボタンをクリックします❻。

POINT

［プロジェクトに読み込む］にチェックを付けると、画像を書き出すと同時に、［プロジェクト］パネルにクリップとして読み込まれます。

④ 指定した場所に静止画ファイルが書き出されます。

CHAPTER
10

VR動画の作成

この章では360度の動画素材を使ってVR動画を作成します。
シーケンスを作成し、テキストを挿入して書き出すまでの
流れを解説します。

CHAPTER 10

SECTION
1

VR動画について学ぶ

360度見渡して楽しむことができる動画をVR動画といいます。
Premiere ProにはVR動画を編集する機能があります。

360度の撮影ができるカメラも増えてきました。今後もVR動画を使ったコンテンツは増えていくと思われます。

\# VR動画の概要

VR動画とは

VRとは「Virtual Reality」の略で映し出された映像の中心にいるような視点を得られる動画のことです。狭義には3Dデータで構築された仮想的な空間をVR動画と呼び、360度カメラで撮影された実写映像は360度動画と呼びます。広義にはそのどちらも含めてVR動画といいます。本書ではPremiere Proのシーケンス設定の名称に揃えて360度動画のことをVR動画と表記します。

360度

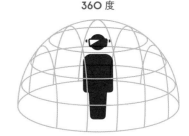

POINT

YouTubeなどでも、VR動画がアップされています。パソコンやスマートフォンで視聴するときは画面をドラッグまたはスワイプすると視点を変えられます。またiPhoneなどのジャイロセンサーが搭載された端末であれば、端末の向きを変えると画面の向きも動きます。

YouTubeにアップされたVR動画をパソコンやスマートフォンで視聴するときは画面をドラッグすると視点を変えられる

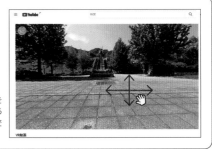

CHAPTER
10

VR動画の作成

VR動画を撮影するには

VR動画を撮影するには通常のカメラではなく、360度を同時に撮影できる専用のカメラが必要です。
代表的なものに株式会社リコーのRICOH THETA SC2などがあります。写真、動画ともに360度撮影が可能です。本書の第10章に掲載しているVR動画の画像はこのRICOH THETA SC2を使用して撮影しています。
そのほかにも2022年現在ではInsta360 Japan株式会社のInsta360やGoPro Inc.のGoPro MaxなどでもVR用の動画を撮ることができます。

RICOH THETA SC2

VR動画を作成する

Premiere ProでVR動画を作成するには360度の撮影ができるカメラで撮られたデータを読み込み、VR動画用のシーケンスを作成して編集し、VR動画として書き出します。編集時は平面視と立体視を切り替えながら行いますが、カット編集の方法は通常の動画と変わりません。テキストの挿入などは少しコツが必要です。

VR動画のテキスト挿入 ➡ 345ページ

VR動画の編集画面

1 動画制作の基礎知識

2 プロジェクト管理と環境設定

3 カット編集

4 エフェクト

5 カラー調整

6 合成処理

7 テキストと図形の挿入

8 オーディオ機能

9 データの書き出し

10 VR動画の作成

11 他アプリとの連携

MORE

CHAPTER 10

［タイムライン］パネル

SECTION 2

VR動画用のシーケンスを作成する

VR動画は専用のシーケンスで編集します。シーケンスの作り方は2通りあります。

> VR用のシーケンスでなければ、360度の映像を編集できません。

新規シーケンスの作成

動画素材からシーケンスを作成する

［プロジェクト］パネルに読み込んだ360度動画クリップをタイムラインに並べると、クリップに適したシーケンスが自動で作成されます。

① 読み込んだ360度動画クリップを［タイムライン］パネルにドラッグ＆ドロップします❶。

素材の読み込み ➡ 50ページ

② VR動画編集用のシーケンス（タイムライン）が作成されます。

POINT

通常のシーケンスと見た目上は変わりませんが、VR用でなければ343ページで解説する［プログラムモニター］でのVRビデオ表示ができません。

新規シーケンスからVR動画用のシーケンスを作成する

［新規シーケンス］ダイアログボックスでVR動画に適した設定をすることで、VR用のシーケンスを作成できます。

① ［ファイル］メニュー→［新規］→［シーケンス］を選択します❶。

ファイル(F)	編集(E)	クリップ(C)	シーケンス(S)	マーカー(M)	グラフィックとタイトル	表示(V)	ウィンドウ(W)	ヘルプ(H)

新規(N)	▶
プロジェクトを開く(O)...	Ctrl+O
プロダクションを開く...	
チームプロジェクトを開く...	
最近使用したプロジェクトを開く(E)	▶

プロジェクト(P)...	Ctrl+Alt+N
プロダクション(R)...	
チームプロジェクト...	
❶ シーケンス(S)...	Ctrl+N
クリップから取得したシーケンス	

閉じる(C)	Ctrl+W
プロジェクトを閉じる(P)	Ctrl+Shift+W
プロダクションを閉じる	
すべてのプロジェクトを閉じる	
他のすべてのプロジェクトを閉じる	
すべてのプロジェクトを更新	

ビン(B)	Ctrl+/
選択範囲からのビン	
検索ビン	
プロジェクトのショートカット	
リンクされているチームプロジェクト...	
オフラインファイル(O)...	
調整レイヤー(A)...	

保存(S)	Ctrl+S
別名で保存(A)...	Ctrl+Shift+S
コピーを保存(Y)...	Ctrl+Alt+S
すべてを保存	
復帰(R)	

レガシータイトル(T)...	
Photoshop ファイル(H)...	
カラーバー＆トーン...	
ブラックビデオ...	

次のページへ続く ➡

②　[新規シーケンス]ダイアログボックスが表示されるので、[使用可能なプリセット]の[VR]から使用するクリップと同じフレームサイズを選択し②、[OK]ボタンをクリックします③。

POINT

撮影した動画のフレームサイズはクリップのプロパティから確認できます。
ここでは株式会社リコーのRICOH THETA SC2で撮影したクリップを使用するので、3,840（横）、1,920（縦）のものを選択しています。

クリップのプロパティを確認する ➡ 55ページ

③　シーケンスが作成されます。クリップをタイムラインにドラッグ＆ドロップすると編集が始められます。

╲ もっと ╱
知りたい！

● 360度の音声を録音できる技術「アンビソニック」が搭載されたカメラ

VR動画には「アンビソニック」という360度の空間音声が使用されることもあります。
アンビソニックとは映像と連動し、視点を変更することによって音声も変化する技術を指し、通常の音声と比べて、VR動画視聴時の臨場感や没入感を大きく向上させることができます。
空間音声を収録するには対応したマイクを搭載したカメラまたは専用のマイクが必要となります。
代表的なものとして、Insta360 Japan株式会社のInsta360 ONE X2（カメラ）や株式会社ズームのH3-VRなどがあります（2022年5月現在）。興味のある方は調べてみてください。

[プログラムモニター]

CHAPTER 10
SECTION 3

プレビューをVRビデオ表示に切り替える

VR動画の編集は、360度視点を変えながらプレビューできる「VRビデオ表示」に切り替えながら行います。

> Premiere ProにはVR専用のプレビュー表示があります。

VRビデオ表示を切り替え　# ボタンの追加

通常のプレビューでVR動画を表示するとパノラマ表示になる

VR用のプレビューでVR動画を表示すると視点を動かせるようになる

［VRビデオ表示を切り替え］ボタンを追加する

VR用のビデオクリップをタイムラインに並べると、［プログラムモニター］にパノラマ（平面）で表示されます。これを［VRビデオ表示を切り替え］ボタンをクリックしてVRビデオ表示に切り替えます。［VRビデオ表示を切り替え］ボタンは初期状態では表示されていません。表示するには［プログラムモニター］の［＋］ボタンから追加します。

① ［プログラムモニター］の［＋］ボタンをクリックします❶。

② ［VRビデオ表示を切り替え］ボタンを追加ボタンエリア（青い枠内）へドラッグ＆ドロップし❷、［OK］ボタンをクリックします❸。

VRビデオ表示を確認する

VRビデオ表示では［プログラムモニター］のプレビュー上をドラッグするか、プレビュー画面のスクロールバーをドラッグして360度の視点を確認できます。

① ［VRビデオ表示を切り替え］ボタンをクリックすると❶、VRビデオ表示に切り替わります❷。

POINT

通常のプレビュー画面は360度の動画素材を平面に引き延ばした状態で表示されます（パノラマ表示）。VR表示に切り替えることで360度の映像をプレビューできます。

1 動画制作の基礎知識
2 プロジェクト管理と環境設定
3 カット編集
4 エフェクト
5 カラー調整
6 合成処理
7 テキストと図形の挿入
8 オーディオ機能
9 データの書き出し
10 VR動画の作成
11 他アプリとの連携
MORE

343

次のページへ続く ➡

②　プレビュー画面を360度の方向にドラッグ
　　すると❸、プレビューの視点が移動します。
　　プレビュー画面の右と下にあるスクロール
　　バーをドラッグ、または角度を入力しても
　　❹、同じように視点を移動できます。

POINT

スクロールバーと角度表示が必要ない場合は、プレ
ビュー画面上で右クリックし、[VRビデオ] → [コント
ロールを表示] をクリックしてチェックを外すと非表
示にできます。プレビューを少しでも大きくしたい場
合は非表示にしましょう。非表示にした場合、ドラッ
グ操作のみで視点を変更する必要があります。

VRビデオ表示の縦横比を変更する

VRビデオ表示のプレビュー画面は初期状態では
正方形になっています。
この縦横比は動画を公開する媒体に合わせて変
更できます。

①　プレビュー画面上で右クリックし❶、[VR
　　ビデオ]→[設定]をクリックします❷。

②　[VRビデオ設定]ダイアログボックスが表
　　示されるので、数値を変更して❸、[OK]ボ
　　タンをクリックします❹。

POINT

[モニタービュー水平] は横の比率、[垂直] は縦
の比率になります。たとえば16:9にしたい場
合は [水平] を160°、[垂直] を90°にします。

③　プレビューのサイズが変わります。

POINT

プレビュー画面のサイズの変更は、書き出す動
画には反映されません。

CHAPTER 10

SECTION 4

VR動画にテキストを挿入する

VR動画にテキストを挿入し、好きな位置へ配置する方法を解説します。
360度の視界を活かしてテキストの配置を工夫しましょう。

360度好きな位置
にテキストを挿入
できます。

\# 横書き文字ツール 　\# VR平面としての投影 　\# ソースを回転 　\# 投影を回転

VR動画にテキストを挿入する

[VRビデオ表示を切り替え]ボタンをクリックして通常のパノラマ表示にした状態で[横書き文字ツール]でテキストを挿入します。

① [VRビデオ表示を切り替え]ボタンをクリックして❶、VRビデオ表示をOFFにします。

POINT

VRビデオ表示だとテキストは入力できません。必ず通常の表示に切り替えてから操作しましょう。

VRビデオ表示

② [横書き文字ツール]で文字を入力し、必要に応じて文字を装飾します❷。ここでは2つのテキストを挿入します。

テキストの挿入 ➡ 242ページ
テキストの装飾 ➡ 257〜264ページ

POINT

テキストを複数挿入する場合はそれぞれ別のクリップに分けましょう。次の操作で適用する[VR平面として投影]エフェクトを適用した際、クリップが1つになっていると個別にテキストの位置を変更ができないためです。

テキストを平面化する

VRビデオ表示をONにすると、テキストが湾曲して見えます。これは360度の動画を平面に伸ばした状態のパノラマ表示でテキストを入力したためです。湾曲したテキストをVR表示の状態でも平面に見えるようにエフェクトを適用します。

① [VRビデオ表示を切り替え]ボタンをクリックすると❶、テキストが湾曲した状態になっていることが確認できます❷。

VRビデオ表示

1 動画制作の基礎知識
2 プロジェクト管理と環境設定
3 カット編集
4 エフェクト
5 カラー調整
6 合成処理
7 テキストと図形の挿入
8 オーディオ機能
9 データの書き出し
10 VR動画の作成
11 他アプリとの連携
MORE

345

次のページへ続く ➡

② ［エフェクト］パネルの［ビデオエフェクト］→［イマーシブビデオ］→［VR平面として投影］をタイムライン上のテキストクリップにドラッグ＆ドロップします❸。

③ 湾曲していたテキストがそれぞれ平面化されます。

テキストの位置や角度を調整する

［VR平面として投影］エフェクトを適用すると、［エフェクトコントロール］パネルで、テキストを回転したり、位置を移動できるようになります。

① ［エフェクトコントロール］パネルで［VR平面として投影］の［ソースを回転］や［投影を回転］の値を調整してテキストの位置や向きを決めます。

❶［ソースを回転］
テキストそのものの向きを［ソースチルト（X軸）］［ソースパン（Y軸）］［ソースロール（Z軸）］で調整します。

❷［投影を回転］
現在の視点を中心にテキストの位置を［投影チルト（X軸）］［投影パン（Y軸）］［投影ロール（Z軸）］で調整します。

② テキストの位置と向きを調整できます。

公園側の景色に「ここは公園です。」を配置

街並み側の景色に「広島の街が見えます。」を配置

CHAPTER
10

VR動画の作成

CHAPTER 10
SECTION 5

VR動画の視点を変える

VR動画は視聴者が視点を自由に変更できますが、動画の始まりの視点は
編集時に決めることができます。

この視点から始めた
い、という箇所があ
ればこの方法を使い
ましょう。

VR回転（球）

公園の広場を見る視点や街並みを見下ろす視点など、動画開始時点の視点を設定できる

VR動画の視点を変更する

VR動画の始まり（最初のフレーム）の視
点は、初期設定では撮影したカメラの正
面の位置です。［VR回転（球）］エフェクト
を使うと動画の始まりの視点を変更でき
ます。

① ［エフェクト］パネルの［ビデオエ
フェクト］→［イマーシブビデオ］→
［VR回転（球）］をタイムライン上の
VR動画のクリップへドラッグ＆ド
ロップします❶。

② ［エフェクトコントロール］パネル
の［VR回転（球）］を展開し、［チル
ト（X軸）］［パン（Y軸）］［ロール（Z
軸）］それぞれの値を調整して視点
を変更します❷。

③ VR動画の始まりの視点が変更され
ます。

POINT

キーフレームを使用すると動画の途中
で強制的に視点を変更することもでき
るので必要に応じて活用しましょう。
キーフレームの作成 ➡ 159ページ

CHAPTER 10

SECTION
6

VR動画を書き出す

通常の動画と同じようにVR動画も書き出しを行うことで、Premiere Pro
以外のプラットフォームで再生できるようになります。

書き出しを行うこ
とで初めてVR動
画として視聴でき
ます。

\# 書き出し　　\# VRビデオとして処理

VR動画として書き出す

[書き出し設定]ダイアログボックスでVR
動画に適した設定を行い書き出します。

ファイル(F)　編集(E)　クリップ(C)　シーケンス(S)　マーカー(M)　グラフィック

🏠　読み込み　編集　書き出し ①

ントロール　　　Lumetri スコープ　　　ソース：R0010016.mp4 ☰

① ヘッダーバーの[書き出し]タブをク
リックします❶。

② 書き出し設定画面に切り替わるので、通常の書き出しと同じように[ファイル名]や[プリセット]を設定
し❷、[ビデオ]の中の[VRビデオとして処理]にチェックを付けます❸。[ソースのスケーリング]を[出
力サイズ全体にストレッチ]に設定して❹、[書き出し]ボタンをクリックします❺。

書き出し設定 ➡ 326ページ

POINT

[ソースのスケーリン
グ]では、出力された
フレームサイズが映
像素材のフレームサイ
ズと異なる場合の
調整の方法を選択し
ます。[出力サイズ全
体にストレッチ]は映
像素材を伸縮して、出
力フレームに収まる
ように調整します。

チェックを付けると、VRに対応した再生プレイヤーで
視聴できるようになる

③ VR動画として書き出せます。

POINT

そのままYouTubeにアップロードすれ
ばYouTube側でVR動画として処理され、
閲覧する際に視点を変更することがで
きます。

POINT

書き出した動画を閲覧するには専用の
プレイヤーが必要です。チェックのため
の視聴でも、YouTubeなどにアップする
必要があります。

CHAPTER
11

他アプリとの連携

Premiere Proは動画編集ができるAfter Effectsや
DaVinci Resolveや、
グラフィックデザインを得意とするIllustrator、
Photoshopなどのアプリと連携できます。
この章ではそれぞれのアプリとの連携方法を解説します。

After Effectsのコンポジションを読み込む

After Effectsで作成したコンポジションをPremiere Proに読み込んで使用する方法について解説します。

After Effects # Dynamic Link

> 高度なアニメーションはAfter Effectsで作成し、それをPremiere Proで読み込んで使うことは少なくありません。

After Effectsのコンポジションを読み込む

After Effectsのファイルを指定し、読み込みたいコンポジションを選択します。なお、この機能を使うにはAfter Effectsのインストールが必要です。

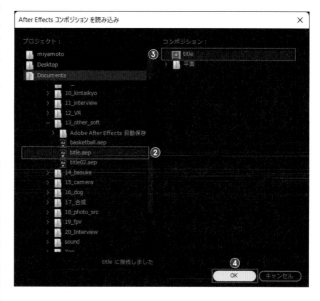

① Premiere Proの［ファイル］メニュー→［Adobe Dynamic Link］→［After Effectsコンポジションを読み込み］をクリックします❶。

② ［After Effectsコンポジションを読み込み］ダイアログボックスが表示されるので、［プロジェクト］から読み込むコンポジションが含まれるAfter Effectsのプロジェクトファイル（拡張子は「.aep」）を選択します❷。［コンポジション］から該当のコンポジションを選択し❸、［OK］ボタンをクリックします❹。

POINT

After Effectsのコンポジションを読み込むには「Dynamic Link」という機能を使います。これによりPremiere Pro上で1つのクリップとして扱えるようになります。また、Dynamic Linkを使うことで、After Effects上でコンポジションに行った編集がPremiere Pro上に自動的に反映されます。なおコンポジションとはPremiere Proでいうシーケンスのようなものです。

POINT

After Effectsのコンポジションを直接［プロジェクト］パネルにドラッグ＆ドロップしても読み込めます。

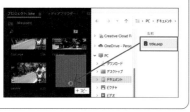

③ ［プロジェクト］パネルにAfter Effectsで作成したコンポジションが1つのクリップとして読み込まれます❺。ほかのクリップと同様、タイムラインに並べて使用できます。

After Effectsで作成したタイトルテキストのアニメーションのコンポジションをクリップとして配置

動画制作の基礎知識 1

プロジェクト管理と環境設定 2

カット編集 3

エフェクト 4

カラー調整 5

合成処理 6

テキストと図形の挿入 7

オーディオ機能 8

データの書き出し 9

VR動画の作成 10

他アプリとの連携 11

MORE

POINT

Dynamic Linkで読み込んだ場合、After Effectsでそのコンポジションを更新すると、自動的にPremiere Pro側でも中身が更新されて表示されます。

読み込んだ状態。テキスト色が白い

After Effectsでテキストの色を変更

Premiere Proでも変更が反映される

POINT

After Effectsのコンポジションを読み込むと、Premiere Proの負荷が増えてスムーズに再生できなくなる場合があります。その場合は73ページを参考に、After Effectsのクリップをレンダリングしましょう。ただし、レンダリングするとDynamic Linkが切れて、After Effects上で行った編集が反映されなくなります。Dynamic Linkをもとに戻すには、クリップを右クリックして [レンダリング前に戻す] をクリックしてレンダリングされていない状態に戻します。

もっと
知りたい！

● Premiere ProでAfter Effectsのコンポジションを作成する

このセクションでは事前にAfter Effectsで作成したコンポジションを読み込む方法を紹介しましたが、Premiere ProでAfter Effectsのコンポジションを作成することもできます。

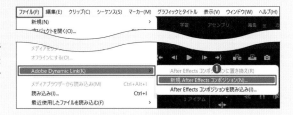

① [ファイル] メニュー →[Adobe Dynamic Link]→[新規After Effects コンポジション] をクリックします❶。

② すると[新規After Effectsコンポジション] ダイアログボックスが表示されるので、コンポジションのビデオ設定（[幅][高さ][タイムベース]（フレームレート））を設定して❷、[OK] ボタンをクリックします❸。

③ After Effectsが起動します。[別名で保存]ダイアログボックスが表示されるのでAfter Effectsのプロジェクトファイルの保存先❹と[ファイル名]❺を入力して[保存]ボタンをクリックします❻。

④ Premiere Proの編集画面に戻ると[プロジェクト]パネルにコンポジションのクリップが作成されます。After Effectsでコンポジションを更新するとPremiere Proのクリップも更新されます。

[タイムライン]パネル

タイムライン上のクリップをAfter Effects コンポジションに置き換える

Premiere Pro上のクリップをAfter Effectsのコンポジションに置き換えることができます。

After Effects　# クリップの置き換え

> Premiere Proでは できない演出効果なども付けられます。

クリップをAfter Effectsコンポジションに置き換える

Premiere Pro上のクリップをAfter Effectsのコンポジションに置き換えると、After Effects側でアニメーションや効果を追加できます。なお、この機能を使うにはAfter Effectsのインストールが必要です。

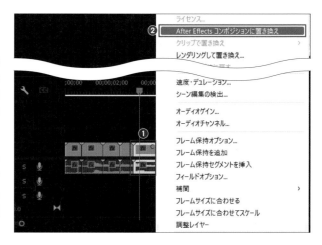

① タイムライン上でAfter Effectsコンポジションに置き換えたいクリップを選択して右クリックし❶、[After Effectsコンポジションに置き換え]をクリックします❷。

② After Effectsが起動し、[別名で保存]ダイアログボックスが表示されるので、保存先❸と[ファイル名]❹を設定して[保存]ボタンをクリックします❺。After Effectsの画面では、手順1で選択したクリップの内容が入ったコンポジションが作成され、表示されます❻。

③ Premiere Pro側ではタイムライン上の選択したクリップがAfter Effectsのクリップに変換され❼、[プロジェクト]パネルにAfter Effectsのコンポジションのクリップが作成されていることが確認できます❽。

CHAPTER 11

SECTION 3

Photoshopのデータを読み込む

ここではPhotoshopで作成したPSD形式のデータをPremiere Proに読み込んで使用する方法について解説します。

タイトルなどのデザインをPhotoshopで作成しPremiere Proに取り込むといった使い方ができます。

Photoshop　# レイヤーファイルの読み込み

読み込む方法を選択する

Photoshopで作成したPSD形式のデータはレイヤーで分かれています。Premiere Proで読み込む際に、レイヤーを統合するのか、特定のレイヤーだけ読み込むのかなど、読み込み方を選択できます。この機能を使うにはPhotoshopのインストールが必要です。

① 読み込み設定画面でPhotoshopのファイルを選択して❶、読み込みます❷。

素材の読み込み ➡ 50ページ

POINT

Photoshopは Adobeの画像編集アプリです。レイヤーごとに画像やテキストなどさまざまな素材を配置してグラフィックを作ることができます。Photoshopと連携すると、テキストやシェイプ、画像を使ったデザイン性に富んだ素材を取り込めます。デザイナーからPhotoshopファイルをもらって動画に取り入れることもあります。
Photoshopのデータの拡張子は「.psd」です。

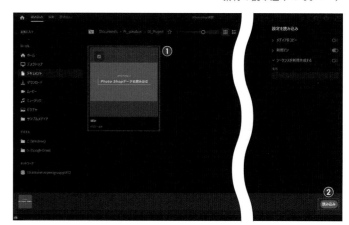

② ［レイヤーファイルの読み込み］ダイアログボックスが表示されるので、［読み込み］から必要なものを選択します❸。ここでは［シーケンス］を選択します。

すべてのレイヤーを統合
Photoshopのデータにあるすべてのレイヤーを統合し、1つのクリップとして読み込みます。

レイヤーを統合
Photoshopのデータにあるレイヤーの中から必要なものだけを選択して統合し、1つのクリップとして読み込みます。

個別のレイヤー
Photoshopのデータにあるレイヤーの中から必要なものだけを選択し、それぞれを個別のクリップとして読み込みます。

シーケンス
Photoshopのデータにあるレイヤーの中から必要なものだけを選択して、それを1つのシーケンスとして読み込みます。シーケンスには各レイヤーが別個のトラックとして読み込まれます。

動画制作の基礎知識 1

プロジェクト管理と環境設定 2

カット編集 3

エフェクト 4

カラー調整 5

合成処理 6

テキストと図形の挿入 7

オーディオ機能 8

データの書き出し 9

VR動画の作成 10

他アプリとの連携 11

MORE

次のページへ続く ➡

レイヤーを選択して読み込む

① 読み込むレイヤーにチェックを付けます**❶**。手順**2**で[読み込み]の種類を[レイヤーを統合]または[シーケンス]にした場合、[フッテージのサイズ]を設定する必要があります。[ドキュメントサイズ][レイヤーサイズ]のどちらかを選択し**❷**、[OK]ボタンをクリックします**❸**。

POINT

[ドキュメントサイズ]に設定すると各レイヤーがPhotoshopのドキュメントサイズでクリップとして読み込まれ、[レイヤーサイズ]にすると、Photoshopで作成した各レイヤーのオブジェクトそのもののサイズで読み込まれます。

② [プロジェクト]パネル上に読み込んだPhotoshopのファイル名でビンが作成されます**❹**。その中に各レイヤーの個別のクリップやファイル名のシーケンスクリップが作成されています**❺**。シーケンスクリップをダブルクリックすると**❻**、手順**1**で選択したレイヤーがそれぞれクリップとしてタイムラインに表示されます**❼**。

③ Photoshop側でデータを更新して保存すると、自動的にその変更がPremiere Pro側でも反映されます。

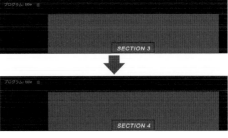

Photoshopでテキストを変更して保存すると自動的にPremiere Proで読み込んだ側も変更される
※レイヤーを統合して読み込んだ場合、Photoshop側で変更した内容は反映されない

動画制作の基礎知識 1

プロジェクト管理と環境設定 2

カット編集 3

エフェクト 4

カラー調整 5

合成処理 6

テキストと図形の挿入 7

オーディオ機能 8

データの書き出し 9

VR動画の作成 10

他アプリとの連携 11

MORE

CHAPTER 11
SECTION 4

Photoshopで字幕データをまとめて作成する

ここではPhotoshopで字幕データをまとめて作成する方法について解説します。

字幕や大量のテロップなどを作るときに便利です。

Photoshop　# 字幕　# データセット

字幕のテキストを用意する

メモ帳などのテキストエディタで字幕のテキストを用意します。1行目は変数名にする必要があるため、半角英数字でわかりやすい文字列（例：caption）を入力し、2行目以降、字幕となるテキストを1行あたり1キャプションとなるように入力します。この機能を使うにはPhotoshopのインストールが必要です。

(1) テキストエディタに、右の画面のように1行目に変数名（あとでPhotoshopで読み込む際に必要となる列名）を、2行目以降に1行が1データ（キャプション）となるようにテキストを入力し、ファイルを保存します。ここでは1行目には「caption」と入力し、ファイル名を「caption」（.txt）としました。

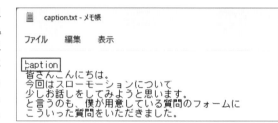

caption.txt - メモ帳

ファイル　編集　表示

caption
皆さんこんにちは。
今回はスローモーションについて
少しお話しをしてみようと思います。
と言うのも、僕が用意している質問のフォームに
こういった質問をいただきました。

Photoshopで字幕のアタリを作成する

以降の操作はPhotoshopで行います。字幕データは、1キャプションごとに1つのPSDデータとして作成します。このPSDデータを、あとの手順でPremiere Proのクリップとして配置します。Photoshopで、サイズをシーケンスサイズ、カンバスカラーを透明にした新規ドキュメントを作成し、文字ツールで字幕のアタリとなる文字を作成します。

(1) Photoshopの［新規ドキュメント］ダイアログボックスで［幅］［高さ］をそれぞれPremiere Proで使用する際のシーケンスのサイズに合わせて入力し❶、［カンバスカラー］を［透明］にして❷、［作成］ボタンをクリックします❸。ここでは［幅］を「1920」、［高さ］を「1080」に設定します。

次のページへ続く ➡

②[文字ツール]で、字幕の
もとになるテキストを作
成してフォントやカラー
などを調整し、字幕のデ
ザインを作成します❹。

POINT

この段階で[段落]パネルで
[中央揃え]を適用しておく
と、これから作成する各字幕
データも自動的に中央揃え
になります。

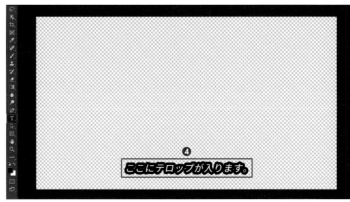

テキストを中央揃えにするなど、字幕の体裁をこの段階で整えておく

変数を設定する

Photoshopのデータセット機能を使うと、同じ体裁のテキスト画像を大量に作成できます。その準備として変
数を定義します。ここではテキストファイルの1行目に入力した変数名を[変数]として定義します。

① テキストレイヤーを選択し❶、[イメージ]メニュー→[変数]→「定義」をクリックします❷。

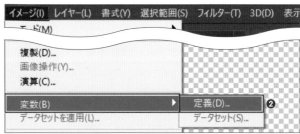

② [変数]ダイアログボックス
が表示されるので[テキスト
の置き換え]にチェックを付
けます❸。[名前]に最初に作
成したテキストファイルの1
行目の変数名を入力して❹、
[OK]ボタンをクリックしま
す❺。

データをセットする

前の手順で変数に指定したテキストデータ
を読み込みます。

① [イメージ]メニュー→[変数]→[デー
タセット]をクリックします❶。

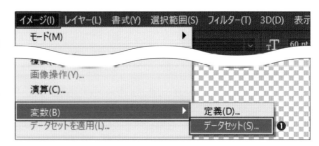

1 動画制作の基礎知識
2 プロジェクト管理と環境設定
3 カット編集
4 エフェクト
5 カラー調整
6 合成処理
7 テキストと図形の挿入
8 オーディオ機能
9 データの書き出し
10 VR動画の作成
11 他アプリとの連携
MORE

② ［変数］ダイアログボックスの［読み込み］ボタンをクリックします❷。［データセットの読み込み］ダイアログボックスの［ファイルを選択］からテキストファイルを選択し❸、［既存のデータセットの置き換え］にチェックを付け❹、［OK］ボタンをクリックします❺。

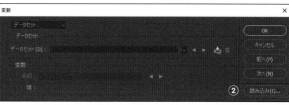

③ ［変数］ダイアログボックスで、［プレビュー］にチェックを付けると❻、作成したテキストレイヤーに読み込んだテキストファイルの中身が反映されるのが確認できます。確認後に［OK］ボタンをクリックします❼。

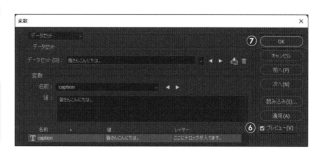

POINT

> ［データセット］横の三角形のボタン（◀▶）をクリックすると読み込んだテキストファイルの次の行（前の行）の内容を確認できます。

ファイルを書き出す

セットしたデータをPhotoshopファイルとして書き出します。

① ［ファイル］メニュー→［書き出し］→［データセットからファイル］をクリックします❶。

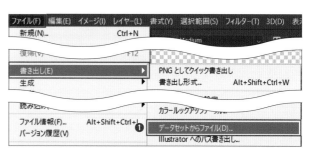

② ［データセットからファイルを書き出し］ダイアログボックスが表示されるので、保存先❷、［ファイルの名前］を設定し❸、［OK］ボタンをクリックします❹。

③ 指定した保存場所に改行ごとのテキストデータが作成されます。Premiere Proに読み込めば、字幕のクリップとして利用できます。

Photoshopのデータを読み込む
➡ 353ページ

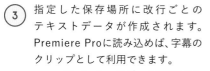

CHAPTER 11

SECTION
5

Illustratorのデータを読み込む

ここではIllustratorで作成したデータをPremiere Proに読み込んで使用する方法について解説します。

Illustrator   # Photoshop書き出しオプション

Photoshopと同じようにテキストやイラストを作成してPremiere Proに読み込めます。

Illustratorとは

IllustratorはAdobeのグラフィック制作アプリです。ロゴやイラスト、テキストベースのグラフィックなどの作成を得意とします。動画にロゴやイラストを入れたいときはPremiere Proと連携して使用すると便利です。この機能を使うにはIllustratorのインストールが必要です。

Illustratorのデータを読み込む

① ［プロジェクト］パネルをダブルクリックすると［読み込み］ダイアログボックスが表示されるので、［読み込み］ダイアログボックスで、Illustratorのデータを選択し❶、［開く］ボタンをクリックします❷。

POINT

Photoshopデータの読み込みとは違い、Illustratorファイル内でレイヤーが分かれていてもまとめて1つのクリップとして読み込まれます。

② ［プロジェクト］パネル上にIllustratorのファイルが1つのクリップとして表示されます❸。クリップをタイムラインに並べて使用できます❹。

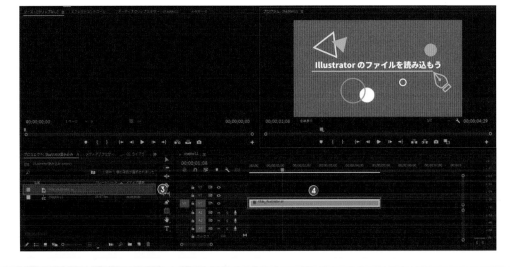

Illustrator側で図形を追加して保存する

変更がPremiere Pro側で自動的に反映される

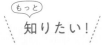

●Illustratorデータのレイヤー別にクリップとして読み込もう

IllustratorのデータをPhotoshopのデータのようにレイヤー別にクリップとして取り込みたい場合、一度IllustratorのデータをPhotoshopのデータに書き出し（変換）し、PhotoshopファイルとしてPremiere Proで読み込むという方法があります。この場合、ラスター画像に変換されます。

① Illustratorで、［ファイル］メニューから［書き出し］→［書き出し形式］をクリックします❶。

② ［書き出し］ダイアログボックスが表示されるので、［ファイルの種類］に［Photoshop(*.PSD)］を選択して❷、［書き出し］ボタンをクリックします❸。

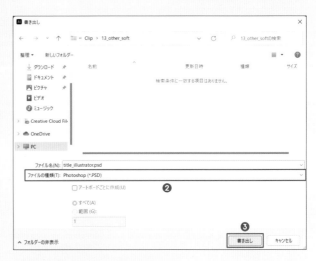

③ ［Photoshop書き出しオプション］ダイアログボックスで、［レイヤーを保持］を選択し❹、テキストが含まれている場合は［テキストの編集機能を保持］にチェックを付けてから❺［OK］ボタンをクリックします❻。

④ Photoshopのデータが書き出されます。Premiere Proに読み込むとレイヤー別にクリップとして読み込めます。

レイヤーごとのクリップ（2つのクリップ）が読み込まれる

1 動画制作の基礎知識

2 プロジェクト管理と環境設定

3 カット編集

4 エフェクト

5 カラー調整

6 合成処理

7 テキストと図形の挿入

8 オーディオ機能

9 データの書き出し

10 VR動画の作成

11 他アプリとの連携

MORE

CHAPTER 11

SECTION 6

DaVinci Resolveと連携する

Premiere ProとDaVinci Resolveを連携すると、高度なカラー調整ができます。

DaVinci Resolve

> Premiere Proでも十分なカラー調整が可能ですが、DaVinci Resolveを使うとさらに表現の幅が広がります。

DaVinci Resolveとは

DaVinci ResolveはPremiere Proと同じ動画編集アプリですが、特にカラー調整を得意とします。Premiere Proで作成した動画をDaVinci Resolve用に書き出し、DaVinci Resolveで編集後、Premiere Proで再編集するといった使い方ができます。この機能を使うにはDaVinci Resolveのインストールが必要です。

Premiere Proで対象の動画を書き出す

DaVinci Resolveで編集

Premiere ProのデータをXMLで書き出す

Premiere Pro で編集した動画をDaVinci Resolveで読み込める形式（XML）で書き出します。

① 動画のカット編集を終え、尺がもう変わらないという状態（ピクチャーロックと呼びます）で、[ファイル]メニュー→[書き出し]→[Final Cut Pro XML]をクリックします❶。

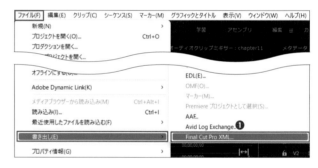

POINT

XMLに書き出す際は、テキストや調整レイヤーなど、ビデオクリップ（写真も含む）以外のクリップがタイムライン上にない状態にしておきましょう。ビデオクリップ以外のものがあるとDaVinci Resolveで読み込んだ際に正しく表示されません。

② [変換したシーケンスを「Final Cut Pro XML」として保存]ダイアログボックスが表示されるので、ファイルの保存場所を指定し❷、[ファイル名]を入力して❸、[保存]ボタンをクリックします❹。

1 動圏制作の基礎知識

2 プロジェクト管理と環境設定

3 カット編集

4 エフェクト

5 カラー調整

6 合成処理

7 テキストと図形の挿入

8 オーディオ機能

9 データの書き出し

10 VR動画の作成

11 他アプリとの連携

MORE

DaVinci Resolveで
プロジェクトを作成する

① DaVinci Resolveで 新規プロジェクトを作成し、プロジェクトの設定画面で[タイムライン解像度]❶、[タイムラインフレームレート]❷、[再生フレームレート]❸をPremiere Proのシーケンスと合わせて、[保存]ボタンをクリックします❹。

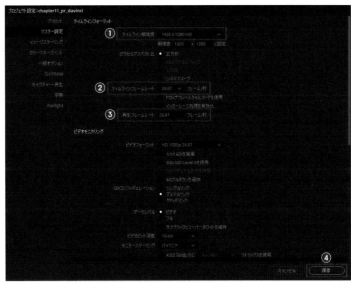

DaVinci Resolveでファイルを
読み込む

Premiere Proで書き出したXMLファイルをDaVinci Resolveに読み込みます。

① DaVinci Resolveの[ファイル]メニュー→[読み込み]→[タイムライン]をクリックします❶。

② [読み込むファイルを選択]ダイアログボックスでXMLファイルを選択し❷、[開く]ボタンをクリックします❸。

③ [XMLをロード]ダイアログボックスが表示されるので[OK]ボタンをクリックします❹。Premiere Proで編集したファイルが読み込まれます。

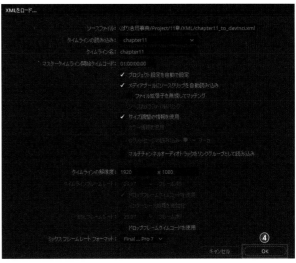

※本書ではDaVinci Resolveを使ったカラー調整の解説は行いません。

361

次のページへ続く ➡

DaVinci Resolveで編集したデータをPremiere Pro用に書き出す

DaVinci Resolveでカラー調整を行ったデータを再びPremiere Proで編集するには、XML形式で書き出します。

① DaVinci Resolveの[デリバー]ページをクリックして開きます❶。

POINT

フォーマットなどは基本的にそのままでかまいません。

② [レンダー設定]を[Premiere XML]に設定し❷、[保存先]を指定します❸。設定できたら[レンダーキューに追加]ボタンをクリックします❹。

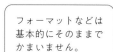

③ [レンダーキュー]パネルにキューが追加されるので❺、[すべてレンダー]をクリックします❻。

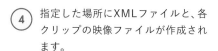

④ 指定した場所にXMLファイルと、各クリップの映像ファイルが作成されます。

Premiere Proで読み込む

DaVinci Resolveで書き出したデータを再びPremiere Proで編集します。

① Premiere Proを開き、[読み込み]ダイアログボックスでDaVinci Resolveで書き出したXMLファイルを選択し❶、[開く]ボタンをクリックします❷。

② シーケンスをダブルクリックすると❸、タイムラインが表示され編集を再開できます。

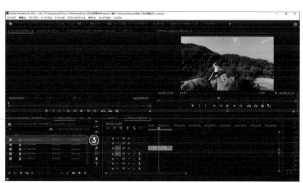

DaVinci Resolveで作業したカラー調整の内容が反映される

MORE

ステップアップに役立つ知識

この章では、動画編集で使用できるサービスや、時間短縮につながる
ショートカットキーについて紹介します。
素材の撮影に必要な機材やカメラ設定の基本についても触れています。

MORE

動画制作で使用できるサービス

動画編集に必要な素材をダウンロードできるサービスをいくつか紹介します。

素材ダウンロード

> ダウンロードした素材を使うことで、作業の効率化にもつながりますね。

音楽データのダウンロード

①Artlist

海外の音楽ダウンロードサービスです。年額約299ドルで、数多くの音楽やさまざまな効果音をダウンロードできます。ボーカル入りのオシャレな音楽も多数あり、企業のプロモーションムービーやYouTubeにアップされているVlog、TVCMでもArtlistの音楽が使われているものをよく見かけます。シネマチックな表現に便利な効果音もたくさんあるので幅広く活用できます。
https://artlist.io/

②Soundraw

2021年にリリースされたAI作曲サービスです。月額1,990円で利用でき、音楽のテーマや尺を指定するとAIが自動的にいくつかのパターンの音楽を作成してくれます。そこからさらにテンポを速くする、特定の楽器だけ音量を変える、リズムを変えるなどアレンジして自分好みの音楽が制作できます。バージョンアップで新機能も続々と追加されているので今後も期待できるサービスです。
https://soundraw.io/ja

写真・動画素材のダウンロード

①Pixta

7,280万点以上の写真や動画、イラストなどの素材をダウンロードして使用できるサービスです。素材ごと、サイズごとで価格が設定されています。
動画の企画時にこんな素材を使いたい、でも実際に撮影するのは難しい、時間がないというときに使用することが多いです。
https://pixta.jp/

②MotionElements

Premiere ProやAfter Effectsのアニメーションテンプレートや写真などの動画素材がダウンロードできるサービスです。テキストアニメーションやトランジション、スライドショーなどの幅広いテンプレートが用意されています。クリエイターが作成したテンプレートを購入して使えるので、気軽にクオリティの高い表現を動画に取り入れられます。

素材ごとに価格が設定されていますが、ダウンロードし放題の定額プランもあります。

https://www.motionelements.com/ja/

POINT

このセクションで紹介したような素材がダウンロードできるサービスはほかにもたくさんあります。ここで紹介したサービスは有料のものになりますが、無料でダウンロードできるサービスもあるので調べてみてください。

● Adobe Stockを使ってみよう

アドビ株式会社が提供するAdobe Stockという素材ダウンロードのサービスがあります。クラウド上の自分のライブラリ（CCライブラリ）に保存することで、Premiere ProやPhotoshopなどのAdobeのソフトからいつでもアクセスして使用できます。またカンプデータ（実際に購入する前にイメージとして使える透かし付きのサンプルデータ）を使用できるので、クライアントに確認をとったあとに購入し、サンプルと差し替えるという使い方ができます。

https://stock.adobe.com/jp/

Adobe StockのWebページで素材を探し［ライブラリに保存］ボタンをクリックするとPremiere Proの［CC ライブラリ］パネルに保存される

透かし付きの状態（無料）で使用して編集し、最終的に［ライブラリ］上からライセンス購入して差し替えることができる

カートボタンをクリックするとライセンスのバージョンを選択する画面が表示される

※掲載した情報は2022年5月時点のものです。各サービスの利用規約は変更されている可能性があるので、最新のものをご確認のうえご利用ください。

動画制作の基礎知識 1
プロジェクト管理と環境設定 2
カット編集 3
エフェクト 4
カラー調整 5
合成処理 6
テキストと図形の挿入 7
オーディオ機能 8
データの書き出し 9
VR動画の作成 10
他アプリとの連携 11
MORE

MORE 動画制作で使う基本的な機材

本格的な動画制作には、撮影用のカメラや音声収録用のマイク、編集用の
パソコンなどさまざまな機材が必要です。

> 本格的な動画を作ろうとなれば、やはりそれなりの機材投資が必要となりますね。

カメラ　# 三脚　# ジンバル　# 照明　# マイク　# パソコン　# HDD

撮影に必要な機材

カメラ、レンズ

動画撮影の現場でも一眼レフカメラやミ
ラーレスカメラを使用することが増えて
きました。レンズを換装できるので、ボケ
感を含めて撮影者の意図する映像が撮影
しやすいのが特徴です。ほかにも家庭用
のビデオカメラや、スマートフォンでも
綺麗な映像を撮ることができます。

レンズを装着した
カメラ

ジンバル（スタビライザー）

モーターの力を利用し、手ブ
レを防いでカメラの水平を
保ったまま移動撮影する機
材です。人物が歩いたり走っ
たりするのを追いかけなが
ら撮影する場合や、建物など
動かないものを撮影すると
きにカメラ側を動かして奥
行き感や立体感を出すのに
役立ちます。

ジンバル

三脚

三脚を利用するとカ
メラを固定して手ブ
レを防いで撮影でき
ます。映像撮影に使
う場合は、カメラを
支える雲台にパンや
チルトといったカメ
ラワークを補助する
機構が付いたものを
使います。

三脚

照明

照明は被写体と背景を分
離させ立体感を出したり、
画面の中の演出に使った
りするなど、ただ単に暗
いところを照らす以外の
使い方もできます。映像
の質は照明によって決ま
るといってよいほど非常
に重要な機材です。

照明

NDフィルタ

動画は写真と違いシャッ
タースピードを固定で撮る
ため、シャッタースピード
による露出変更を基本的に
しません。そのため、屋外
での撮影時などにレンズに
NDフィルタと呼ばれる光
を減光するためのフィルタ
を取り付けて使用します。

NDフィルタ

マイク

カメラにもマイクは内蔵されていますが、よい音質
でしっかりと収録したい場合は外部マイクが必要で
す。マイクには、離れたところから音源を狙うショッ
トガンマイクや、人物の服に取り付けるラベリアマ
イク（ピンマイク）など、用途に応じてさまざまな種
類が存在します。

ガンマイク　　ピンマイク

マイク

1 動画制作の基礎知識
2 プロジェクト管理と環境設定
3 カット編集
4 エフェクト
5 カラー調整
6 合成処理
7 テキストと図形の挿入
8 オーディオ機能
9 データの書き出し
10 VR動画の作成
11 他アプリとの連携
MORE

MORE カメラの設定について

一般的な一眼レフカメラ、ミラーレスカメラで撮影する場合のF値、
シャッタースピードなど基本的なカメラの設定について解説します。

カメラの設定によって映像の印象も大きく変わります。

F値 # シャッタースピード # ISO感度 # フレームレート # ホワイトバランス # 解像度

F値の設定について

F値（「絞り値」「絞り」とも呼ばれます）はレンズの明るさを表す数値で、F1.2、F1.8、F2.8、F4、F8、F16といった
値で表されます。この数値が小さいほど明るく、暗いシーンでの撮影に有利になります。逆に数値が高いほど
暗くなります。F値は明るさだけではなく、被写界深度（ピントが合う広さ）を調整するためにも使用します。F
値が低いほどピントが合う範囲が狭くなり、被写体の前後がボケます。F値が高いほどピントが合う範囲が広
くなり、ボケにくくなります。撮影環境の状況や、どう撮りたいか（背景をどれだけぼかしたいかなど）によっ
てF値をコントロールしましょう。

F値が低い（F1.8）：ピントの合う範囲が狭い

F値が高い（F11）：ピントの合う範囲が広い

※F11はF1.8に比べて明るさとしては暗くなるため、ISO感度（368ページ）を高くして撮影している

シャッタースピードについて

動画は、スナップ写真と同じように瞬間瞬間をカメラで写し、
それをコマ送りにして表現しています。そのためスナップ写
真と同じようにシャッタースピードによって得られる画像が
異なります。シャッタースピードが速ければ1コマがピタッ
と止まった画像になり、遅ければブレた画像になります。動画
の場合はこのブレがあることにより滑らかな動きに見え、ピ
タッと止まったコマだけで記録された場合はパラパラ漫画の
ように見えてしまいます。

シャッタースピード1/60で撮った映像の1コマ

後述するフレームレートの値によって決める場合もあり、た
とえばフレームレートが30fpsの場合はシャッタースピード
を1/60にするなど、1/（フレームレートの数値の倍）で撮る
のが人間の目で見たときの自然な動きに見えると言われてい
ます。
またF値同様にシャッタースピードは明るさにも影響があり、
速いほど暗く、遅いほど明るくなるという特徴があります。

シャッタースピード1/600で撮った映像の1コマ

次のページへ続く ➡

ISO感度について

ISO感度とはカメラのセンサーが光を受ける感度を表したもので、100、200、400、1,000……25,600といった数値で表されます。ISO感度が低いと暗くなりますが、ノイズが少ないという利点があります。逆にISO感度が高いと明るくなりますが、ノイズが多くなります。そのため極力低い数値で撮ることが望ましいです。これまで紹介したF値とシャッタースピードはそれぞれ被写界深度、ブレ感をメインで調整し、そこに明るさが足りなければISO感度を徐々に上げていくという考え方がよいでしょう。

街灯の少ない夜の公園で撮影。ISO感度を25,600まで上げることにより 明るく映っているが、ザラザラとしたノイズが付き、ディテールも失われている

フレームレート

詳しくは21ページで解説していますが、フレームレートとは1秒間に何コマ（何枚の写真というイメージ）を入れるかを表した数値です。
最終的に編集する際のフレームレートを決めておき、それに合わせて撮影時にカメラで設定しておきましょう。スローモーションを使用したいカットについては、60fpsや120fpsといった高いフレームレートで撮影をするとよいでしょう。

ホワイトバランス

詳しくは189ページで解説していますが、ホワイトバランスとは撮影環境の光の色温度に合わせて設定する項目で、設定によって動画の色合いが変わってきます。カメラの設定では、ホワイトバランスを下げると青みがかった色に、上げるとオレンジがかった色になっていきます。これは光の色温度を打ち消すように通常の色温度とは逆になっているからです（通常色温度は低いほどオレンジがかった色に、高いほど青みがかった色になります）。
基本的には白いものが白く映るように設定しますが、あえてホワイトバランスを変えて撮影することもあります。

ホワイトバランスを、あえて青みがかった色に設定することで近未来感を演出

フレームサイズ（解像度）

撮影する動画の縦横のサイズです。カメラによって異なる場合がありますが、一般的に720p（HD）が720（横）×480（縦）、1080p（FHD）が1,920（横）×1,080（縦）、4K（UHD）が3,860（横）×2,160（縦）となります。これも最終的に書き出す動画に合わせて設定すればよいですが、大きな解像度で撮っておくことによってクロップ（切り取って拡大）して使用するなど、編集の幅が広がります。ただし解像度と比例してデータ量は大きくなり、使用しているパソコンのスペックによってはスムーズに編集できない場合もあるので注意しましょう。

トラブルQ&A

Premiere Proでよくあるトラブルとそれを解決するための方法をまとめています。

トラブルシューティング

編集中にトラブルが起きたらこのページをチェックしてみましょう。

1 動画制作の基礎知識

2 プロジェクト管理と環境設定

3 カット編集

4 エフェクト

5 カラー調整

6 合成処理

7 テキストと図形の挿入

8 オーディオ機能

9 データの書き出し

10 VR動画の作成

11 他アプリとの連携

MORE

シーケンス設定に関するトラブル

Q フレームサイズを変えたら被写体の位置がおかしくなった
A 被写体の位置が自動で中央になるように設定しよう ➡ 181ページ

Q 間違ったフレームサイズで作成してしまった
A ［シーケンス設定］でフレームサイズを変更しよう ➡ 48ページ

プレビューに関するトラブル

Q スムーズにプレビューされない
A レンダリングして処理を軽くしよう ➡ 73ページ
A ［再生時の解像度］を下げて処理を軽くしよう ➡ 70ページ
A プロキシファイルを作って処理を軽くしよう ➡ 71ページ

Q プレビューの画質が悪い
A ［再生時の解像度］を上げて画質を改善しよう ➡ 70ページ

Q ［プログラムモニター］で細かい部分の調整がしづらい
A 表示倍率を上げよう ➡ 69ページ

クリップに関するトラブル

Q リンクが切れてクリップが表示されない
A クリップを再リンクしよう ➡ 61ページ

Q 音声データだけを削除したいのに映像データも削除されてしまう
A Alt （option）キーを押しながら音声クリップを選択しよう ➡ 82ページ
A クリップの映像と音声のリンクを解除しよう ➡ 102ページ

Q 指定したトラックにクリップがコピペできない
A ［トラックターゲット］をオンにしてペーストするトラックを指定しよう ➡ 86ページ

Q タイムラインが煩雑になって、シーンの区切りがわかりづらい
A シーンごとにクリップをネスト化してみよう ➡ 104ページ

Q 変更したくないトラックにあるクリップまで影響が出てしまう
A トラックをロックしてみよう ➡ 111ページ

Q クリップを削除はしたくないけど今は再生されないようにしたい
A クリップを無効にしてみよう ➡ 101ページ

Q シーケンスクリップを別のシーケンスに入れる際、中身がばらばらの状態で挿入されてしまう
A ［ネストとしてまたは個別のクリップとしてシーケンスを挿入または上書き］がオンになっているか確認しよう ➡ 105ページ

Q クリップのデュレーションを変えると設定していたイン点アウト点のキーフレームがずれてしまう
A レスポンシブデザイン（時間）を設定してみよう ➡ 170ページ

エフェクトに関するトラブル

Q 被写体が動くのでマスクがずれてしまう
A マスクを追従させてみよう ➡ 140ページ

Q 分割したクリップすべてにまとめてエフェクトをかけたい
A ソースクリップにエフェクトをかけてみよう ➡ 148ページ

Q 回転のアニメーションが意図した動きにならない
A アンカーポイントを確認してみよう ➡ 129ページ

カラー調整に関するトラブル

Q 映像が青みがかっている、オレンジがかっている
A ホワイトバランスを調整してみよう ➡ 189ページ

Q 映像が明るすぎる、暗すぎる
A 映像の明るさや、ハイライト、シャドウを調整してみよう ➡ 191,192ページ

テキストに関するトラブル

Q テキストを追加しても新しいクリップが作成されない
A 既存のグラフィッククリップを選択した状態になっていないか確認しよう ➡ 277ページ

Q テキストのデザインがバラバラで統一感がない
A テキストスタイルを使用してみよう ➡ 269ページ

音に関するトラブル

Q 別録りした音声クリップと動画クリップが合わない
A 複数のクリップを同期させよう ➡ 120ページ

Q 片側からしか音が聞こえない
A エフェクトを使って音を振り分けよう ➡ 320ページ
A ステレオクリップの左右のチャンネルを分離しよう ➡ 317ページ

Q 音の大きさがクリップごとに違う
A 音量をノーマライズ（均一化）してみよう ➡ 301ページ

Q 音声にノイズが入ってしまった
A ノイズを軽減しよう ➡ 311ページ

書き出しに関するトラブル

Q 書き出し中に編集作業ができない
A Media Encoderを使って書き出しをしてみよう ➡ 336ページ

Q 書き出した動画の画質が悪い
A 公開するプラットフォームに合わせてプリセット、ビットレートを調整してみよう ➡ 327,328ページ

そのほかのトラブル

Q 映像の手ブレを直したい
A ［ワープスタビライザー］エフェクトを使用してみよう ➡ 154ページ

Q 個人情報に触れる内容が映像に映り込んでしまった
A 映像にぼかしを入れてみよう ➡ 136ページ

MORE

動画制作の基礎知識 1
プロジェクト管理と環境設定 2
カット編集 3
エフェクト 4
カラー調整 5
合成処理 6
テキストと図形の挿入 7
オーディオ機能 8
データの書き出し 9
VR動画の作成 10
他アプリとの連携 11
MORE

MORE ショートカットキー一覧

Premiere Proの操作効率がアップする基本的なショートカットキーを紹介します。

作業の効率化

> ショートカットキーで編集スピードを上げていきましょう。

ショートカットキーの使い方

パネル内を操作するショートカットキーは、そのパネルを選択した状態で機能します。
なお、Macの場合は、`Ctrl` は `⌘`、`Alt` は `option`、`Enter` は `return` に置き換えてください。このルールに当てはまらない場合は（ ）内に記してあります。
※並び順は、メニュー項目の並び順になっています。

● ファイル操作に関するショートカットキー

目的	キー操作
プロジェクトを新規作成する	`Ctrl` + `Alt` + `N`
シーケンスを新規作成する	`Ctrl` + `N`
プロジェクトを開く	`Ctrl` + `O`
プロジェクトを閉じる	`Ctrl` + `Shift` + `W`
パネルを閉じる	`Ctrl` + `W`
上書き保存	`Ctrl` + `S`
別名で保存	`Ctrl` + `Shift` + `S`
コピーを保存	`Ctrl` + `Alt` + `S`
[読み込み]ダイアログボックスを表示する	`Ctrl` + `I`
[書き出し]画面に切り替える	`Ctrl` + `M`
Premiere Proを終了する	`Ctrl` + `Q`

● 編集に関するショートカットキー

目的	キー操作
直前の操作を取り消す	`Ctrl` + `Z`
直前の操作をやり直す	`Ctrl` + `Shift` + `Z`
カットする	`Ctrl` + `X`
コピーする	`Ctrl` + `C`
ペーストする	`Ctrl` + `V`
再生ヘッドの位置に挿入してペーストする	`Ctrl` + `Shift` + `V`
属性をペーストする	`Ctrl` + `Alt` + `V`
消去する	`Delete`
リップル削除する	`Shift` + `Delete`
すべてを選択する	`Ctrl` + `A`
すべてを選択解除する	`Ctrl` + `Shift` + `A`
検索する	`Ctrl` + `F`
キーボードショートカットを表示する	`Ctrl` + `Alt` + `K`

● クリップやシーケンスに関するショートカットキー

目的	キー操作
[クリップ速度・デュレーション]ダイアログボックスを表示する	`Ctrl` + `R`
グループ化する	`Ctrl` + `G`
グループ解除	`Ctrl` + `Shift` + `G`
選択項目を削除する	`Delete`
選択したクリップを左に5フレーム移動する	`Alt`（`⌘`）+ `Shift` + `←`
選択したクリップを左に1フレーム移動する	`Alt`（`⌘`）+ `←`
選択したクリップを右に5フレーム移動する	`Alt`（`⌘`）+ `Shift` + `→`
選択したクリップを右に1フレーム移動する	`Alt`（`⌘`）+ `→`
リップル削除する	`Shift` + `Delete`
有効／無効にする	`Shift`（+ `⌘`）+ `E`
リンクを設定／解除する	`Ctrl` + `L`
編集点を追加する	`Ctrl` + `K`
編集点をすべてのトラックに追加する	`Ctrl` + `Shift` + `K`
ビデオトランジションを適用する	`Ctrl` + `D`
オーディオトランジションを適用する	`Ctrl` + `Shift` + `D`
タイムラインをスナップインを有効／無効にする	`S`

● マーカーに関するショートカットキー

目的	キー操作
インをマークする	`I`
アウトをマークする	`O`
インへ移動する	`Shift` + `I`
アウトへ移動する	`Shift` + `O`
インを消去する	`Ctrl` + `Shift` + `I`（`option` + `I`）
アウトを消去する	`Ctrl` + `Shift` + `O`（`option` + `O`）

目的	キー操作
インとアウトを消去する	Ctrl + Shift + X（ option + X ）
マーカーを追加する	M
次のマーカーへ移動する	Shift + M
前のマーカーへ移動する	Ctrl + Shift + M

●マーカーに関するショートカットキー

目的	キー操作
現在のマーカーを消去する	Ctrl + Alt + M（ option + M ）
すべてのマーカーを消去する	Ctrl + Alt + Shift + M（ option + ⌘ + M ）

●プレビューに関するショートカットキー

目的	キー操作
再生／停止する	Space
イン点から再生する	Enter
シャトル再生（早送り）する	L（押すごとに倍速再生）
シャトル再生（巻き戻し）する	J（押すごとに倍速再生）
シャトル再生を停止する	K
再生ヘッドを左に1フレーム移動する	←
再生ヘッドを左に5フレーム移動する	Shift + ←
再生ヘッドを右に1フレーム移動する	→
再生ヘッドを右に5フレーム移動する	Shift + →
再生ヘッドを前の編集点へ移動する	↑
再生ヘッドを次の編集点へ移動する	↓

●グラフィックの選択に関するショートカットキー

目的	キー操作
前面のグラフィックを選択する	Ctrl + Alt +]
背面のグラフィックを選択する	Ctrl + Alt + [
選択したグラフィックを最前面へ移動する	Ctrl + Shift +]
選択したグラフィックを前面へ移動する	Ctrl +]
選択したグラフィックを最背面へ移動する	Ctrl + Shift + [
選択したグラフィックを背面へ移動する	Ctrl + [

●ワークスペースとパネルの表示を切り替える

目的	キー操作
現在のワークスペースをリセットする（Macのみ）	option + shift + 0
[プロジェクト]パネルを表示する	Shift + 1
[ソースモニター]パネルを表示する	Shift + 2
[タイムライン]パネルを表示する	Shift + 3
[プログラムモニター]パネルを表示する	Shift + 4
[エフェクトコントロール]パネルを表示する	Shift + 5
[オーディオトラックミキサー]を表示する	Shift + 6
[エフェクト]パネルを表示する	Shift + 7
[メディアブラウザー]を表示する	Shift + 8
[オーディオクリップミキサー]を表示する	Shift + 9

●ツールの切り替え

目的	キー操作
選択ツール	V
トラックの前方選択ツール	Shift + A
トラックの後方選択ツール	A
リップルツール	B
ローリングツール	N
レート調整ツール	R
レーザーツール	C
スリップツール	Y
スライドツール	U
ペンツール	P
手のひらツール	H
ズームツール	Z
横書き文字ツール	T

●プロジェクトパネルの操作に関するショートカットキー

目的	キー操作
新規ビンを作成する	Ctrl + B
削除する	Delete
リスト表示にする	Ctrl + Page Up
アイコン表示にする	Ctrl + Page Down
ソースモニターで開く	Shift + O

●そのほか便利なショートカットキー

目的	キー操作
ヘルプを表示する	F1
カメラ1へカットを切り替える	Ctrl + 1
カメラ2へカットを切り替える	Ctrl + 2
カメラ3へカットを切り替える	Ctrl + 3

MORE

1 動画制作の基礎知識

2 プロジェクト管理と環境設定

3 カット編集

4 エフェクト

5 カラー調整

6 合成処理

7 テキストと図形の挿入

8 オーディオ機能

9 データの書き出し

10 VR動画の作成

11 他アプリとの連携

MORE

MORE ショートカットキーのカスタマイズ

ショートカットキーの割り当ては、自由に変更できます。よく使うショートカットキーはより使いやすいようにカスタマイズしましょう。

> ショートカットキーを使いこなせば編集時間も短縮できます。

ショートカット # 時間短縮

ショートカットキーの設定を変更する

ここでは例として［編集点を追加］のショートカットキーを変更します。

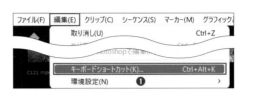

① ［編集（Macの場合は［Premiere Pro］）］メニュー→［キーボードショートカット］をクリックします❶。

② ［キーボードショートカット］ダイアログボックスが表示されるので、［検索窓］に変更したいショートカットキーのコマンド名を入力して❷、Enter キーを押します。

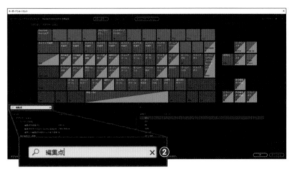

POINT

「編集点」と入力すれば該当するショートカットキーのコマンドリストが表示されます。

紫のキー：アプリケーション全体に関わるショートカットキーが割り当てられている
緑のキー：パネル固有（特定のパネルを使っているときに作動する）のショートカットキーが割り当てられている
紫と緑のキー：上記両方が割り当てられている

③ 変更したいショートカットキーをクリックすると❸、入力できる状態になります。

POINT

何も割り当てられていない場合は空白となっているので、その空白の上でクリックするとキーが入力できます。

④ 新しく割り当てるキーを入力します❹。ここでは「w」と入力します。古いショートカットキーは［×］をクリックして削除します❺。

⑤ ［OK］ボタンをクリックすると❻、設定が終了します。

POINT

セットで使うことが多い機能のショートカットキーは、横並びのキーに割り当てると使いやすいです。たとえば［前の編集点を再生ヘッドまでリップルトリミング］や［編集点を追加］、［次の編集点を再生ヘッドまでリップルトリミング］であれば、Q W E に割り当てると、左手の薬指、中指、人差し指を構えておけばすぐに押せます。

パネルインデックス

このページではPremiere Proの各パネルの名称と機能の概要を解説します。※並び順はアルファベット順・五十音順になっています

\# パネル名　　\# パネルの機能

機能の使い方は参照先をチェックしてみてください。

[CCライブラリ]パネル

画像などの素材をAdobe Creative Cloudのアカウントに保存します。アカウントと紐づいたほかのAdobeソフトなどと素材を共有できます。

・Adobe Stockの素材を使う ➡ 365ページ

[Lumetriカラー]パネル

カラー調整を行う際に使用します。

・露光量の調整
➡ 191ページ
・コントラストの調整
➡ 194ページ
・彩度の調整
➡ 195ページ
・RGBカーブの操作
➡ 198ページ
・色の統一
➡ 209ページ
・Lutの適用
➡ 218ページ

[イベント]パネル

エラーメッセージや、書き出し時のステータスなどが表示されます。

[Frame.io]パネル

ログインするとクライアントやチームとプロジェクトを共有できます。

[Lumetriスコープ]パネル

カラー調整を行う際にカラーの状態を確認するために使用します。

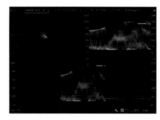

・スコープの見方
➡ 188ページ
・ホワイトバランスの確認
➡ 190ページ
・白飛び黒つぶれの確認
➡ 191ページ
・コントラストの確認
➡ 194ページ
・彩度の確認
➡ 196ページ

[エッセンシャルグラフィックス]パネル

テキストやシェイプなどグラフィックスに関する操作が行えます。

・レスポンシブデザイン
➡ 265ページ
・フォントの変更
➡ 246ページ
・文字の配置変更
➡ 252ページ
・文字間隔の変更
➡ 254ページ
・テキストの色変更
➡ 257ページ
・図形のスタイル変更
➡ 273ページ
・オブジェクトを整列
➡ 280ページ

[エッセンシャルサウンド]パネル

音声に関する機能がまとめられています。

- ・音量の自動調整
  ➡ 305ページ
- ・会話の切れ目の音量調整
  ➡ 310ページ
- ・ノイズの軽減
  ➡ 311ページ
- ・リミックスの調整
  ➡ 324ページ

[エフェクト]パネル

標準エフェクトが機能ごとにフォルダ分けされています。

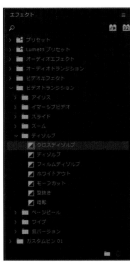

- ・映像をぼかす
  ➡ 136ページ
- ・トランジションを使う
  ➡ 150ページ
- ・被写体の位置を自動で調整
  ➡ 181ページ
- ・モノクロにする
  ➡ 213ページ
- ・映像の変形
  ➡ 236ページ

[オーディオトラックミキサー]パネル

トラック単位で音量やパンを調整できます。

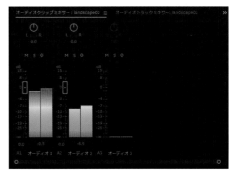

- ・パネルの機能 ➡ 296ページ
- ・トラックのボリューム調整 ➡ 302ページ
- ・音声を左右に振り分ける ➡ 319ページ
- ・ラウドネスの計測 ➡ 321ページ

[エフェクトコントロール]パネル

基本エフェクト、標準エフェクト、キーフレームに関する操作が行えます。

- ・映像の位置を移動
  ➡ 125ページ
- ・映像の拡大／縮小
  ➡ 126ページ
- ・マスクの追従
  ➡ 140ページ
- ・エフェクトの無効化
  ➡ 143ページ
- ・キーフレームの作成
  ➡ 160ページ
- ・フェードインフェードアウト
  ➡ 169ページ

[オーディオクリップミキサー]パネル

クリップ単位で音量やパンを調整できます。

- ・パネルの機能 ➡ 297ページ
- ・再生しながらキーフレームを作る ➡ 297ページ
- ・クリップのボリューム調整 ➡ 298ページ

[オーディオメーター]パネル

プレビュー中のオーディオのレベルを確認できます。

- ・音量の確認
  ➡ 300ページ

動画制作の基礎知識 1

プロジェクト管理と環境設定 2

カット編集 3

エフェクト 4

カラー調整 5

合成処理 6

テキストと図形の挿入 7

オーディオ機能 8

データの書き出し 9

VR動画の作成 10

他アプリとの連携 11

MORE

[学習]パネル

Premiere Proの使い方を動画などで確認できます。

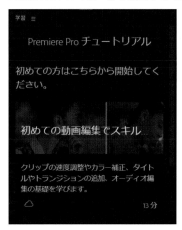

[進行状況]パネル

Adobe Media Encoderでプロキシを作っている際等に、現在の進捗状況が確認できます。

[タイムコード]パネル

再生ヘッドのある位置のタイムコードや全体のデュレーション、インからアウトまでのデュレーションなどが常に確認できます。

[情報]パネル

タイムラインで再生ヘッドがある位置のクリップの情報が表示されます。

[ソースモニター]

プロジェクトに読み込んだクリップの内容をプレビューできます。

・ソースクリップエフェクトの適用 ➡ 148ページ
・モニターの機能 ➡ 96ページ
・クリップのトリミング ➡ 97ページ

[タイムライン]パネル

クリップを時系列に並べて編集するパネルです。

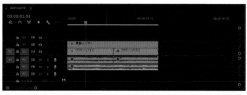

・フベル変更
➡ 58ページ
・マーカーの追加
➡ 64ページ
・パネルの機能
➡ 76ページ
・クリップを並べる
➡ 78ページ
・クリップのトリミング
➡ 87ページ
・クリップの挿入
➡ 94ページ
・クリップのネスト化
➡ 104ページ
・トラックの追加
➡ 106ページ

・重複シーンを探す
➡ 113ページ
・シーンごとの分割
➡ 114ページ
・別録りした音との同期
➡ 120ページ
・キーフレームの調整
➡ 165ページ
・一時停止の効果を付ける
➡ 176ページ
・再生速度の変更
➡ 177ページ
・ミュートとソロ機能
➡ 295ページ
・書き出し範囲の設定
➡ 329ページ

MORE

［ツール］パネル

クリップを編集するさまざまなツールがまとめられています。

- ・クリップの選択
  ➡ 82ページ
- ・タイムライン上で選択したクリップの右にあるクリップをまとめて選択
  ➡ 82ページ
- ・イン点とアウト点を変更しギャップを削除する
  ➡ 89ページ
- ・クリップの分割
  ➡ 93ページ
- ・クリップの長さを変えずにイン点アウト点の位置を調整
  ➡ 91ページ
- ・自由なパスの作成
  ➡ 274ページ
- ・図形の作成
  ➡ 272ページ
- ・テキストの作成
  ➡ 242ページ

［ヒストリー］パネル

編集した操作がリスト表示され、クリックすることでその段階での編集状態に戻すことが可能です。

［プログラムモニター］

タイムラインで編集中のシーケンスの内容をプレビューします。

- ・ボタンの追加 ➡ 66ページ
- ・表示サイズの変更 ➡ 69ページ
- ・モニターの機能 ➡ 79ページ
- ・プレビュー ➡ 80ページ
- ・クリップの挿入 ➡ 98ページ
- ・クリップの移動 ➡ 125ページ

［テキスト］パネル

キャプションを作成、管理する際に使用します。

- ・キャプション（字幕）作成 ➡ 285ページ
- ・クローズドキャプションの作成 ➡ 288ページ
- ・自動文字起こし機能 ➡ 291ページ

［プロジェクト］パネル

プロジェクトに読み込んだクリップを管理します。

- ・素材の読み込み ➡ 50ページ
- ・ビンの作成 ➡ 51ページ
- ・表示形式の変更 ➡ 56ページ
- ・リンクの再設定 ➡ 62ページ
- ・調整レイヤーの作成 ➡ 146ページ

［プロダクション］パネル

複数のプロジェクトを管理します。

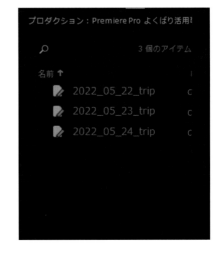

1 動画制作の基礎知識
2 プロジェクト管理と環境設定
3 カット編集
4 エフェクト
5 カラー調整
6 合成処理
7 テキストと図形の挿入
8 オーディオ機能
9 データの書き出し
10 VR動画の作成
11 他アプリとの連携
MORE

［マーカー］パネル

マーカーを管理します。

・作成したマーカーの確認
➡ 65ページ

［メディアブラウザー］パネル

サムネールを表示した状態でさまざまな種類の素材
をプロジェクトに読み込めます。

POINT

Premiere Proにはこのように多くのパネルがあり
ますが、編集の内容に合わせてパネルの大きさを
変更したり、移動したりしてレイアウトを自由に
変更しましょう。また切り離してウィンドウで表
示したいときはドッキングを解除しましょう。

パネルサイズの変更 ➡ 40ページ
パネルの移動 ➡ 41ページ
パネルのウィンドウ表示 ➡ 43ページ

［メタデータ］パネル

クリップの持つファイル形式や作成日などのメタ情
報を確認できます。

［リファレンスモニター］

プログラムモニターとは別でシーケンスの内容を表
示できます。［プログラムモニター］と再生ヘッドの
位置をずらして表示できます。

索引

■著者
GIV（宮本裕也）みやもとゆうや

31歳にして職種未経験にもかかわらず、「これからきっと動画の時代がくるはず！」「動画が楽しい、好き！」という思いだけで映像クリエイターとして独立した怖いモノ知らず。

現在は地元である広島県を中心に企業や学校関連等のプロモーション用の映像を企画から撮影、編集とワンストップで制作している。

独立した当初から始めたYouTubeチャンネル「GIV-ギブ」のチャンネル登録者数はおよそ3万人。Premiere Pro、After Effectsのチュートリアル動画や、撮影機材の紹介などを通して動画制作の楽しさを日々発信している。

https://www.youtube.com/c/giv-movie

■STAFF

カバー・本文デザイン	木村由紀（MdN Design）
カバーイラスト	小林ラン
制作担当デスク	柏倉真理子
DTP	株式会社トップスタジオ
	町田有美
デザイン制作室	高橋結花
	鈴木　薫
執筆協力	三島元樹
モデル	今川裕季子
	舞原ミキ
	みんみん
撮影機材提供	株式会社リコー
編集	浦上諒子
副編集長	田淵　豪
編集長	藤井貴志

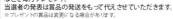

■商品に関する問い合わせ先
このたびは弊社商品をご購入いただきありがとうございます。本書の内容などに関するお問い合わせ
は、下記のURLまたはQRコードにある問い合わせフォームからお送りください。

https://book.impress.co.jp/info/

上記フォームがご利用頂けない場合のメールでの問い合わせ先
info@impress.co.jp

※お問い合わせの際は、書名、ISBN、お名前、お電話番号、メールアドレスに加えて、「該当するページ」と「具
体的なご質問内容」「お使いの動作環境」を必ずご明記ください。なお、本書の範囲を超えるご質問にはお答え
できないのでご了承ください。

●電話やFAXでのご質問には対応しておりません。また、封書でのお問い合わせは回答までに日数をいただく
場合があります。あらかじめご了承ください。
●インプレスブックスの本書情報ページ https://book.impress.co.jp/books/1120101148 では、本書のサポー
ト情報や正誤表・訂正情報などを提供しています。あわせてご確認ください。
●本書の奥付に記載されている初版発行日から3年が経過した場合、もしくは本書で紹介している製品やサー
ビスについて提供会社によるサポートが終了した場合はご質問にお答えできない場合があります。

■落丁・乱丁本などの問い合わせ先
FAX　03-6837-5023
service@impress.co.jp
※古書店で購入された商品はお取り替えできません。

Premiere Pro よくばり活用事典（できるよくばり活用）

2022年6月21日　初版発行

著　者　GIV（宮本 裕也）

発行人　小川 亨

編集人　高橋隆志

発行所　株式会社インプレス
　　　　〒101-0051　東京都千代田区神田神保町一丁目105番地
　　　　ホームページ　https://book.impress.co.jp/

印刷所　シナノ書籍印刷
ISBN978-4-295-01389-1　C3055

Printed in Japan